KB093120

생생한

귀농귀촌 생활의 조건

농업기계 다루는 법

GoldenBell®
www.gbbook.co.kr

Preface

우리는 21세기를 살아가고 있다. 빠른 변화 속에서 적응하기가 그리 쉽지 가 않다. 과거 100년이 소요되던 변화가 이제는 1년도 안되어 변화할 정도로 그 속도는 엄청나다.

현재 사회에 이런 변화에 적응하는 방법을 고민하지 않을 수 없다.

농촌도 이런 변화를 피해 갈 수 없다.

인구가 급감하고 있는 농촌은 몇 년 전만 하더라도 귀농·귀촌인으로 그 자리를 조금은 메울 수 있었다. 하지만 농업인 인구는 감소 추세로 돌아섰다. 설상가상으로 유입되는 귀농·귀촌 인구도 동반 감소하고 있는 상황이다.

무엇이 문제고 해결책은 무엇인지 찾아야 한다.

첫 번째 안정적인 소득이고, 두 번째는 문화생활과 자녀교육, 세 번째는 원주민과의 융합일 것이다. 어떤 난관도 해결책은 있다.

농업인 인구의 감소, 귀농·귀촌인들의 U턴 현상, 외국인 인력에 의존해야 하는 농촌은 심각한 문제가 아닐 수 없다.

이런 변화 속에서 현재 농업 분야에 대두되고 있는 이슈는 스마트팜, 기계화이다.

우리나라에 농업기계가 도입된 지 60년이다. 인력으로 하던 작업에 동물이 이용되고, 경운기로 밭을 일구고, 이제는 동력원을 이용한다. 운전석에 앉아 트랙터를 운전하여 중노동에서 해방이 될 뿐만 아니라 100배 이상의 능력을 발휘한다.

기계화는 인건비가 지속적으로 상승하는 현 사회에서는 농업인, 귀농·귀촌인들이라면 필히 계획 수립 시 고려해야 할 사항이다. 60년 동안 효율이 100배 증가한 것이다. 앞으로는 농업기계가 1000배 이상의 일을 하는 시대가 도래하고 있다. 힘든 일은 농업기계가 하고, 관리는 스마트팜 기술이 한다. 모두 농업기계의 기술들이다.

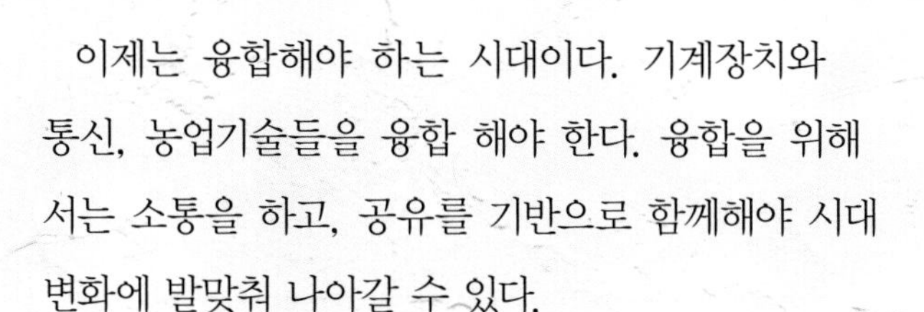

이제는 융합해야 하는 시대이다. 기계장치와 통신, 농업기술들을 융합 해야 한다. 융합을 위해서는 소통을 하고, 공유를 기반으로 함께해야 시대 변화에 발맞춰 나아갈 수 있다.

이 교재는 스마트팜을 거론하지는 않았지만, 농업기계 기술의 미래에 대해서 이야기를 하고 귀농·귀촌인, 농업인들이 조금 더 쉽고, 거부감 없이 볼 수 있는 내용으로 삽화와 동영상을 넣어 재구성하였다.

모처럼 습득한 기술로 귀농·귀촌을 했음에도 아쉽게 U턴하는 형태가 없었으면 한다.

즐거운 농촌 생활, 유익한 농촌 생활, 서두에 제시한 약간의 기술과 활용 등을 현장에서의 경험을 통해 몸소 배운 내용들과 기술적 이론을 기술하였다.

귀농·귀촌인, 농업인, 농업과 관련된 업을 하시는 모든 분들에게 추천한다.

농업기계를 이해하고 기술과 지식을 활용한다면, 위험하다고 인식하는 농업기계의 안전사고 예방뿐만 아니라 생력화, 경영비 절감, 행복한 농촌을 만드는데 큰 힘이 될 것이다.

마지막으로 이 시대를 함께 공유하는 모든 사람들이 농촌에서 체험하고, 학습하고, 경험하여 다시 농촌을 찾고, 살아가는 힘과 원동력을 얻을 수 있는 행복한 농촌을 희망하고 바래본다.

저자 강진석

Contents

1 농업과 직업

2 귀농·귀촌 준비 과정

3 농업기계의 효율적 이용

4 농업의 필수, 농작업 기계

5 내연기관

주요 농업기계

농업 기계화 체계

스마트 농업과 미래 농업

기계화 영농 사례

1

농업과 직업

농업기계
다루는 법

농업과 직업

우리나라의 농업현황과 미래 직업, 우리 농업의 변화와 미래, 귀농· 귀촌인이라는 직업에 대하여 함께 알아보자.

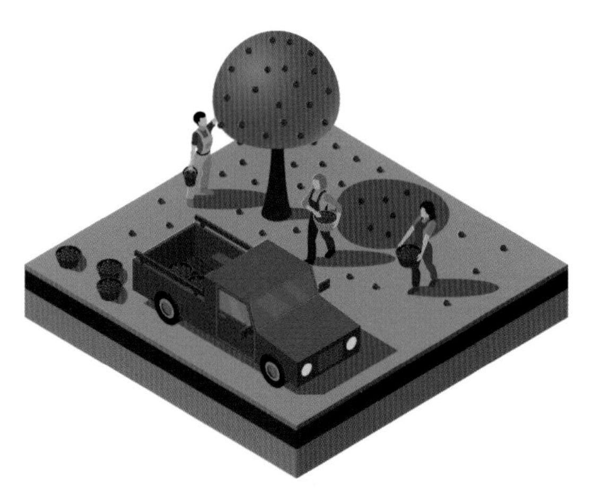

1 우리나라의 농업현황과 미래 직업

우리나라 농촌은 인력감소와 더불어 젊은 농업인들을 찾아보기 힘들다. 최근 10년 동안의 농가 인구의 추이를 보더라도 70만명 이상 감소하였다. 현재 농촌에 **60세 이상의 농업인은60.6%**나 된다 라고 발표했다.

▶ 농가 인구와 경지규모 추이와 통계

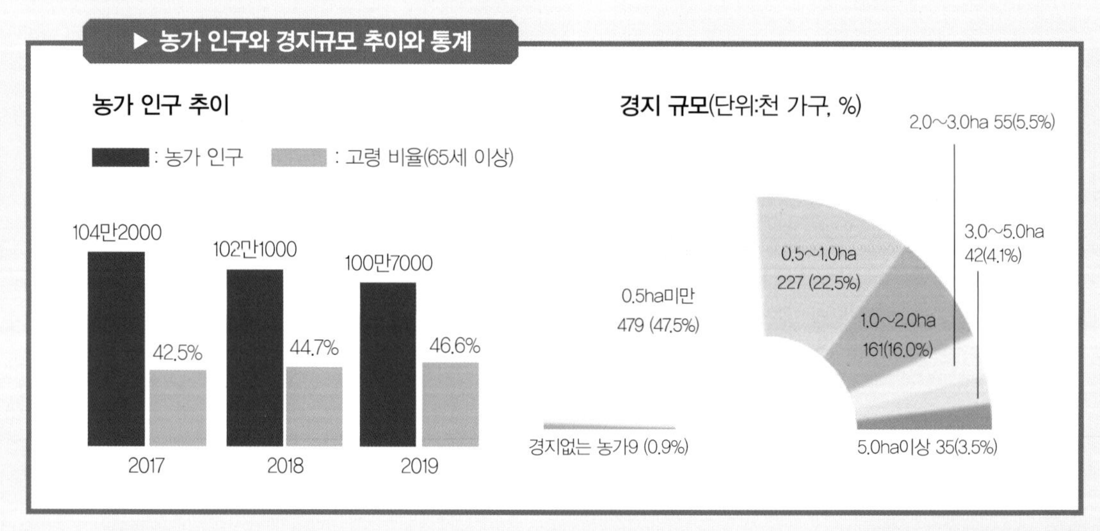

자료 : 한국농어민신문

귀농·귀촌의 인구는 35만 7천명 증가하여 농업인 인구를 유지하고는 있지만 이 또한 감소 추세로 돌아서고 있다.

▶ 귀농 · 귀촌 연도별 증가 현황

연도	귀농 가구원	귀촌인 중 2018년까지 귀농 전환자(추정)
2013	1만7318	7만9874
2014	1만7976	6만9270
2015	1만9860	5만5173
2016	2만559	3만7468
2017	1만9630	1만9589
합계	9만5343	26만1374

농가 인구 증가분 : 35만 6717

자료 : 통계청(귀농 가구원에 한함)

농업인 인구가 감소된다는 것은, 결국 젊은 농업인도 감소하고 있다는 반증일 수도 있다. 유행처럼 되어버린 4차 산업혁명에 대비한 기술이 농업에 접목되고 있지만, 이런 기술들을 받아들이고 적용한 농부가 너무 적다는 것이 안타까운 현실이다. 젊은 농업인의 유치가 시급한 상황이다. 어떻게 하면 젊은 청년들이 농촌으로 전입하고 함께 농촌의 문화를 만들고, 국민에게 안전한 먹거리 제공하는, 안정적인 농촌이 될 수 있을까?

복잡한 문제이기 하지만 해결해야 할 문제이다. 해결 방안 첫 번째는 **귀농·귀촌 농업인들의 소득 보장**이다. 경지 규모 1ha미만의 농업인이 75.5%에 달하는데, 이 면적에서 수익을 발생시키기란 정말 어려운 문제이다. 5,000만원 이상 농산물을 판매하는 농가수는 전체 100만 농가중 3.5%인 3만 5천 가구밖에 되지 않는다. 도시의 직장인처럼 연봉 5,000만원 이상 수익을 낼 수 있도록 규모화가 필요한 시점이다.

두 번째는 **도시와 비슷한 문화생활이 가능하고, 자녀의 교육 여건의 개선하는 것**이다. 요즘은 교통이 발달하여 "누구나 자동차를 운전하고 문화를 즐길 수 있다"라고 하지만 농촌에서는 현실적으로 여러 가지 이유들로 어려움이 많다.

세 번째는 **원주민들과의 융화**일 것이다. 흔히 지역마다 텃세라는 것이 있다고 한다. 서로 이해해 주고 함께 공유하며 공동체 의식으로 어우러져 사는 것, 그것이 사람 냄새나고 행복한 농촌, 지속 가능한 농촌이 아닐까 싶다.

농업인 인구 감소와 농업의 6차 산업화로의 발전, 지속적으로 발전하는 바이오 산업 등 농업의 기업화, 스마트팜 등에 의해서인지 한국고용정보원에서 미래의 직업 중 "귀농·귀촌 플래너"라는 직업이 유망하다라고 발표를 하기도 했다.

"2035 일의 미래를 가라"(조병학, 박문혁 지음)라는 책자의 마지막 구절이다.

2030년 자연에서 새로운 삶을 원한다면 과거를 복원하는 일을 추천한다. 우리는 그중에서 가장 현명한 일거리로 세 가지를 추천한다.

하나는 **전통 농업과 축산업**을 하는 일이다. 과거처럼 농사를 짓고 가축을 기르는 일이다. 다른 하나는 **지역 전문가**로 사는 삶이다. 급속한 발전은 사람들을 두 부류로 나눌 것이다. 변화를 만들거나 견디면서 사는 사람과 변화가 싫은 사람이다. 후자에게 도움을 주는 사람이 이들이다.

마지막은 **직접 전통 농업에 종사하는 사람들보다 아주 조금 기술을 가미한 삶**을 사는 것이다. 세계적인 투자자 "짐 로저스"도 농업에 투자하라는 말을 자주한다. 그리고 앞으로 부자가 되려면 "농업기계를 다루는 것을 배우고, 자식에게 가르쳐라"라고 한다.

농업과 기술, 그리고 우리가 앞으로 융·복합을 통해 만들어 가야할 아름답고 풍요로운 농촌, 그것은 농촌에 살고 있는 사람이면 누구나 꿈꾸는 세상일 것이다.

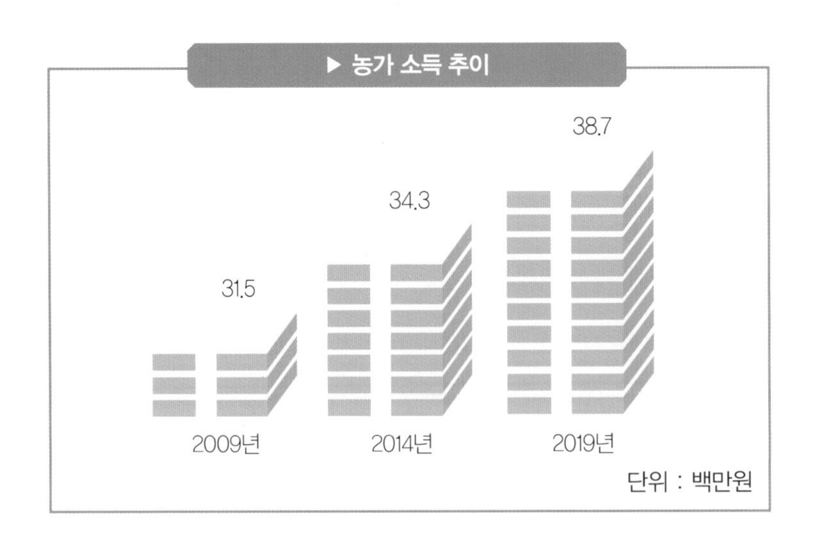

2 우리 농업의 변화와 미래

1. 농업의 변화와 미래

70~80년대에는 새마을 운동이 시작되고, 농업 기계화에 속도를 내기 시작한다. 복합 영농, 쌀 자급자족, 농촌 복지 추진이 지속적으로 이루어진다.

2000년까지는 친환경, 유기농업, 고품질 안전 농산물 생산, 농촌의 활성화를 위해 관광 산업 등이 대두되고 발전되었다.

2010년부터의 농업은 도심형 빌딩 농장(흔히, 식물 공장), 귀농·귀촌 등이 이슈화되었지만, 앞으로의 농업은 **정밀 농업**, **자동 로봇**(AI, ICT, BT, NT, ET 등) 등 **융합기술들**이라고 한다.

이런 기술들은 기술을 수용하고 행동하는 농업인이 해야 할 일이며, 앞으로 농업을 이끌어갈 중추세대인 60대 이하의 젊은 농업인들이 주도적으로 추진해야 할 방향이다. 현장에서 익히고, 응용하고, 연구하는 그런 농업인이야 말로 미래의 농업인 상이 아닐까 싶다.

2. 농업기계의 변화와 미래

인류가 시작되고 농경문화가 시작되면서 축력으로 경운을 하고 인력으로 모든 것을 해결하던 시대가 있었지만, 산업혁명과 함께 동력원인 엔진과 모터 등이 개발되면서 20세기에 농업기계가 다양하게 개발, 활용하게 되었다.

우리나라의 농업기계 변천사는 일본의 영향을 많이 받았다. 1963년 동력 경운기를 이용하면서부터 70년대부터 80년대에는 트랙터 보급이 주류를 이루게 되었으며, 90년대에는 농업기계 반값 공급이 되었다. 2000년대에 들어 농업기계의 과잉 공급으로 농가 부채의 증가와 농가 경영에 많은 악영향을 주어, 현재에도 농업기계 임대사업이 추진되게 된 것이다.

앞으로의 농업기계는 4차 산업혁명에 발맞춰 **자동화**, **무인화**, **지능화**될 것으로 전망된다. 사람의 도움 없이 환경을 제어하고 경운, 파종, 재배, 수확을 기계와 통신, 자동제어를 통해 자동 주행과 자율 작업이 이루어진다는 것이다. 현재에도 스마트팜 기술들이 많이 활용되고, 노지 스마트팜에 대한 연구도 지속적으로 이루어지고 있기 때문에 미래에는 데이터를 이용한 농업기술들이 쏟아져 나올 것이다.

3 귀농·귀촌인이라는 직업

'도시에서 다른 일을 하던 사람이 일을 그만두고, 땅을 이용하여 농작물과 가축을 기르는 농사를 위해 농촌으로 돌아가는 것'을 **귀농**이라고 한다. 경제적인 활동을 농업을 통해 한다는 의미도 포함된다. **귀촌**은 '농촌에 내려와 농업 이외의 직업을 주업으로 하는 생활'을 말한다.

1. 귀농의 형태

(1) 전업 귀농

전업 귀농은 농지를 매입하거나 빌려서 밭농사, 논농사, 원예(채소, 화훼, 과수), 축산(소, 돼지, 닭, 오리, 사슴, 곤충 등), 버섯재배, 임산물 생산업 등 1차 생산을 주업으로 하는 귀농형태이다. 생산한 농산물을 농협 또는 도매 시장, 직거래 등을 통해 출하를 한다.

(2) 겸업 귀농

농수축산업을 기본으로 하면서 가족 중 농업 이외의 다른 분야에서 소득을 얻거나 수확한 농산물을 이용하여 농산물 가공, 체험 농장, 농가 민박, 식당 운영 등을 겸하는 유형을 **겸업 귀농**이라고 한다.

(3) 농업 파생 귀농

생산에 직접 종사하지 않고 농수축산분야와 관련된 파생사업이 중심인 귀농형태이다. 식품 제조업, 펜션업, 공방 그리고 농산물 유통·가공업만 하는 경우 등이 해당된다. 농업에 종사하지 않지만 농촌에 터전을 잡고, 자신의 가치관을 실현하는 창업을 하거나 도시로 출퇴근 또는 주말마다 농촌으로 내려와 텃밭을 가꾸는 등의 농촌의 삶을 영위하는 형태를 **농업 파생 귀농**이라고 한다.

- **농촌 체험 농원형** : 도시인들이 직접 농촌을 경험해 보고 농산물도 얻을 수 있도록 농원을 조성하여 운영하는 형태, 최근에 도시민들에게 각광을 받고 있다.

- **농촌 창업형** : 생산된 농산물을 가공, 제조하여 상품을 만들어 판매하는 형태를 말한다.
- **자아 실현형** : 자신의 전문분야와 가치관을 바탕으로 농촌에서 자신의 비전을 찾고 자신의 꿈을 실현하기 위한 형태로, 자연 속에서 염색, 도자기 체험 등을 하는 다양한 형태가 있다.
- **전원생활형** : 도시로 출퇴근하거나 농어촌에 거주하면서 도시에 창업한 형태이다. 주말 전원생활형이나 노후생활형도 범주에 포함된다.

2 귀농·귀촌 준비 과정

귀농 · 귀촌의 준비와 절차에 대하여 함께 알아보자.

1 귀농·귀촌의 준비 (철저한 준비만이 실패를 예방한다.)

1. 정보 수집 단계

귀농·귀촌을 하기 위해서는 스스로의 결단도 필요하지만 가족의 동의를 거쳐야 할 것이다. 가끔 가족의 동의 없이 혼자 귀농·귀촌하여 유턴하는 사례를 주변에서 자주 볼 수 있다. 어떤 일이든 결단을 하기는 어렵지만 가족과 함께하는 것이 더 안정적이고 행복한 귀농·귀촌이라 할 수 있을 것이다.

농사에 필요한 정보와 기초지식, 자격을 갖추는 것이 중요하다. **정보 수집과 상담, 전문서적 참조, 인터넷(블로그, 카페 등), 귀농·귀촌지원종합지원센터** 등을 통해 필요한 정보들을 수집해야 할 것이다.

정보 수집이 끝나면 어떤 작목을 재배할 것인지 선택해야 한다. 작목을 정했다면 백문이 불여일견이라고 했다. 한번 겪어보고 체험해 보는 귀농·귀촌 프로그램들이 많으니 추천한다. 아마도 여기까지의 시간이 2~3년 정도 소요가 될 것으로 예상된다. 그러므로 퇴직을 앞두거나, 귀농·귀촌을 희망하시는 분은 조급히 서두르지 말고 시간적 여유를 갖고 준비하는 것이 중요하다.

2. 마을 주민과 융화

농촌에 이주하여 산다는 것이 녹록한 일은 아니다. 귀농·귀촌을 결정했다면 농촌 지역 사회에 빨리 적응하여 주민들과 함께 생활하고 어울려야 할 것이다. 이것이 가장 큰 과제 중 하나라고 할 수 있을 것이다.

(1) 마을 공동체 구성원 되기

– 마을 주민 입장 : "우리 마을은 인심이 좋다." 생각한다.

※ 해결책 : 마을 주민을 인정해라.

– 마을 주민 입장 : 처음 보는 귀농·귀촌인에게는 경계하거나 배타적일 수 있다.

※ 해결책 : 마을 주민과 마을을 위해 자신을 헌신하며, 마을 행사, 마을 경조사 등에 참석하고 작은 것이라도 나누고 함께 해라.

– 마을 주민 입장 : 지식은 다소 적을지라도 경험이 많다. 스스로 생각해 보자. 처음 보는 사람에게는 정확한 정보를 어떻게 제공해야 할지 막막할 것이다. 대부분 결론부터 이야기 해주는 경우가 많다. 차갑다고 느낄 수 있지만 대부분 표현이 서툴기 때문이니 오해하지 말고 차분히 되묻고 질문을 해보면 좋은 관계를 유지할 수 있을 것이다.

※ 해결책 : 농촌에 경험이 많은 농업인들의 말을 잘 들어준다.

– 마을 주민 입장 : 마을에 각 분야의 전문가를 활용해라.

※ 해결책 : 작물별, 농업기계 등 사용에 대한 전문가들을 찾아 문제점들과 해결방안을 찾아 친밀하게 접근하는 것이 좋다.

• 귀농·귀촌인의 입장

- 귀농·귀촌의 입장 : 왜 이렇게 권위적이야?

  ※ 해결책 : 누구나 처음보는 사람에게는 경계를 하듯, 농업인들의 대부분이 조금의 경계를 하는 것이지, 권위적이지는 않다. 직장 생활을 하였다면 상사에게 이야기를 하는 것처럼 접근한다면 어떨까?

- 귀농·귀촌의 입장 : 왜 내가 먼저 인사해야 하나?

  ※ 해결책 : 마을 어귀를 다니면 어르신을 만난다. 옛날 만화를 보면 어린 아이가 어른들에게 인사하는 문화가 익숙하지만, 도심에서 살던 사람들은 엘리베이터를 타더라도 눈인사만 하는 경우가 대부분일 것이다. 농촌에 어르신들은 먼저 인사하고 큰소리로 "안녕하세요. 어르신" 인사한다면 분명, 보는 시선이 달라질 것이다. 인사를 하고, 웃는 사람에게는 침을 못 뱉는다는 말이 있지 않은가?

- 귀농·귀촌의 입장 : 내가 먼저 일을 도와줘야 하나?

  ※ 해결책 : 농촌은 일손이 많이 부족하다. 단, 섣불리 돕지는 말아야 한다. 내가 보고 할 수 있는 일이 있는가 하면, 그렇지 않고 열심히 도와주었음에도 불구하고 잘못되는 경우가 많기 때문이다. 처음 일을 할 때에는 아주 사소한 것이라도 전문가인 마을 주민들에게 옳은 방법인지 확인하고 도와야 문제가 없을 것이다. 이것이 농촌에서 마을 사람들과 빨리 융화하는 방법이다.

여러분들이 직장생활을 한 경험이 있다면, 오늘 발령 받은 신규 직원이라고 생각해야한다. 그래야 마을 주민들과 융합도 잘되고 나눔도 잘 이루어질 것이다. "나는 신입사원이다." 인사 잘하는 인상 좋은 신입사원, 배우려고 노력하며 기꺼이 잔심부름도 마다하지 않는 신입사원은 사랑받는다. 마을의 "신입사원" 힘들겠지만 실천한다면 큰 보람과 도움을 받을 수 있을 것이다.

2 귀농·귀촌의 절차

귀농·귀촌을 준비한다는 것은 단순히 이사를 하는 것이 아니다. 스스로 귀농을 결심을 했다고 하지만, 가족의 동의가 없다면 다시 피드백을 해야하는 상태가 되고, 가족의 동의를 얻었다 하더라도 어떤 작물 선택할 것인지, 정착지는 어디로 결정할 것인지 등 너무나 다양한 사항들을 검토해야 한다. 이 모든 과정중 하나라도 이상이 있다면 전단계로 이동하여 다시 준비해야 하고 설계해야 한다.

아래와 같이 그림에서 보는 것처럼 지속적인 피드백으로 검토하여 모두 완벽하게 구성되고 준비가 되었을 때 실행에 옮겨야 할 것이다.

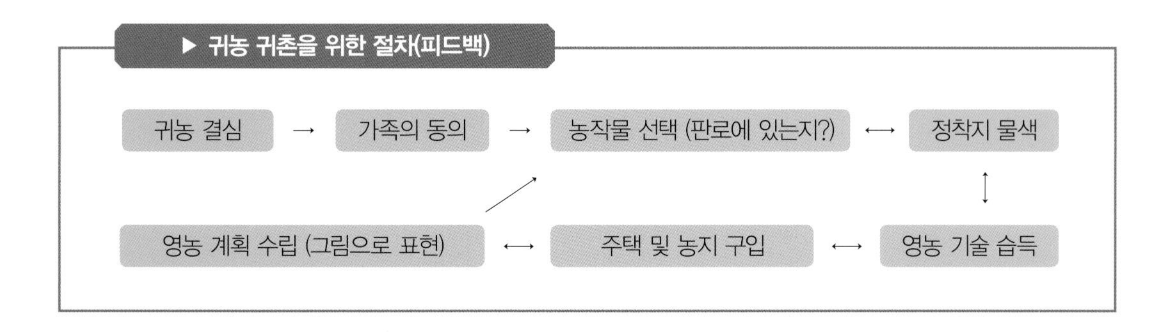

3

농업기계의 효율적 이용

농업기계 다루는 법

농업기계의 효율적 이용

농업기계의 역할 이해와 기계 선정 방법, 기계화 계획과 체계의 작성, 경제성 검토에 대하여 함께 알아보자.

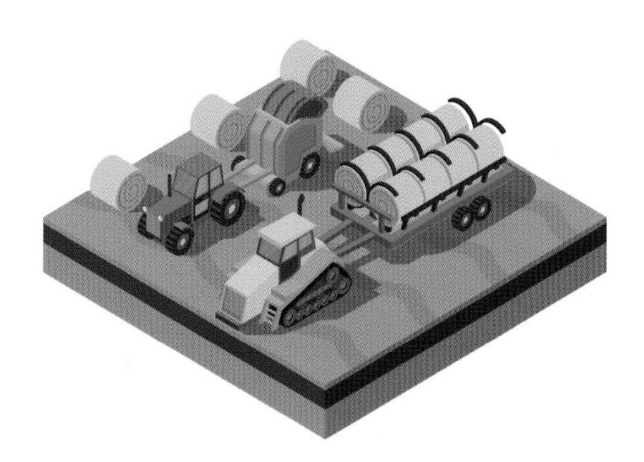

1 농업기계의 역할 이해

현대의 농업에서는 농업기계가 대단히 중요한 역할을 하고 있다. 하지만 농업기계의 선택, 이용을 잘못하면 기대한 효과를 얻지 못할 뿐만 아니라 경영비 증가로 이어진다. 농업기계를 바르게 선택, 이용하기 위해서는 우선 다양한 농업기계의 역할을 잘 이해할 필요가 있다.

1. 노동력 경감

노동의 강도는 보통 에너지 대사율로 나타내며 몇 가지의 단계로 구분된다. 인력에 의한 농작업은 대부분이 작업 강도가 중노동에 해당된다. 승용기계를 이용하면 대부분의 작업은 가벼운 노동 또는 아주 가벼운 노동이 된다.

[표] 에너지 대사율에 따른 벼농사의 작업 강도 구분

대사율	작업 강도 구분	평균 소비 에너지 (kcal)		작업명 (작업수단)
		남자	여자	
0~1	아주 가벼운 노동	2,200	1,800	경기(승용 트랙터), 비료 살포(승용 트랙터+시비기)
1~2	가벼운 노동	2,500	2,100	모내기(승용 이앙기), 벼 수확(승용 자탈형 콤바인)
2~4	보통 노동	3,000	2,400	모내기(2조 이앙기), 벼 수확(바인더), 경기(보행 트랙터)
4~7	중노동	3,500	2,800	비료 살포(손), 모내기(손), 벼 수확(낫)
7이상	심한 중노동	4,000		인력 경기 작업

대사율

생명을 유지하기 위해서 필요한 최저의 대사량에 대한 노동에 필요한 에너지 대사량의 비율을 말한다.

$$\text{대사율(EMR)} = \frac{\text{노동대사}}{\text{기초대사}} = \frac{\text{작업중의 총 대사량} - \text{안전시의 대사량}}{\text{기초대사량}} = \frac{W-R}{S}$$

W : 작업중 총 대사량 R : 안정시 대사량 S : 기초대사량

최근 인건비가 상승함에 따라 인력에 의한 작업이 유리한지 기계를 구입하여 활용하는 것이 경제적인지 꼼꼼히 따져봐야 한다.

2. 작업의 정밀도 향상

농작업 기계를 사용하면 작업속도가 빨라 작업시간이 단축된다. 또 단위 시간당 작업 면적이 증가하여 작업능률도 향상된다. 기계를 이용하면 인력보다 정밀도가 높은 작업을 할 수 있다. 특히 최근에는 정밀도를 높이기 위한 다양한 기술을 도입함에 따라 정밀화 및 자동화가 동시에 진행되어 인력 이상 정밀도와 작업효율이 가능해졌다.

3. 작업의 단순화

기계를 사용하면 인력으로 단순하게 중복되는 다양한 작업을 기계의 조작으로 단순화·간소화 할 수 있게 된다. 노동력의 절감에 도움이 되며, 노동력의 질에 따른 능률의 차를 해소하는 역할도 한다.

4. 작업의 동기화

인력에 의한 작업에서는 보통 2개 이상의 공정을 동시에 하는 것이 어렵지만, 기계작업에서는 1개의 작업에서 2개의 공정을 동시에 끝내는 것이 가능하다. 노동력의 절감을 위해서도 가능한 작업장치가 복합화된 기계를 사용하여 작업을 동기화 할 수 있기에 더욱 효과적이다.

5. 일손 부족의 해소와 능률의 평균화

기계화하면 작업능률이 높아지므로 계절적인 일손 부족이 어느 정도 해소된다. 농번기의 과중한 노동을 경감하고, 그 시기의 체력 소모를 방지하는 역할도 크다. 또 적정한 크기의 작업기를 선택해서 기계화 작업 체계를 만듦으로서 각 통합 작업의 능률을 평균화하여 노동력을 감소시키는 것도 가능하다.

작업 체계의 구성과 농업의 기계화 체계

벼농사, 밭농업 등의 작업 체계를 구성하는 각각의 작업을 공정이라고도 한다. 공정은 여러 가지 작업(조작이라고도 한다)으로 구성되어 있는 각 부분의 작업을 몇 개의 동작으로 분해하는 것이 가능하다.

수많은 요소로 구성되는 농작업을 기계화할 수 있었던 것은 다양한 작업을 나누어 기계와 기구로 바꿔 놓고 다시 재구성하는 공정으로 구성하였기에 기계화가 가능한 것이다. 작업의 구성이 한 개의 기계작업으로 바꿔 놓는 것 뿐만 아니라 몇 개의 수작업을 한 개의 기계작업으로 통합하거나 생략하여 재구성하는 것이다. 또한 농작업을 각 요소로 분해해 보면 작업의 구성을 한눈에 알아볼 수 있으며 작업의 진행 방법 및 노동력의 절약 방법 등을 판단하는 단서가 되기도 한다.

2 기계 선정 방법

농작업을 기계화할 때에는 이용규모, 포장 조건, 작물의 재배 조건 등을 생각하여 기계의 도입, 활용이 경영 개선에 효율적인지를 먼저 파악을 해야한다. 농업기계의 도입 이용 계획은 우선 작물의 작업 체계 및 경영 개선의 계획을 수립하는 것부터 시작된다. 작물의 선정, 작물의 재배방식에 맞는 농업기계를 선정하여 기계화 체계와 경제성 등을 충분히 검토해야 하며, 형식과 크기도 결정 대상에 포함 되어야 한다.

1. 기계 종류의 선정

현재의 경영 상태를 분석해 어느 작업을 어떻게 개선하면 경영이 개선되는지를 검토한다. 그 후 전체 작업 체계를 합리화하여 경영 형태와 규모 확대 등의 계획을 수립해야 한다.

경영 개선의 계획을 수립한 후 그 계획에 따라서 작업 계획을 세우고, 예정된 노동력으로 그 계획을 실시하기 위해 어떤 농업기계를 사용하면 좋을지를 학습하여 기계의 종류를 선정한다.

[표] 벼이식 재배의 작업 체계와 작업의 구성에 의한 계획 수립

<table>
<tr><th>작업 체계</th><th>통합 작업</th><th>부분 작업</th><th>동작(요소)</th><th>미세 동작</th><th>기계화</th></tr>
<tr><td rowspan="8">벼이식 재배의 작업 체계 (본논)</td><td>1. 퇴비 살포</td><td></td><td>묘를 뽑는다.</td><td rowspan="8">찾는다. (왼손으로 묘를)
잡는다. (묘를 손가락으로)
옮긴다. (묘를 논 표면으로)
꽂는다. (흙속에)
놓는다. (묘를)</td><td rowspan="8">이앙기</td></tr>
<tr><td>2. 경기(경운 · 정지)</td><td>묘 취득</td><td>뿌리를 씻는다.</td></tr>
<tr><td>3. 비료 살포</td><td>묘 운반</td><td>묘 다발을 짓는다.</td></tr>
<tr><td>4. 써레질</td><td>묘 배부</td><td>묘 다발을 잡는다.</td></tr>
<tr><td>5. 모내기</td><td>이앙의 준비</td><td>다발을 푼다.</td></tr>
<tr><td>6. 물관리</td><td>심기</td><td>왼손에 묘 다발을 잡는다.</td></tr>
<tr><td>7. 약제 제초</td><td>담수</td><td>손으로 묘를 심는다.</td></tr>
<tr><td>8. 병해충 방제</td><td></td><td>이동한다.</td></tr>
</table>

2. 농업기계의 형식 선정

제작년도, 크기, 기능, 성능 등 기종에 대한 추가 기능을 종합적으로 파악하여 기계를 선정하는 것이 중요하다.

각 제조사들의 장단점을 파악하고 **포장 조건, 토양 조건, 기상 조건, 대상 작물 등**에 적합한 것을 선정해야 한다. 예를 들어 최근 일부 제조사는 저상형 트랙터를 생산하고 있다. 이는 밭농업에 적합하므로 논농업에서는 부적합할 수 있다. 이와 같이 기계의 특성을 파악하여 선정하는 것이 중요하다.

3. 농업기계의 크기 선정

종류, 형식이 정해졌으면 다음으로 크기를 선정한다. 기계는 **경영 규모에 맞는 크기**를 선택해야 한다. 너무 작은 기계로는 작업을 계획대로 진행하기 어렵다. 반대로 너무 큰 기계는 경제적인 부담이 크고 사용시간도 짧아져 경영 부담이 커질 수 있다.

[표] 주요 농업기계의 작업 능률 및 포장 효율

구분	작업기			작업 능률			
	명칭	규격	작업 폭 (m)	유효작업 폭 (m)	작업 속도 (km/h)	이론 작업 능률 (ha/hr)	포장 효율(%)
경운	몰드보드 플라우	14×3	1.05	1.00	4.5	0.45	70
쇄토	로터리	1.8	1.8	1.76	2.2	0.387	78
이앙	동력 이앙기	4조 보행 6조 승용	1.2 1.8	1.2 1.8	1.4 1.2	0.98 0.147	74 74
방제	동력 살분무기	입제 살포	10	10	1.4	1.4	54
예취	바인더	2조 3조	0.5 0.75	0.5 0.7	2.2 1.8	0.11 0.135	65
결속 예취 탈곡	자탈형 콤바인	3조 4조	1.02 1.4	1.02 1.4	2.59 3.24	0.224 0.454	75

(출처 : 농작업 기계학 원론, 서울대학교 출판부 1997년)

[표] 실작업 시간율

작업기의 종류	포장작업 효율(%)	주요 작업기
·경운	·68~84	·플라우, 로터리
·쇄토	·68~85	·로터리
·시비, 파종	·55~77	·시비 파종기
·이앙	·59~80	·이앙기
·방제	·62~75	·동력 분무기
·방제	·69~85	·동력 살분기
·예취 결속	·60~78	·바인더
·예취 탈곡	·58~76	·콤바인
·탈곡	·70~85	·자동 탈곡기

memo

3 기계화 계획

1. 기계화 계획

기계화 계획을 위해서는 기계의 작업 체계의 검토가 필요하며, 기계의 크기와 대수, 작업량과 기계의 작업 능률에 의해 결정해야 한다. 기계의 작업 능률은 **이론 작업량, 포장 작업량, 1일 포장 작업량, 부담 면적** 등을 파악해야 한다.

기계의 부담 면적이 명확해지면 실제의 작업 면적에서 기계의 크기 및 필요 대수를 정할 수 있다. 부담 면적에 대한 작업 면적의 비율을 기계 이용 효율이라고 하며, 보통 80% 이상이 되도록 기계의 크기를 정한다. 실제의 작업 면적이 부담 면적을 넘는 경우는 부착 작업기의 작업 폭을 키우거나 도입 대수를 늘려야 한다. (단 작업기계 소요되는 출력을 감안해야 한다.)

또 기계의 크기 및 대수는 각각의 작업에 적합하도록 결정한 후 작업 체계 및 경영 형태에 맞춰서 균형이 잡힌 구조로 활용해야 한다.

농번기의 작업일수는 일반적으로 한달 24일을 기준으로 계산하였지만 정확한 데이터를 원한다면 각 지역별 기상 정보를 확인하여 더 정확한 데이터를 얻을 수 있다. 최근 신기종의 기계는 작업 능률이 향상되고 있으므로 기계에 대한 정확한 정보를 파악하여 작업의 종류에 따라 계획을 수립해야 한다.

용어 설명

이론적 작업량이란?

특정 작업 폭에서 작업 정밀도를 떨어뜨리지 않는 범위 내의 최고속도로 연속 작업을 한 경우의 작업량으로 외관 작업량이라고도 한다.

포장 작업량이란?

실제 작업에서는 포장의 진입로에서의 선회 등 공전시간, 종자, 비료의 보급시간 등의 손실 작업이 있으므로 이들 작업을 뺀 작업량으로 이론 작업량에 대한 포장 작업량의 비율을 포장 작업률이라고 한다.

1일 포장 작업량이란?

1일에 처리 가능한 작업 면적은 포장 작업량에 1일의 작업시간과 실작업율(1일의 작업시간에 대해 실제로 작업이 가능한 시간의 비율)을 곱해서 구한다.

부담 면적이란?

작업에 적합한 기간 중에 기계가 작업 가능한 면적

[표] 벼재배의 부담 면적 계산표

작업기	로터리 (폭 1.8m)	승용 이앙기 (6조식)	자탈형 콤바인 (4조)
① 기준 작업 폭(m)	1.8	1.8	1.4
② 표준 작업 속도(km/h)	2.2	1.2	3.5
③ 이론 작업량(ha/h)	1.32	0.72	1.63
④ 포장 작업효율(%)	78	74	75
⑤ 포장 작업량(ha/h)	1.03	0.53	1.22
⑥ 1일 작업시간(h/일)	8	8	7
⑦ 실작업율(%)	80	80	80
⑧ 실작업시간(h/일)	6.4	5	5.6
⑨ 1일 포장 작업량(ha/일)	5	2.7	6.8
⑩ 작업시기(월/일~월/일)	3~11월	4~6월	9~11월, 4~5월
⑪ 기간 내 일수(일)	240	60	70
⑫ 작업가능 일수율(%)	80	80	70
⑬ 작업가능 일수(일)	172	48	50
⑭ 작업 횟수(회)	개인별 작업일수	개인별 작업일수	개인별 작업일수
⑮ 부담 면적(ha)	경영 면적	경영 면적	경영 면적

(출처: 농작업기계학원론, 서울대학교출판부 1997년)

계산방법

- **포장 작업율 : ⑤=③×④ (③=0.36×①×②)**
- **1일 포장 작업율 : ⑨=⑤×⑧ (⑧=⑥×⑦)**
- **부담 면적 : ⑮=⑨×⑬÷⑭ (⑬=⑪×⑫)**

(주) 이 계산 예에서는 간단히 하기 위해 1품종으로 계산하고 있다. 실제로는 품종, 작기, 작형을 조합해서 재배되므로 그 작업기간, 작업가능 일수에 맞춰서 부담 면적을 계산해야 한다.

memo

4 경제성 검토

기계이용에 동반하는 연간 경비는 **고정비**와 **변동비**로 구성되어 있다. 고정비는 기계의 사용기간과 관계없이 기계를 소유하면 반드시 필요해지는 경비이며, 변동비는 기계를 사용하는 것에 의해 생기는 경비로 두가지 모두 연관성이 있다.

1. 고정비

감가상각비, 투자에 대한 이자, 세금, 수리비, 차고비 등을 더한 경비다. 연간 고정비의 산출 예를 나타내면 다음 식과 같다. 감가상각비는 구입 후 매년 기계의 가치가 감소하는 비용을 말한다. 투자에 대한 이자는 구입 자금과 은행 융자에 대한 이자 모두를 계산해야 하며, 세금은 현재 농업기계 구입시 비과세이므로 계산에서 제외해도 된다. 보험료는 기계와 운전자에 대한 보험이 있으며, 현재 농협에서만 취급한다. 농가 경영비 부담을 줄여주기 위하여 50% 국비를 지원하고 있으므로 인근 농협에 문의하면 된다. 차고비는 일반적으로 농업기계 구입비의 1%정도로 한다.

수리비는 기계의 작업조건, 유지관리 등에 따라 크게 변화되기 때문에 정확하게 추정하기 어렵다. 또한 기계에 엔진이 부착이 되어 있는 형태인지, 순수 작업기인지에 따라 다르나 엔진이 부착된 기계의 경우는 구입가의 60%정도로 하고 작업기의 경우는 구입가의 40~50%정도는 책정해야 할 것이다.

계산방법

$$T = \frac{S-O}{Y} + \frac{(S+O)i}{2\times100} + \frac{S(a_1+a_2+a_3)}{100}$$

T : 고정비 (원)
S : 구입비 (원)
O : 잔존가격 (원)
Y : 내구연한 (년)
i : 연이율 (%)
a_1 : 수리비율 (%)
a_2 : 차고비율 (%)
a_3 : 보험료 및 제시공과율 (%)

1. 경운기의 구입비가 500만원이다. 이때 수리비는 연중 얼마정도 책정해야 하는가?
(단, 내구연한은 10년으로 하고 구입가 50%를 적용한다.)

$$\text{수리비} = \frac{500\text{만원}}{10\text{년}} \times 0.5 = 25\text{만원/연}$$

2. 변동비

연료비, 윤활유비, 소모품 비용, 인건비, 일반 관리비 등을 더한 경비를 말한다. 즉 기계를 사용하면 증가하는 비용이다.

계산방법

$$G = g \times e \times (1.0 + a)$$
$$V = (G + L) \times C$$

G : 연료 및 윤활유비(원/L)
g : 연료단가(원/L)
e : 연료소비량(L/h)
V : 변동비(원/ha)
L : 인건비(원/ha)
C : 기계 이용시간(h/ha)
a : 윤활유 비율(보통 0.3으로 계산)

3. 기계 이용 경비

연간 기계 이용 경비는 다음 식으로 구해진다.

계산방법

$$M = T + V \times A$$

M : 기계 이용비(원)
T : 고정비(원)
V : 변동비(원/ha)
A : 작업면적(ha)

▶ 고정비와 변동비의 관계

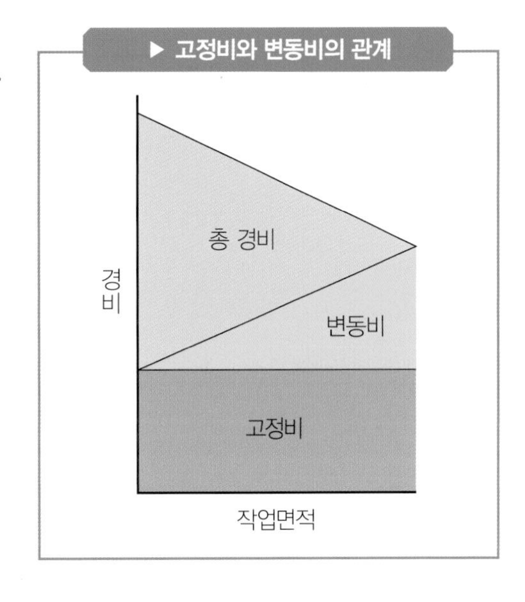

[표] 내용 연수와 연간 고정비율의 예

기계명	내용 연수(년)	고정비율(%)
승용 트랙터	8	23.6
발토판 플라우	5	28.9
로터리	5	30.4
이앙기	5	29.5
자탈형 콤바인	5	29.8

4. 기계 도입의 검토

농업기계는 변동비보다 고정비가 더 많은 비용이 소요되기 때문에 영농 규모에 맞는 기계를 선정할 수 있도록 검토해야 한다. 변동비는 경영 면적이 증가할수록 증가한다.

[표] 농업기계의 고정비, 변동비 및 비용 계산의 예

계산항목 \ 작업명		트랙터 (37kw=50ps)	로터리(180cm)	이앙기 (6조)	자탈형 콤바인 (4조식)
① 구입가격(만원)		3,000	600	2,000	5,500
② 연간 고정비율(%)		23	33	35	30
③ 연간 고정비(원)		690만	200만	700만	1,650만
④ 연간 이용시간(h)		400	250	200	200
⑤ 작업 능률(포장 작업량, ha/h)			1	0.72	1.2
시간당 변동비	⑥ 트랙터의 시간당 고정비(원/h) ③÷④	17,250	8,000	35,000	82,500
	⑦ 연료소비량(l/h)	10		4	7
	⑧ 연료단가(원/l)	1,200		1,400	12,00
	⑨ 연료비(원/h) ⑦×⑧	12,000		5,600	8,400
	⑩ 윤활유비(원/h)	1,000		1,000	1,000
	⑪ 작업 노임(원/h)	30,000		30,000	30,000
	⑫ 보조 작업 노임(원/h)	15,000		15,000	15,000
	⑬ 계(원/h) ⑨+⑩+⑪+⑫	39,200		31,600	34,400
⑭ 시간당 비용 (원/h)	이용시간	76,450	84,450 (트랙터 포함)	86,600	136,900
⑮ 면적당 비용 (원/ha)	이용면적		160,900	120,300	114,080

계산방법

⑭ 시간당 비용 = ③ 연간 고정비/작업기의 연간 이용시간 + ⑬ 시간당 변동비
⑮ 면적당 비용 = ③ 연간 고정비/작업기의 연간 이용 면적 + ⑬시간당 변동비/작업 능률

(1) 트랙터는 50마력을 기준으로 연간 400시간 이용으로 가정
(2) 로터리는 트랙터에 장착되는 작업기이므로 트랙터의 시간당 고정비를 작업기의 시간당 변동비로 가정해서 ⑥에 계산하고 있다. (단 로터리 작업시 보조 작업자는 경우에 따라 제외시켜도 가능함)
(3) 작업자의 노임은 1일 8시간 기준으로 24만원으로 하였으며, 보조 작업자 노임은 12만원으로 가정
(4) 이앙기는 6조식 이앙기를 기준으로 하였으면 연간 200시간 이용으로 가정
(5) 자탈형 콤바인은 4조식을 기준으로 하였으면 연간 200시간 이용으로 가정

예를 들어 고성능의 새로운 기계를 도입하면 작업 능률은 올라가고 인건비 등의 변동비는 감소하지만, 감가상각비 등의 고정비는 증가하여 기계 이용경비를 인상시키게 된다. 그래서 고성능의 새로운 기계의 도입은 기계의 이용 규모가 증가하지 않으면 오히려 경제적으로 손해가 되는 경우도 있으므로 주의가 필요하다. 고정비를 작게 하기 위해서는

① 기계의 점검과 정비를 확실하게 실시해서 내용 연수를 늘리고

② 기계의 이용 규모를 키우거나 공동으로 이용하며

③ 구입 가격이 싼 중고기계를 이용하는 등의 방법을 생각할 수 있다.

이처럼 새로운 농업기계를 구입할 때는 기술적 검토와 함께 경제성 검토를 충분히 함으로써 농업생산을 위한 경비를 절감하고 수익을 증가시켜 생산 비용을 가능한 낮추는 것이 중요하다.

농업의 필수, 농작업 기계

농업의 필수 농업기계, 다양한 농업기계에 대하여 함께 알아보자.

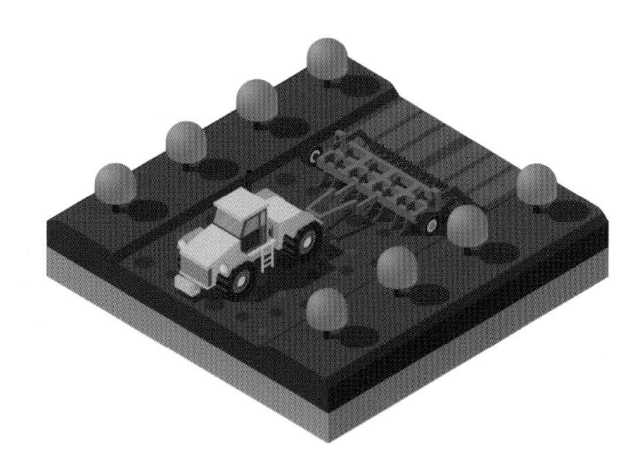

1 농업의 필수, 농업기계(귀농·귀촌, 기존 농업인 모두에게 해당됨)

농업은 개인 사업자보다 더 많은 노력을 필요로 하는 직업이다.

1차 산업인 생산만 하는 농업만 하더라도 대규모로 운영이 되어야만 소득을 얻을 수 있다. 또한 대량 생산한 농산물의 유통과 판로는 어떻게 할 것인지가 가장 큰 고민이 될 수 있다.

2차 산업으로의 발전을 위해서는 가공을 해야 하며, 가공 형태에 따라 다양한 절차와 규정을 준수해야 한다. 일반 공장을 운영하는 것보다 때로는 더욱 까다롭다. 그 이유는 우리 먹거리의 위생과 절차 등 복잡하고, 다양한 과정을 통해 가공하기 때문이다.

3차 산업으로 서비스를 복합한 산업으로 농산물을 생산만 하던 농가의 고부가 가치를 위하여 체험 프로그램, 교육 등 다양한 서비스업으로 확대시키는 방안도 지속 발전하고 있는 분야가 농업이다.

위의 내용처럼 다양한 산업의 형태를 한 사람이 또는 가족이 모두 이뤄 내야 하는 것이 농업이다. 때로는 경영주로서, 때로는 노동자로, 때로는 설비, 설계, 전기, 기계 분야 등 다양한 분야에 박식해야만 가능한 업, 그것이 농업인 것이다.

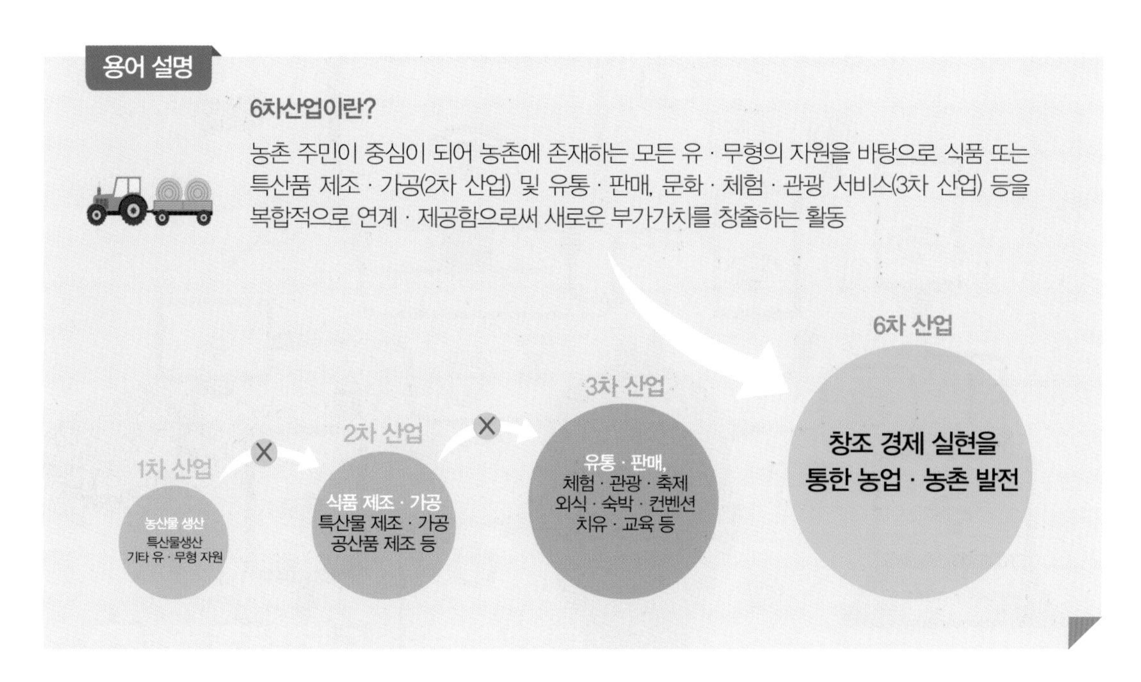

▶ 1차, 2차, 3차 산업

그렇다면 이중에서 가장 기본이 되어야 하는 것이 무엇일까? **바로 규모화와 농업기계가 아닐까 싶다.** 규모를 떠나 농사를 짓기 위한 필수품은 농업기계이다. 농촌의 고령화, 부녀화되고 있는 현실에서 땔래야 뗄 수 없는 필수 항목으로 자리 잡고 있는 것이다.

최근에는 4차 산업혁명이라는 용어가 나오면서 농업에 이슈가 되고 있는 **스마트팜**Smart Farm, **AI**Artificial Inteligence, 인공지능, **5G**, **MRC**Man Robot Collarboration 등 정보통신 기술과 제어기술이 겸비된 농업으로 변모하고 있어 적응하기에 더욱 어려워지고 있는 상황이다.

밀폐된 공간, 즉 외부의 환경에 영향을 받지 않는 시설 내에서의 농업, 외부 환경에서 최대한의 생산량과 안전한 먹거리를 생산하기 위한 농법과 재배 기술들이 지속적으로 개발, 연구되고 있다.

▶ 4차 산업혁명의 구조

세상은 한번에 변하지 않는다. 서서히, 다양한 기술들과의 융합을 통해 변하고, 보급되어, 농가는 이를 활용하고 유용하게 이용되어 소득으로 이어질 때 그 효과는 더욱 빛날 것이다. 다시 말하면 지속적으로 학습, 연구하는 농업인만이 기술을 활용하여 발전하고 부를 이룰 수 있다는 것이다.

2 다양한 농업기계

농업기계는 400종류가 넘는다. 다양한 기계가 있으므로 이를 크게 분류하여 유용한 기계를 선택하고, 안전하게 활용해야 할 것이다.

[표] 농업기계 분류

구분	종류
경운·정지용 기계	쟁기, 원판 쟁기, 정지기(로터베이터, 로터리), 진압기, 심토 파쇄기, 트랜처 등
시비·살포 기계	퇴비 살포기, 비료 살포기, 액상(액비) 살포기, 동력 살분무기 등
파종·육종 기계	조파기, 점파기, 파종기, 마늘 파종기, 감자 파종기, 볍씨 발아기, 육묘기, 접목 로봇 등
이식용 기계	이앙기, 채소 이식기, 고구마 이식기, 다목적 이식기, 양파 이식기 등
재배관리 기계	중경 제초기, 배토기, 비닐 피복기, 예취기, 고소 작업차 등
관수·배수 기계	펌프, 양수기, 스프링 클러, 점적관수, 이동 살수차 등
방제 기계	동력 분무기, 스피드 스프레이어(SS기), 동력 살분무기, 연무기, 광역 살포기, 무인헬기, 드론 등
수확 기계	바인더, 동력 탈곡기, 콤바인, 채소 수확기, 넝쿨 파쇄기, 땅속 작물 수확기, 모어, 베일러 등

1. 경운·정지용 기계

(1) 경운·정지용 기계의 기능

경운이란 딱딱한 토양을 경작이 가능한 토양으로 준비하여 작물이 잘 자랄 수 있는 상태로 만드는 작업이다. 경운은 작물의 뿌리가 잘 뻗어 많은 양분을 흡수할 수 있도록 해주며, 잡초 발생을 억제하여 작물의 생장 환경을 개선하는데 큰 효과가 있다. 경운 작업에는 경기(쟁기 작업), 파쇄(쇄토 작업), 정지(평탄 작업)가 있다. 경운·정지 작업기에는 플라우, 쟁기, 써레, 로터베이터(로터리) 등이 있다.

※ 경운·정지 작업을 수행하기 위해서는 필수 사항은 토양을 알아야 한다. 토양의 종류, 토양의 경도, 토양의 수분 상태, 토양의 다짐층 등을 알고 작업을 해야만 경운·정지용 기계를 원활히 사용하고, 수명을 연장하여 사용할 수 있다.

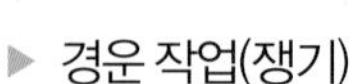

▶ 경운 작업(쟁기)

▶ 쇄토 작업(로터리 작업)

(2) 경운·정지용 기계의 종류

경운 작업은 작업 목적에 따라 용도와 기능이 다르므로 구분하여 사용해야 한다.

① **쟁기 작업** : 쟁기 또는 플라우를 사용하여 굳어진 흙을 절삭, 반전, 파괴하여 큰 덩어리로 파쇄하는 작업을 말하며, 이를 경기 작업이라고 한다. 가장 먼저 진행되는 작업이라고 하여 1차경 또는 1차경운이라고도 한다. 쟁기 작업은 기계의 종류에 따라 반전하는 깊이가 다르나, 일반적으로 20~50cm까지 흙을 반전 시켜준다.

※ 심경 쟁기는 45~50cm 반전
※ 삭쟁기는 30cm 반전
※ 이랑 쟁기는 20~30cm 반전
※ 원판 쟁기는 경사진 원판으로 경심 20cm 반전
※ 치즐 쟁기는 돌밭, 자갈밭 같은 악조건에서 작업이 용이하며,
깊이30cm를 긁으면서 작업하는 기계이다.

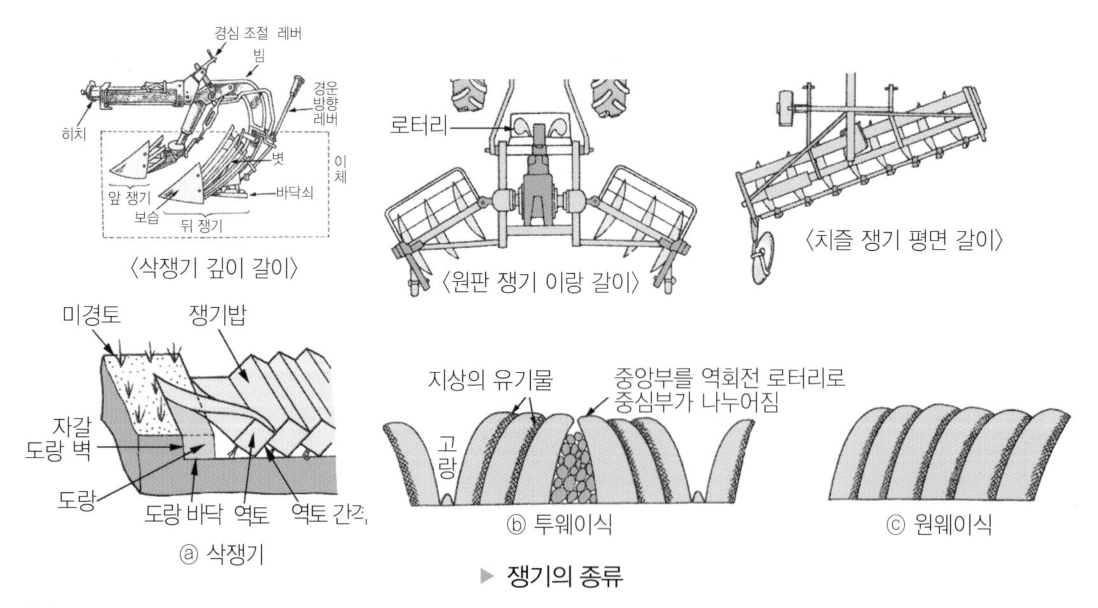

▶ 쟁기의 종류

② **쇄토 작업** : 쇄토 작업은 로타리, 로타베이터, 써레, 해로우 등을 사용하여 1차경으로 경기된 흙을 다시 작은 덩어리로 파쇄하는 작업을 말하며, 2차경 또는 2차 경운이라고도 한다.

쇄토 작업은 기계의 종류에 따라 파쇄 깊이가 다르나, 일반적으로 12~30cm까지 흙의 파쇄가 가능하다.

※ 로터베이터(로터리)는 12~15cm 깊이까지 파쇄

※ 심경 로터베이터(로터리)는 20~30cm 깊이까지 파쇄

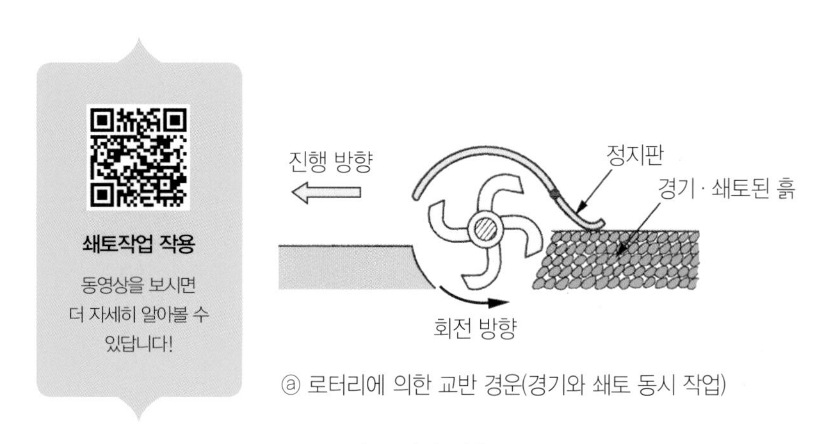

▶ 쇄토 작업 작용

③ **균평 작업** : 균평 작업은 배토판 또는 디스크 해로우 등을 사용하여 지면을 평탄하게 고르는 작업이다. 대부분 로터베이터의 후방에 부착하여 앞쪽에서는 쇄토 작업을 하고 부드러운 흙을 이용하여 고랑과 이랑을 틀의 모양에 맞춰 토양을 가공하게 된다.

용어 설명

배토기란?

토양을 배분하여 고랑을 만들고, 고랑의 흙을 쌓아 이랑을 만듦, 둥근 모형, 사다리꼴 모형 등 다양한 형태가 있다.

휴립기란?

2차 경운 작업이 이루어진 후 부드러운 흙을 이용하여 두둑을 짓고 이랑을 짓는 작업이다. 둥근 형태와 아치형, 다각형 등 다양한 형태를 만들 수 있다.

▶ 트랙터를 이용한 배토 작업, 관리기를 이용한 휴립 작업

④ **심토 파쇄 작업** : 1차 경운과 2차 경운이 지속되면 작업기가 닿지 않는 경계면의 토양은 굳어져 배수가 되지 않고, 염류가 쌓이는 등 작물에 악영향을 끼치게 된다. 이를 개선하기 위해 성토를 하기도 하지만, 주기적으로 심토 파쇄 작업을 하는 것이 용이하다. 심토 파쇄기는 지표면에서 약 60cm~70cm 정도 깊이 파쇄날이 땅속을 투입되어 진동을 일으켜 굳어진 토양을 파쇄하는 원리를 이용한 작업기계이다. 폭기 방식의 파쇄기도 사용되지만 과수원 또는 공원의 토양 다짐을 해소하기 위한 방안으로 많이 사용되고 있다.

※ 심토 파쇄기는 시설 하우스 내의 토경 재배에 많이 활용되고 있으며 염류 집적 현상 예방, 배수, 연작 피해를 예방하기 위해서 사용된다.

용어 설명

경반층이란?

작업기(쟁기날, 로터리날 등)가 닿지 않는 경계면이 딱딱하게 굳는 층

염류 집적이란?

여러 가지 무기 염류가 토양에 쌓이는 현상

심토 파쇄기 작업

심토 파쇄기

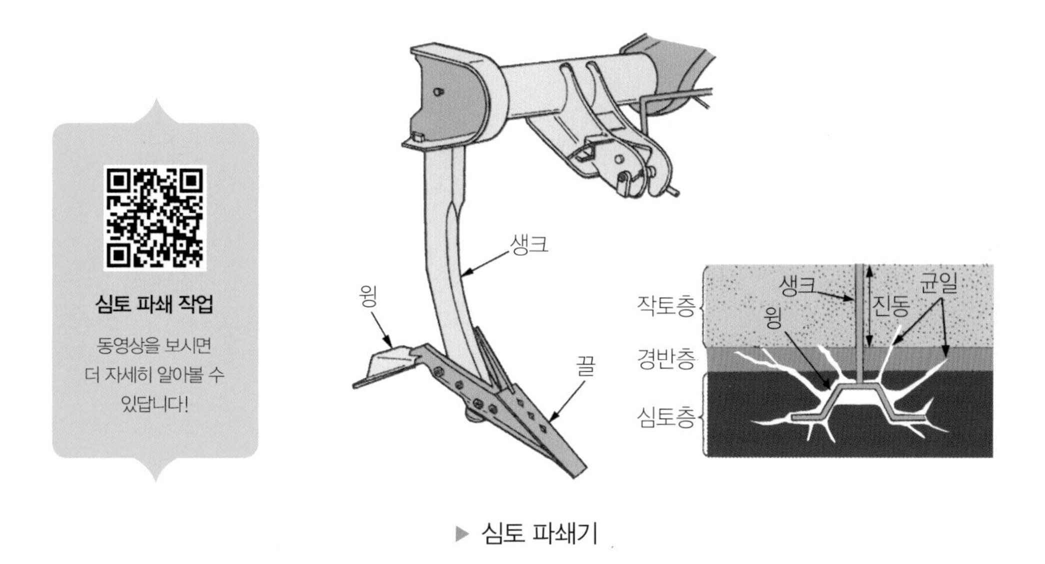

▶ 심토 파쇄기

⑤ **기타 작업** : 두둑을 만드는데 사용되는 작업기를 리스터라고 하며, 고랑을 만드는데 사용되는 작업기를 트렌처라고 한다.

체인형 트렌처

오거형 트렌처

휠형 트렌처

▶ 트렌처의 종류

★★★ 경운 작업의 중요성

경운 작업은 작물의 성장을 위해 꼭 필요한 작업이다.
대부분의 작물들은 뿌리에서 양분을 흡수하기 때문에 양분을 흡수하기 좋은 상태의 토양을 필요로 한다.
경반층이 없는 상태에서의 씨앗은 뿌리를 깊이 내리고 줄기의 성장 또한 원활히 이루어진다.
뿌리를 내린 만큼 많은 양분과 성장도가 달라질 수 있다는 것이다.

a : 경반층이 없는 상태

b : 경판층이 있는 상태

▶ 옥수수 파종 후 뿌리의 성장

▶ 토양쪽 경반층에 의한 뿌리 성장

대부분의 생명체가 그렇듯이 적정한 수분을 공급받고 성장해야 한다. 식물도 마찬가지일 것이다. 배수가 잘 되지 않는 토양에서 작물을 재배한다면 성장을 못할 뿐만 아니라 수확을 못하고 폐기해야 하는 지경까지 이를 수 있는 것이다. 경반층을 파쇄 해줘야만 정상적으로 뿌리를 내리고 성장할 수 있는 것이다.

작물의 성장을 못한다면 비료와 농약으로 해결을 할 것이 아니라 토양부터 점검하고 비료와 농약을 하는 것은 어떨까 싶다.

※시설에서 토경 재배를 할 경우 2~3년에 1회 정도 심토 파쇄 작업을 실시 하는것이 좋다.

▶ 작업기별 경반층

2. 시비·살포 기계

(1) 시비·살포 기계의 기능

시비란 논·밭에 거름을 주는 일, 살포는 액체, 가루 따위를 흩어 뿌리는 일을 말한다. 시비는 알갱이나 퇴비를 뿌리는 것을 의미하지만 액체와 가루는 살포하는 것을 의미한다. 넓은 경작지에 비료, 거름, 농약 등을 경작지에 일일이 뿌리기에는 너무 큰 힘이 든다. 중노동인 것이다. 거름의 종류, 농약의 종류에 따라 시비·살포하는 방법이 다른 만큼 효과적인 방법을 선택해야 한다.

※ 비료, 거름, 농약 등은 기체, 액체, 고체의 다양한 형태로 되어 있다. 그러므로 시비·살포의 방법이 각각 다르다.

(2) 시비·살포 기계의 종류

① **퇴비 살포기** : 경작지까지 퇴비를 운반하여 살포하는 기계이다.

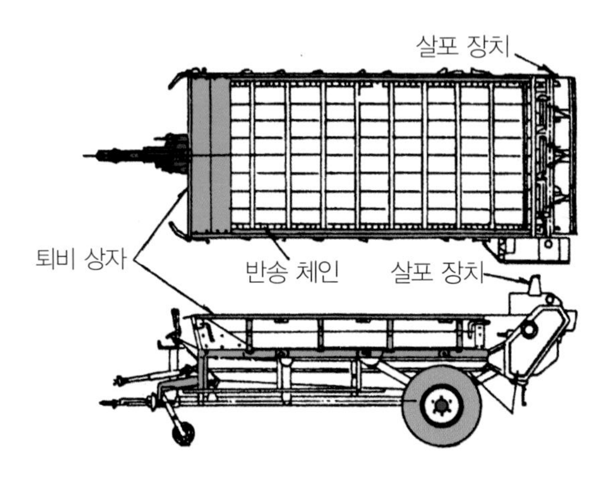

▶ 자주식 퇴비 살포기, 트랙터 견인형 퇴비 살포기

퇴비 살포기는 **운반 트레일러**, **퇴비 적재함**, **비이터**Beater, **동력 전동 장치**, **살포 장치** 등으로 구성되어 있다. 살포 장치는 대부분 퇴비 적재함의 후단에 고정되어 있다. 비이터Beater는 퇴비 덩어리를 잘게 부수는데 사용되며, 다양한 형상이 있다.

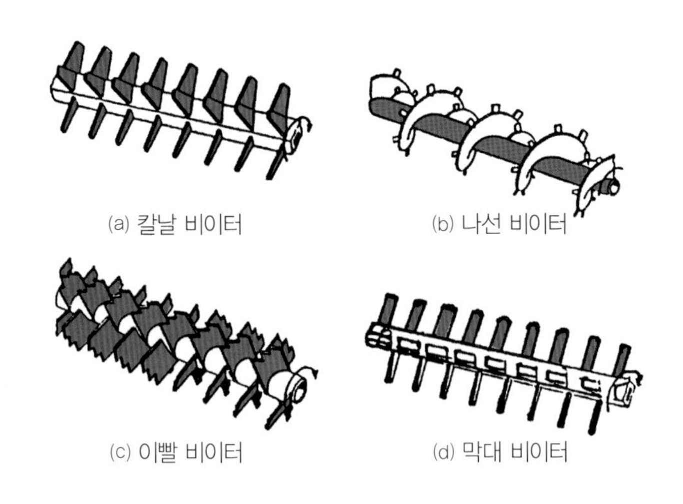

▶ 비이터(Beater)의 형상

트랙터 부착형과 **자주식 퇴비 살포기**가 있다.

트랙터 부착형 퇴비 살포기는 동력 전달을 대부분 PTO의 회전력을 이용하여 동작한다. 최근 유압 장치의 개발로 유압 모터를 활용하여 동력을 전달하기도 한다. 단, 유압구동 방식은 소형에 많이 활용된다.

ⓐ 트랙터 부착형

ⓑ 자주식

▶ 트랙터 부착형 퇴비 살포기와 자주식 퇴비 살포기

살포기

동영상을 보시면
더 자세히 알아볼 수
있답니다!

용어 설명

자주식이란?

엔진 또는 동력원이 부착되어 구동과 작업을 동시에 할 수 있는 방식의 기계를 말한다.

② **비료 살포기** : 비료 살포기는 알갱이로 되어 있는 비료, 유박 등을 살포하는데 사용한다. 입자의 비중과 크기, 모양, 작업기의 회전수에 따라 비산되는 형태가 다르며 비산되는 거리도 다를 수 있다.

▶ 비료 살포기

용어 설명

원심 살포기란?

회전하는 원판 위에 재료(비료 등)를 공급하여 원심력을 받으면서 원판 위에 있는 안내 깃을 따라 이동하여 회전하는 속도의 원심력으로 비산되도록 한 것이다.

낙하 살포기란?

줄 간격으로 일정하게 띠를 이루도록 하여 재료(비료 등)를 떨어뜨림으로 전면 살포(석회살포에 유리함)를 하거나, 일정한 폭에 재료(비료 등)를 살포할 때 사용한다.

※ 테니스장 라인을 긋기 위해 뿌리는 방식으로 생각하면 된다.

③ **액상 살포기** : 액상 살포기는 액체로 되어 있는 퇴비를 살포하거나, 가뭄에 의한 경작지에 수분을 공급하고자 할 때 많이 사용된다. **트랙터 견인식, 자주식, 트럭 탑재식** 등이 있다.

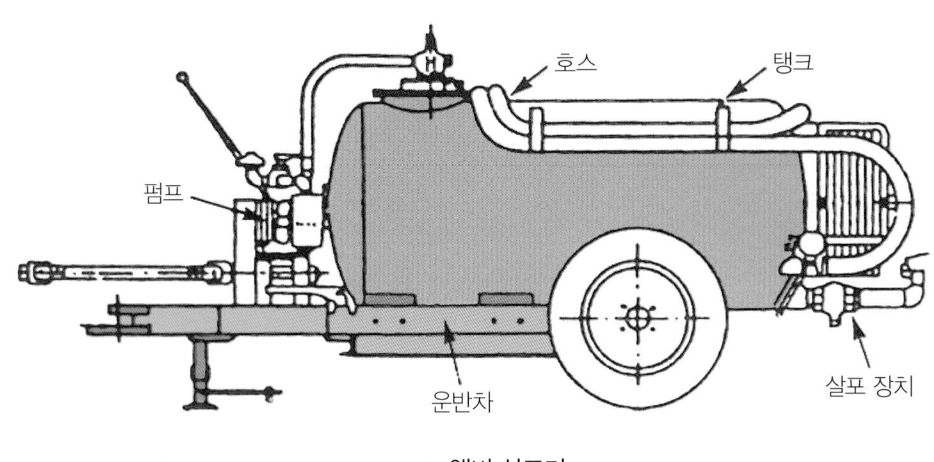

▶ 액비 살포기

용어 설명

가압식이란?

트랙터, 트럭, 동력원의 회전력을 이용하여 펌프를 회전시켜 압력을 만든다. 발생된 압력을 이용하여 액체를 분사시켜 분출하기 때문에 작업속도가 빠르고 효과적이다.

자연 낙하식이란?

탑재되어 있는 탱크에 액체로 가득 채워져 있기 때문에 수압과 대기압의 영향을 받아 액체가 자연 낙하하는 형태로 살포 방법이다.

④ **동력 살분무기** : 동력 살분무기는 송풍기에서 나오는 고속 기류를 이용하여 액체를 미립화시켜, 송풍에 의하여 작은 입자를 공중으로 날려 보내는 형태의 기계이다.

용어 설명

미스트 살포란?

송풍기에서 고속기류(풍속 60~80m/s)에 의해 약액을 분무기보다 더 작게 미립화하여 고속기류에 태워 먼 거리로 살포한다.

비료(알갱이 살포)란?

송풍기에서 발생되는 기류를 태워 비료, 씨앗, 유박 등을 먼 거리로 살포한다.

3. 파종 육종 기계

(1) 파종·육종 기계의 기능

파종은 넓은 범위에서 작물의 번식에 쓰이는 종자를 심는 것을 파종이라고 하며, 일반적으로 종자를 뿌려 심는 것을 의미한다. 파종 방법에는 **산파**, **조파**, **점파**가 있다.

① **산파** : 흩어 뿌리는 방식이며, 호밀 같은 목초 파종에 많이 사용된다.

① **조파** : 간격이 일정한 줄로 연속적으로 파종하는 방식으로 줄과 줄의 간격은 씨앗의 종류에 따라 달리한다.

① **점파** : 일정 간격의 줄에 일정 간격으로 한 알 또는 여러 알의 종자를 파종하는 방식이다. 옥수수, 콩과 같은 종자를 파종할 때 사용되는 방식이다.

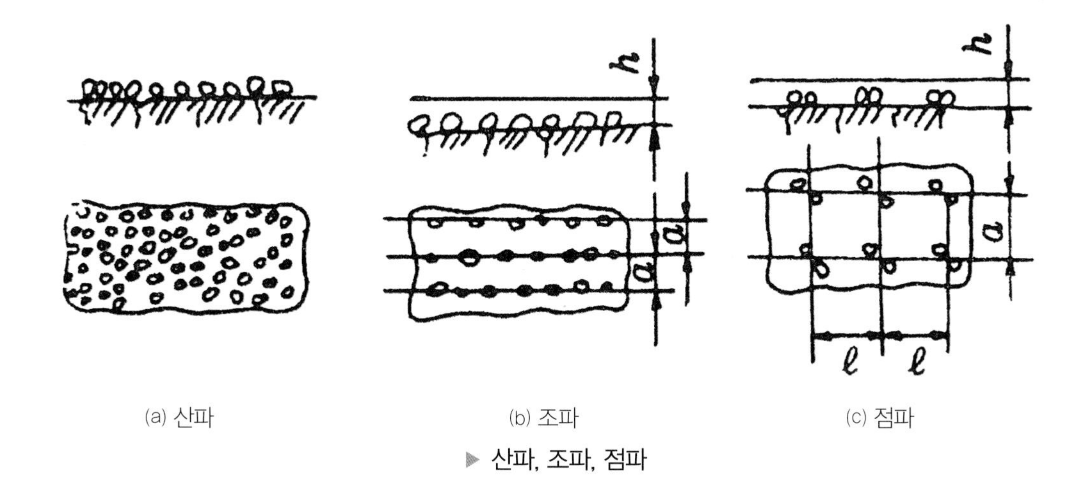

▶ 산파, 조파, 점파

① **산파용 파종기** : 비료 살포기와 같은 형태로 호퍼(씨앗통)에서 종자 배출 장치를 부착하여 떨어지는 씨앗의 양을 조절한다. 떨어진 씨앗은 회전하는 수평 회전 날개(스피너)에 떨어지고, 스피너에 떨어진 종자는 기체 밖으로 회전력에 의해 살포한다.

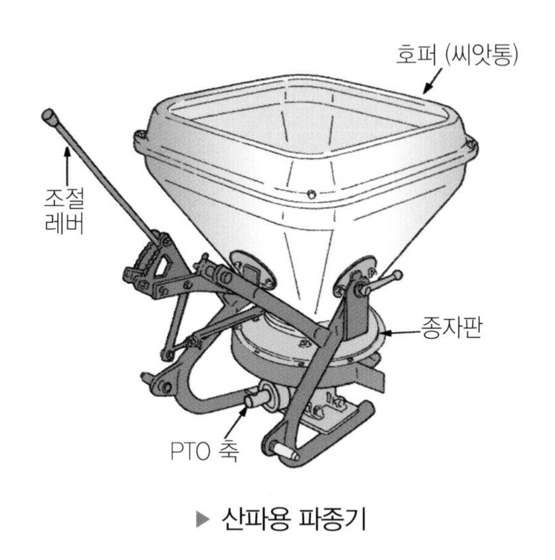

▶ 산파용 파종기

② **조파용 파종기** : 구성품으로는 호퍼, 종자 배출 장치, 종자 도관, 구절기, 복토기, 진압륜으로 구성되어 있다.

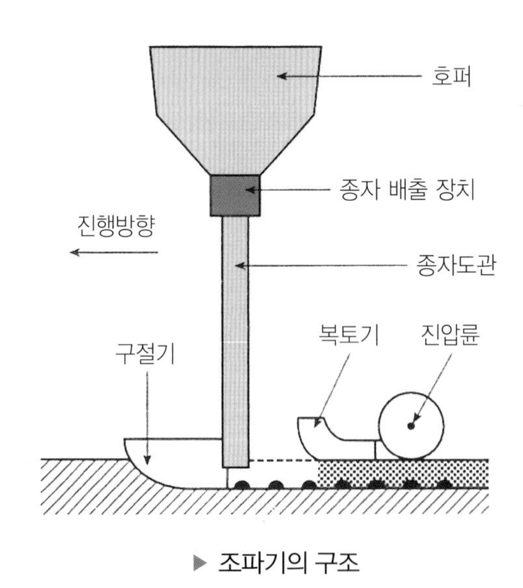

▶ 조파기의 구조

- **종자 배출 장치**

종자 배출 장치는 규정된 종자를 적정 양을 배출하여 종자 도관으로 유도하는 장치이다.

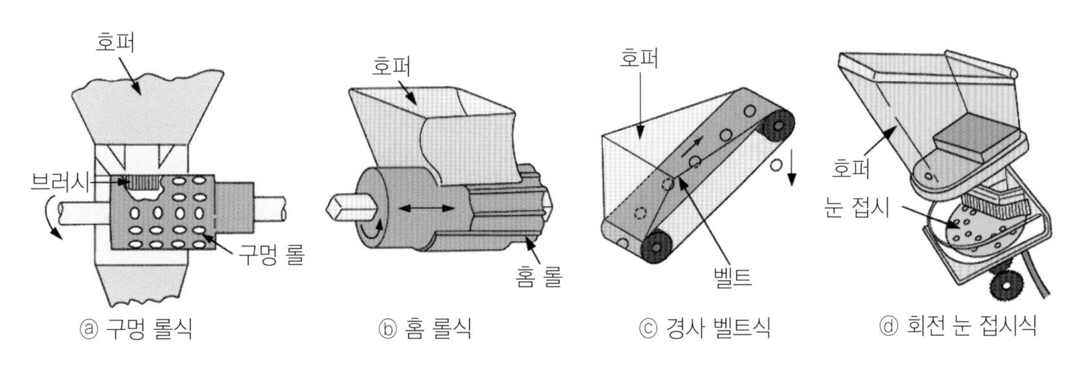

▶ 종자 배출 방식

- **종자 도관**

종자 도관은 배출 장치에서 배출된 종자를 안내하여 파종 골까지 유도하는 관이다.

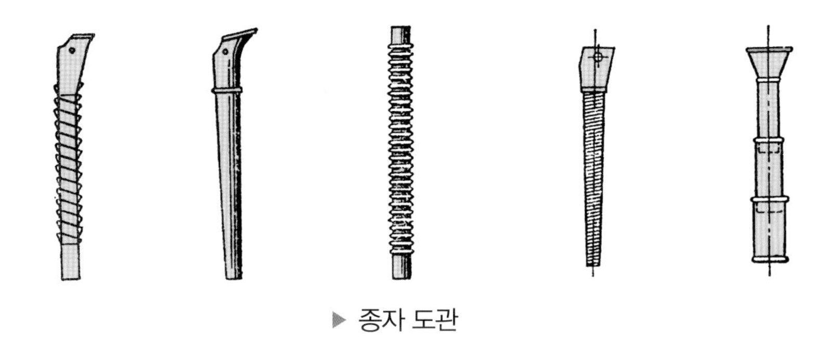

▶ 종자 도관

- **구절기**

구절기는 씨앗이 떨어질 구간의 흙을 파거나 갈라주어 씨앗을 떨어뜨릴 자리를 준비한다.

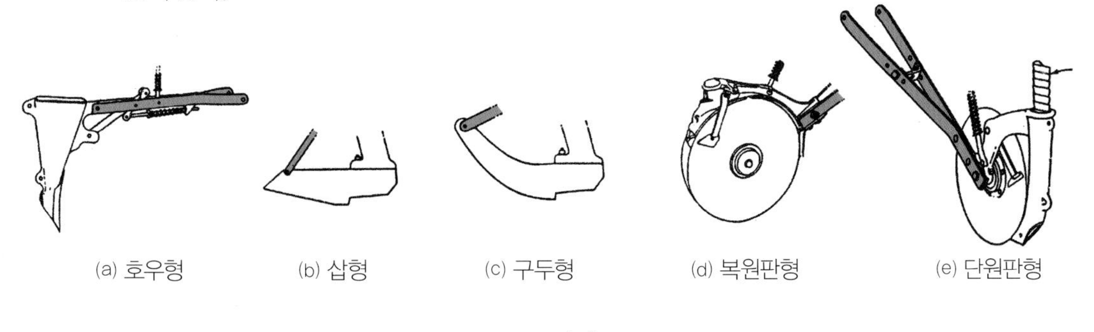

▶ 구절기

– **복토기** : 복토기는 구절기에 의해 씨앗이 놓여질 자리를 만들고 씨앗을 떨어뜨린 후 흙을 덮어주는 기능을 한다.

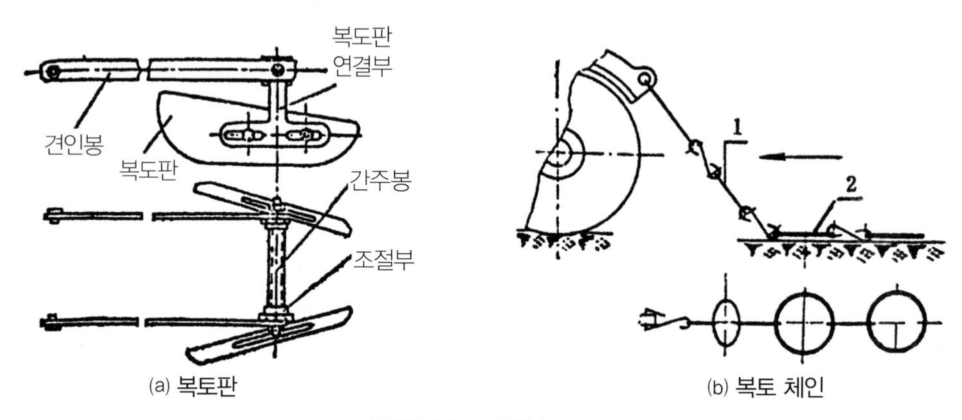

(a) 복토판 (b) 복토 체인

▶ 복토판과 복토 체인

– **진압륜** : 진압륜은 복토된 흙을 다질 때 사용되는 작은 바퀴로 복토기 뒤에 부착되어 있다.

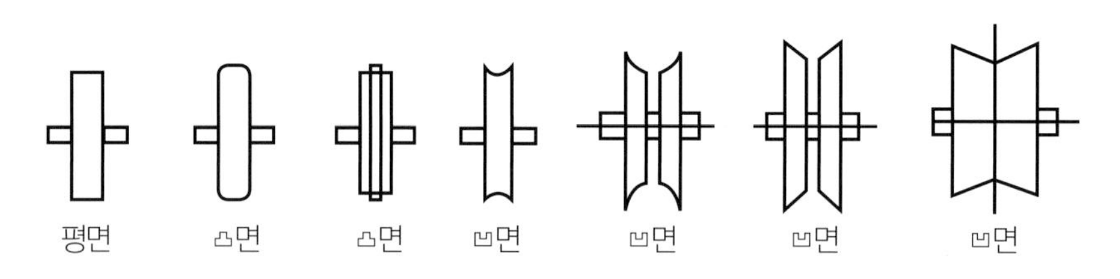

▶ 진압륜의 종류

③ **점파기** : 점파기는 종자를 일정한 간격으로 한알 또는 몇 알씩 파종하는 작업기이다.

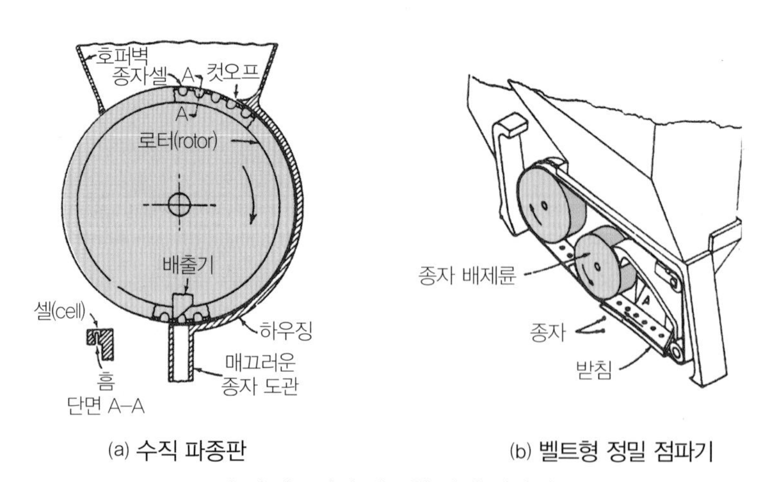

(a) 수직 파종판 (b) 벨트형 정밀 점파기

▶ 수직 파종판과 벨트형 정밀 점파기

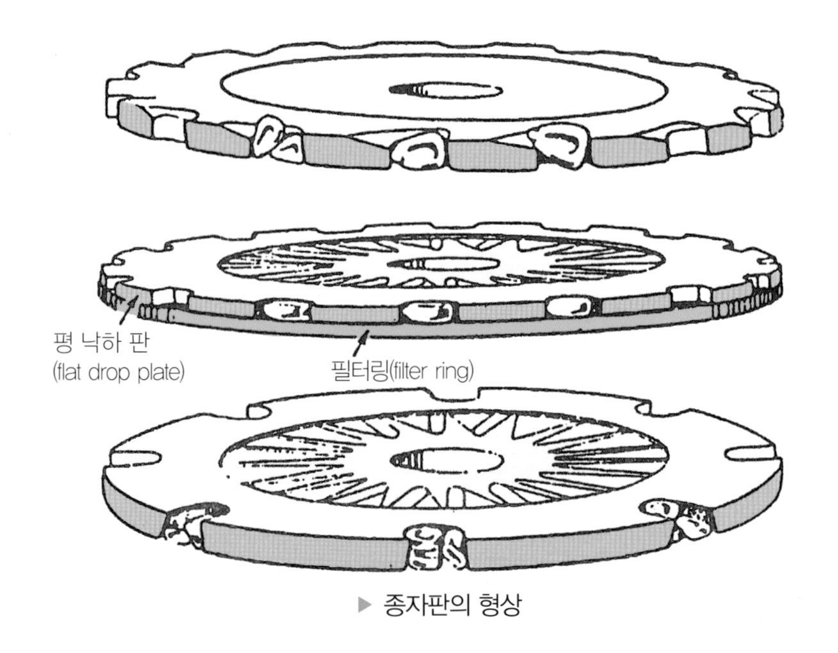

▶ 종자판의 형상

④ **감자 파종기** : 감자 파종기는 씨감자를 하나씩 일정한 간격으로 파종하는 점파기이다.

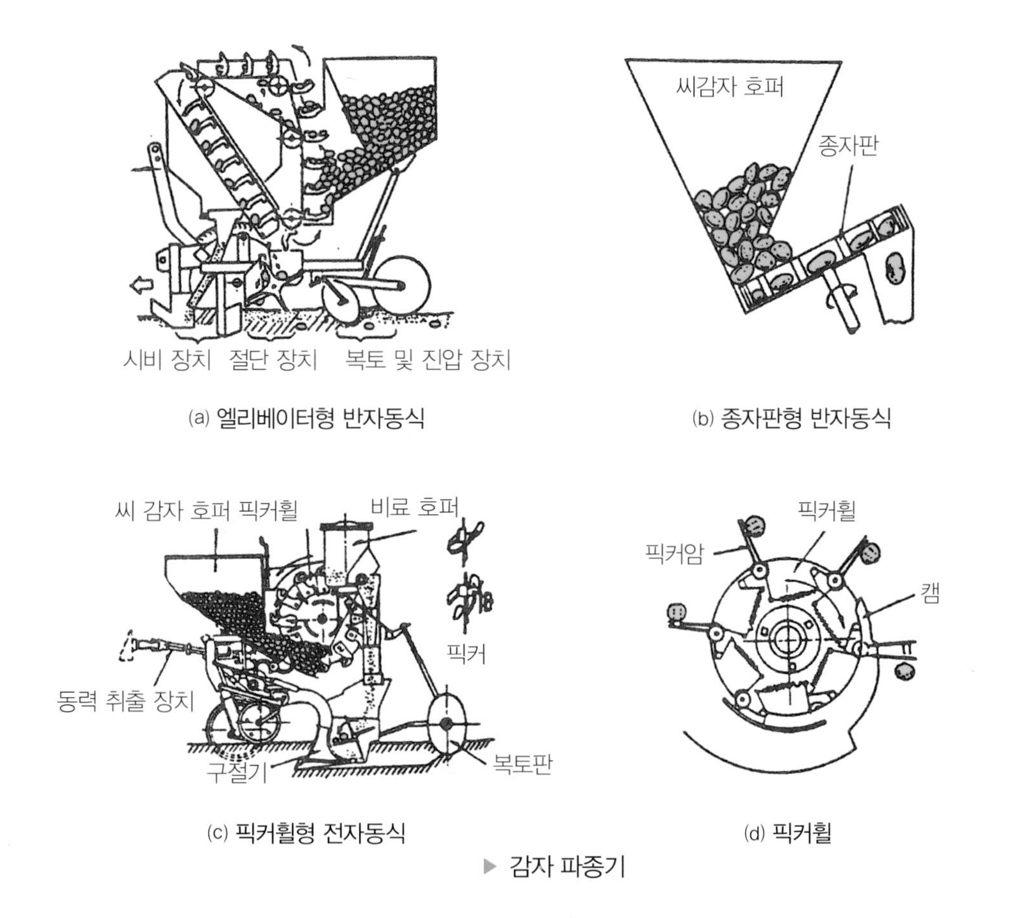

(a) 엘리베이터형 반자동식

(b) 종자판형 반자동식

(c) 픽커휠형 전자동식

(d) 픽커휠

▶ 감자 파종기

(2) 육종기계

육종기계는 자연적이거나 **인공적인 변이를 활용**하여 목적에 맞추어 **기존의 품종을 개선**하기 위한 기계이다. 대부분 사람이 손으로 작업하던 접목 작업을 로봇이 보다 정밀하고 정확히 할 수 있다. 볍씨 발아기는 짧은 시간에 볍씨를 일정하게 발아시켜 못자리 시기를 적정히 맞힐 수 있다. 또한 육묘기도 이에 포함된다.

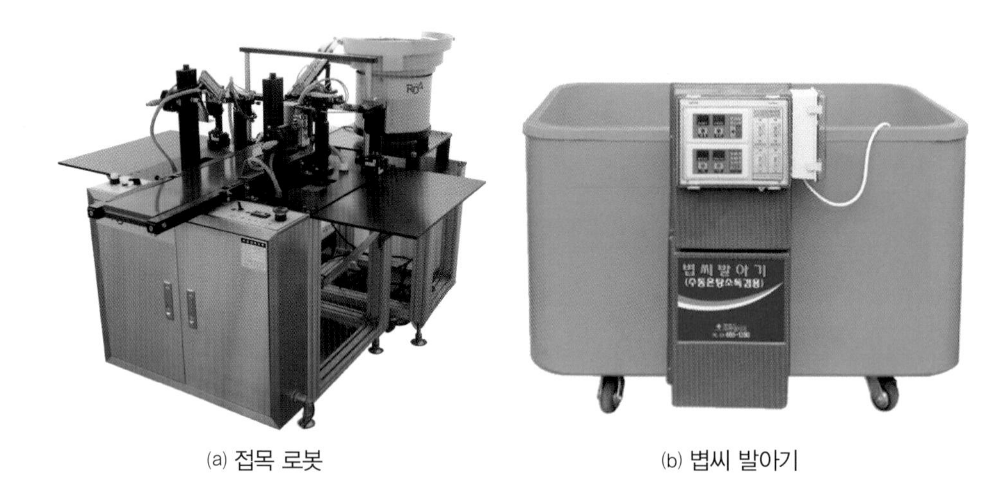

(a) 접목 로봇 (b) 볍씨 발아기

▶ 접목 로봇과 볍씨 발아기

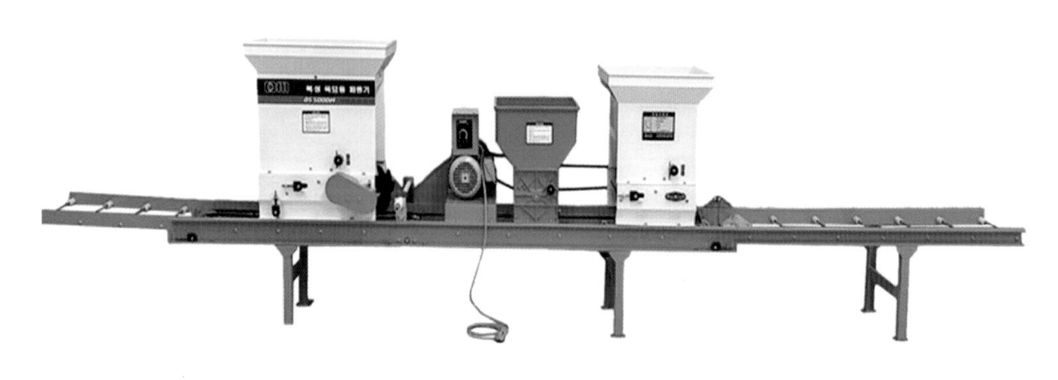

▶ 볍씨 파종기

4. 이식용 기계

벼, 다양한 채소, 고구마 등과 같은 작물의 모종을 경작지에 옮겨 심는데 사용하는 기계이다. 벼를 이앙하는데 사용하는 이식기는 이앙기라고 하지만 다양한 채소나 고구마 등을 심는 기계를 이식기라고 한다.

(1) 이앙기

이앙기는 벼의 모종을 이식 장치를 이용하여 연속적으로 이식하는 기계이다. 조파 이앙기와 산파이앙기로 나눌 수 있으며 현재 대부분이 산파 이앙기를 사용하고 있다. 하지만 조파 이앙기도 최근 증가하고 있는 상황이다.

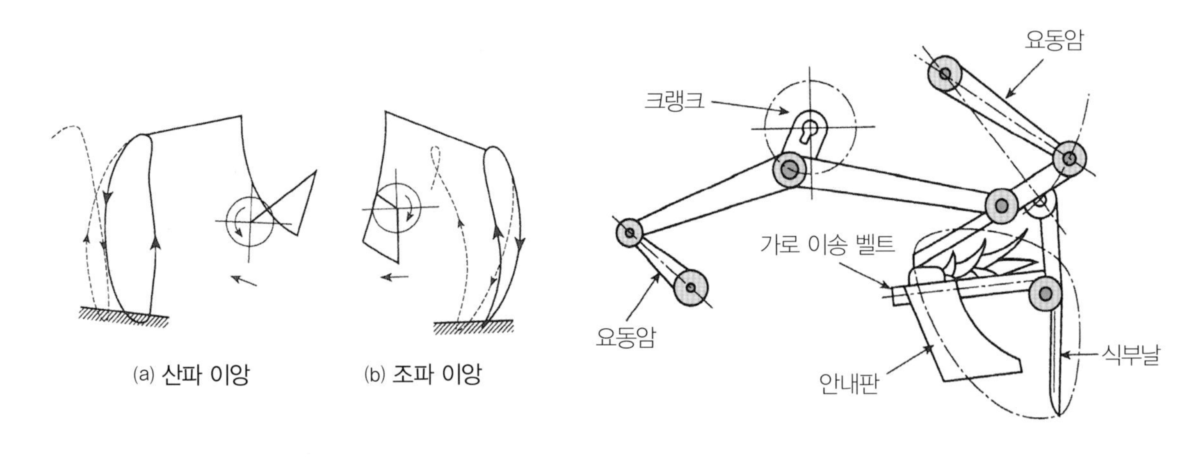

▶ 산파 이앙 방식과, 조파 이앙 방식

또한 작업자가 이앙기를 걸으면서 조작하는 보행형 이앙기와 탑승하여 스티어링 휠(핸들)로 조작하여 이앙하는 승용형 이앙기가 있다.

우리나라는 4조, 6조, 8조 이앙기를 사용하고 있으며, 조는 한줄을 말하며, 한번에 4줄, 6줄, 8줄을 이앙작업 한다. 조간거리는 30cm 내외이며 주간거리는 기계에서 기어변속을 통해 11~25cm로 조절이 가능하다.

(a) 보행형 이앙기

(b) 승용형 이앙기

▶ 보행형 이앙기와 승용형 이앙기

(2) 채소 이식기

채소의 종류는 다양하다. 생육기간을 길게하기 위해 따뜻한 곳에서 포트에 파종한 후 날씨와 기온 상태에 따라 이식하는 시기가 달라진다. 이식은 옮겨 심기라고 생각하면 쉽게 이해할 수 있다. 육묘는 연약한 상태이기 때문에 이송 과정에서 상처나 다침이 없어야 한다.

① **반자동 이식기** : 반자동 이식기는 비닐 멀칭 후 이식이 가능한 식부 호퍼형 반자동 이식기로 육묘의 이송 장치는 육묘 실린더(회전 포트 방식)를 이용한다. 인력으로 묘를 뽑아 회전하는 육묘 실린더에 차례로 놓어주면 식부 호퍼 상승시 해당 육묘 실린더의 밑면이 열리면서 묘가 호퍼에서 떨어진다. 육묘는 호퍼 실린더를 따라 수직으로 받아서 지면으로 내려가 지면에 구멍을 낸 후 호퍼를 열면서 솟아 나오게 되고 좌우측 진압륜이 지나면서 진압을 하여 이식이 완료되며, 이를 반복하여 연속작업 할 수 있다.

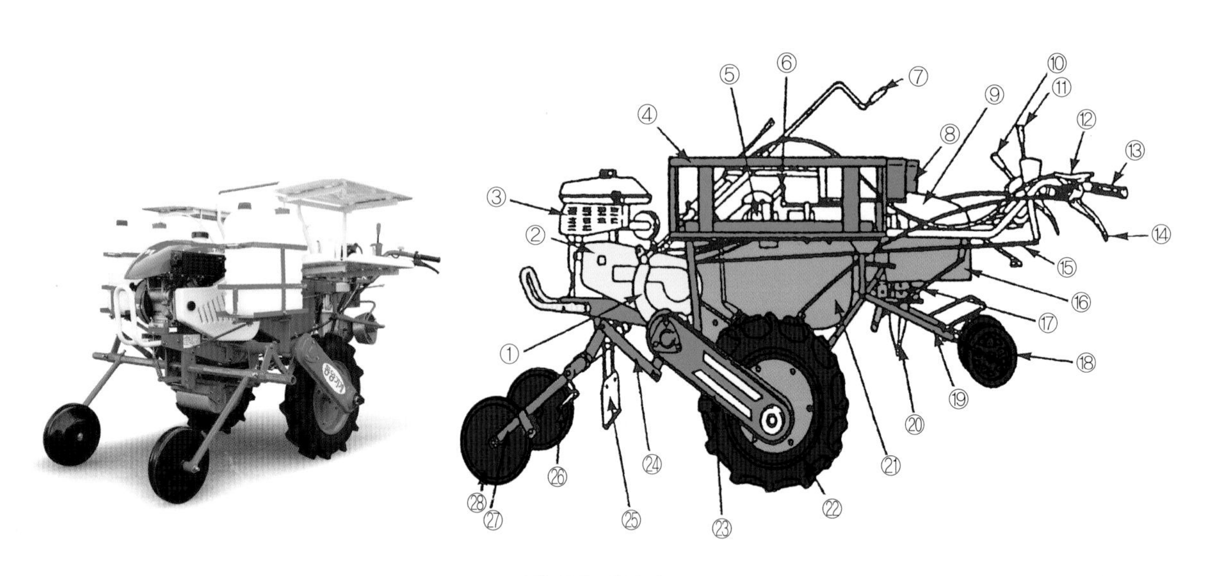

▶ 반자동 이식기

① 스윙암　② 엔진 벨트 커버　③ 엔진　④ 묘 탑재대
⑤ 이식부 미션　⑥ 주간 조절 레버　⑦ 이식 깊이 조절 레버　⑧ 육묘 실린더
⑨ 안전 커버　⑩ 주 클러치　⑪ 변속 레버　⑫ W스윙 레버
⑬ 핸들　⑭ 사이드 클러치 레버　⑮ 변속 로드　⑯ 방풍 커버
⑰ 묘 받음 통　⑱ 진압륜　⑲ 흙 고르기 암　⑳ 호퍼
㉑ 이식부 프레임　㉒ 타이어　㉓ 체인 케이스　㉔ 연결대
㉕ 정지판　㉖ 스크래퍼　㉗ 전륜 스윙암　㉘ 가이드륜

② **전자동 이식기** : 전자동 이식기는 육묘가 규격화된 트레이를 사용해야 한다. 일정한 규격에 맞게 묘를 1개씩 이송하여 이식하는 장치로 구성되어 있으며, 이런 방식을 카세트 방식이라고 한다.

▶ 전자동 이식기

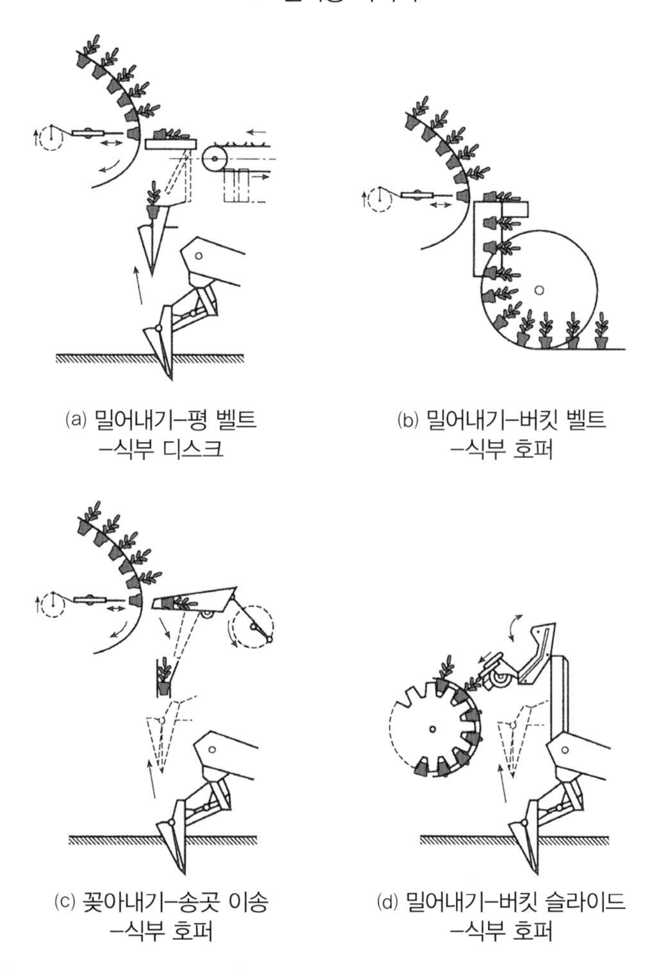

▶ 전자동 이식기 작동 방식

5. 재배 관리 기계

재배 관리 기계는 중경제초, 배토기, 솎아내기, 예초기, 멀칭 등 작물을 재배하기 전 토양관리부터 재배 중 제초 작업 등을 할 수 있는 기계이다. 너무 넓은 범위에 사용되는 기계를 의미한다.

(1) 중경 제초기

중경은 토양 상태의 개선, 토양의 수분 유지, 잡초 제거 등을 통하여 작물의 생장 조건을 좋게 하기 위한 방법 중 하나이다. 중경 제초기라고는 부르지만 중경 작업, 제초작업, 배토 작업을 병행할 수 있다.

① **중경 작업**은 이랑 및 작물의 포기 사이를 경운, 쇄토하는 작업이다. 토양의 통기성과 투수성을 좋게하고 잡초 발생을 억제하여 작물의 생장 환경을 좋게 한다.

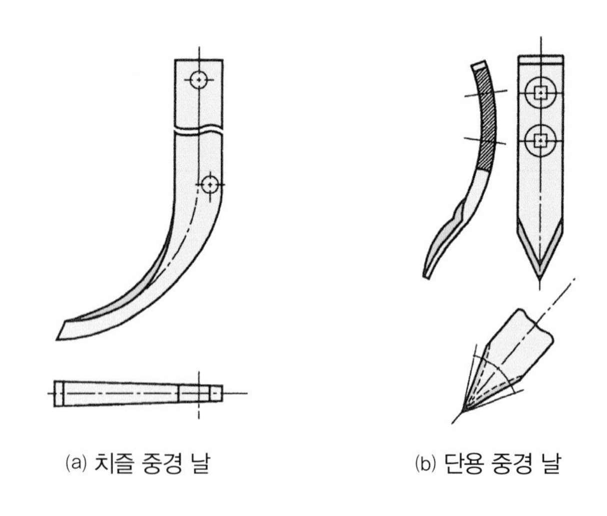

(a) 치즐 중경 날　　(b) 단용 중경 날

▶ 중경 날의 구조

② **제초 작업**은 잡초를 제거하는 작업으로 잡초를 뽑거나 뿌리를 잘라 고사시키므로 중경 작업과 병행하여 수행이 가능하다.

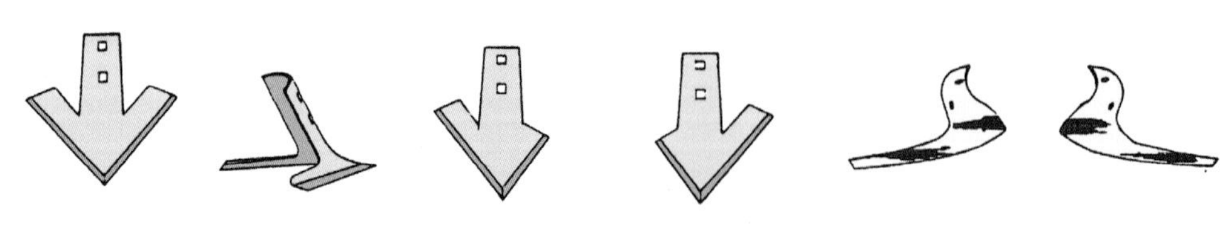

▶ 제초 날

③ **배토 작업**은 작물의 줄기 밑부분에 흙을 돋우어 주는 작업으로, 뿌리의 지지력을 강화하고 도복을 방지하며, 이랑의 잡초를 제거하는 작업이다.

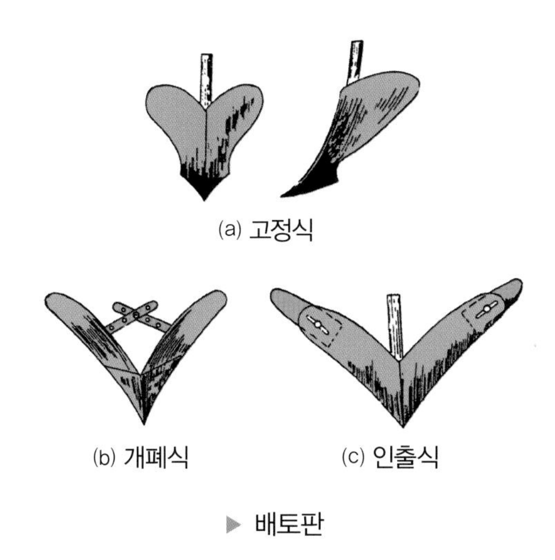

▶ 배토판

④ **경운기용 중경 제초기** : 경운기의 뒷부분에 배토날을 부착하여 견인하는 방식으로 작업을 한다.

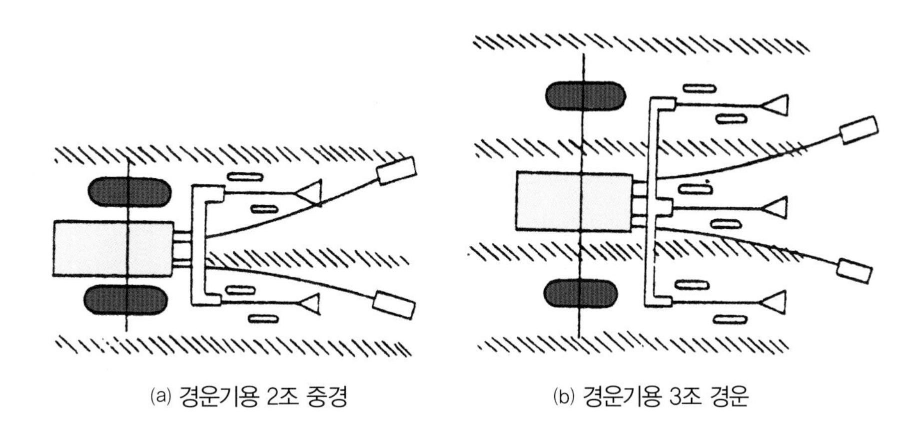

▶ 경운기용 중경 제초기

(2) 배토기

중경 제초기에서도 배토 작업은 작물의 줄기 밑부분에 흙을 돋우어 주는 작업으로, 뿌리의 지지력을 강화하고 도복을 방지하며, 이랑의 잡초를 제거하는 작업이라고 설명했다. 하지만 여기에서의 배토기는 제초의 기능보다는 두둑을 높게 형성하여 이랑을 만드는 작업을 말한다. 배토기는 관리기에 부착되는 형태와 트랙터에 부착하여 사용하는 형태가 있다.

① **관리기용 배토기** : 부드럽게 쇄토(로터리 작업이 되어 있는 토양)된 토양에서 흙을 양쪽으로 밀어 이랑을 만드는 형태와 구굴기(고랑파는 작업 날)와 진동을 줄 수 있는 진동판을 달아 구굴 작업과 이랑을 다지면서 연속적으로 작업할 수 있는 진동 배토기가 있다.

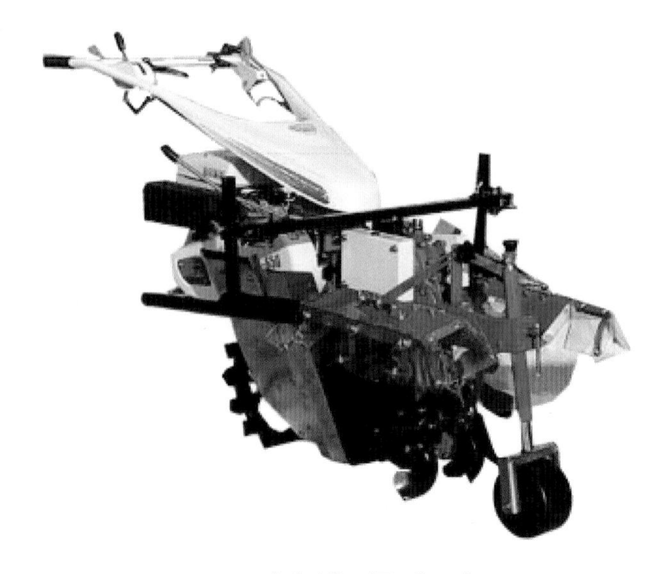

▶ 관리기용 진동 배토기

② **트랙터용 배토기** : 트랙터에 직접 부착하는 형태의 배토기도 있지만 대부분 딱딱한 토양을 배분하여 이랑을 만들기에는 많은 힘이 작용하기 때문에 배토 장치가 쉽게 고장날 수 있는 요인이 된다. 하지만 트랙터에 로터베이터를 부착하고, 배토기를 부착하여 낮은 이랑을 로터리 작업과 배토 작업을 동시에 작업할 수 있는 기계도 있다.

▶ 트랙터 부착형 배토기

(3) 휴립 비닐 피복기

휴립은 이랑(두둑)을 만드는 작업이다. 휴립과 동시에 비닐을 피복할 수 있는 기계를 휴립 비닐 피복기라고 한다. 휴립을 하는 이유는 작물이 뿌리 뻗을 수 있는 공간을 많게 하여 많은 영양분을 흡수하고 생산성을 높이기 위해서 이다.

비닐 피복은 저온기의 지온을 높이며, 생육을 촉진하는 것이다. 토양의 건조를 예방할 수 있으며 양분의 손실을 방지한다. 가장 큰 목적은 잡초의 발생을 억제하는데 있다.

① **평두둑 휴립 피복기** : 채소에 많이 사용되는데 이랑의 상단 모양을 평평하게 만든 두둑을 비닐로 피복하는 형태의 기계이다.

▶ 평두둑 휴립 피복기

구절기는 비닐의 아랫부분을 매설하는 작업을 하며 여기에 두둑에 흙을 끌어 모으는 기구를 부착하기도 한다. 비닐을 누르는 차륜은 두둑의 비닐을 가볍게 누름으로써 비닐을 끌어 내서 누르는 기능을 한다.

② **둥근 두둑 휴립 피복기 :** 감자, 고추 등을 재배하기 위해 두둑 작업할 때 둥근 두둑을 만든다. 휴립을 둥근 모양으로 하였기에 피복의 형태도 둥글게 피복할 수 있다.

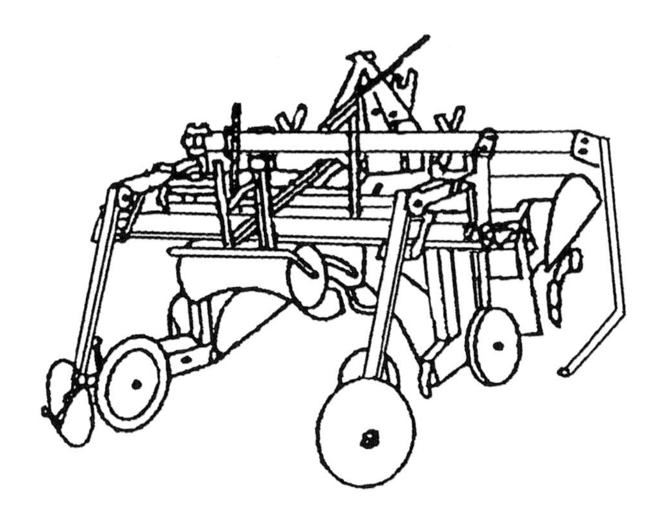

▶ 둥근 두둑 휴립 피복기

※ 하지만 비닐 피복기만 별도로 사용하는 경우에는 평두둑이나 둥근 두둑이나 같은 비닐 피복기를 사용한다.

▶ 관리기용 비닐 피복기

비닐 피복기

동영상을 보시면
더 자세히 알아볼 수
있답니다!

(4) 예초기

예초기는 작은 엔진을 부착한 가벼운 형태의 예초용 기계로 밭두렁, 과수원, 초지의 예초, 산림의 덤불 제거 등에 많이 사용되고 있다. 예초기의 종류에는 견착식, 배부식, 보행형, 승용형 등이 있다. 견착식은 소형, 경량으로 최근에는 부탄가스를 활용하는 형태로도 사용되고 있다. 배부식(등에 메는 방식)은 기체가 약간 무겁지만, 출력이 좋아 다양한 예초 작업이 가능하고 작업 자세가 안정적이다.

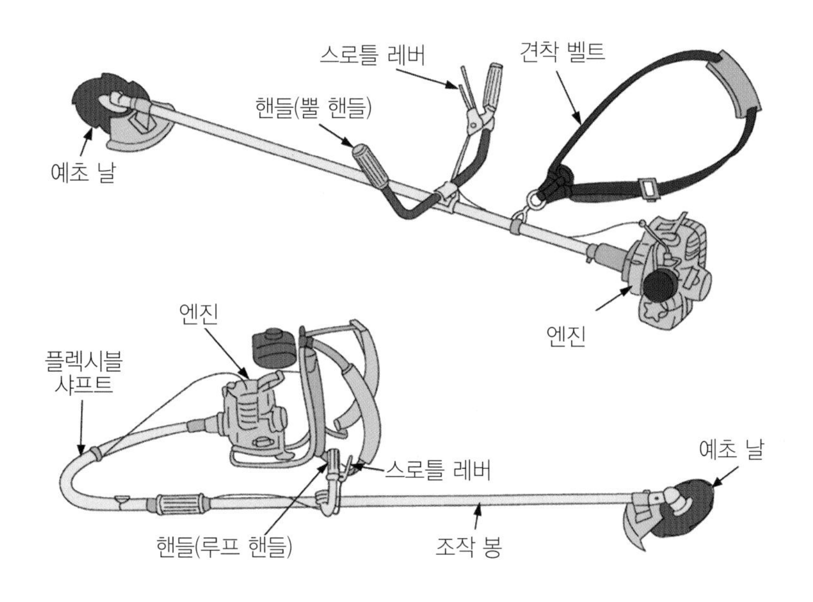

▶ 견착식 예초기(상)와 배부식 예초기(하)

▶ 승용 예초기

예초기의 원동기에는 엔진이나 모터(전동식)가 사용된다. 엔진은 경량화를 위해 2행정 공랭 엔진이 널리 사용된다. 전동식은 비교적 경량으로 진동 및 소음도 적지만 전기가 공급되어야 하므로 기동성이 떨어진다. 이를 보완한 형태가 가스를 연료로 한 견착식 예취기이다.

예초 날의 종류에는 **회전 날**(칼집 날, 원형 톱날), **모워 유닛**, **나일론 코드** 등이 있다. 원형 톱날은 산림의 덤불 제거와 딱딱해진 얇은 가지에도 사용되고 있다.

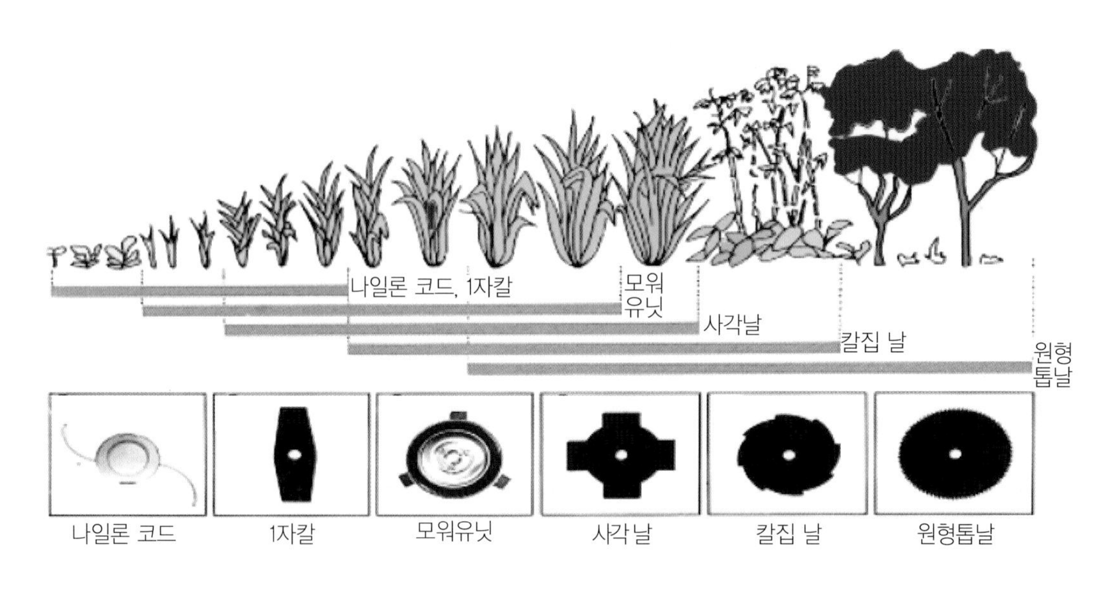

▶ 예취 날의 종류

예취기의 조작법은 보통 핸들 및 조작 막대를 잡고 오른쪽에서 왼쪽 방향으로 원호를 그리듯이 작업한다. 회전 중의 예취 날이 장해물에 부딪히거나 경사지에서 작업 자세가 흐트러지면 큰 사고의 원인이 되므로, 안전사고에 항상 주의해야 한다. 진동이 큰 예취기의 장시간 사용은 신체에 큰 부하를 주므로 가능하면 충분한 휴식을 취하면서 작업을 한다. 작업자가 여럿일 경우에는 작업자간의 충분한 이격 거리(15m)를 두어 안전사고를 예방해야 한다.

6. 관개, 배수 기계

관개란 작물을 재배하는데 있어 생육 환경을 개선시키는데 필요한 물을 각종 기계 장치, 시설을 통하여 수원으로부터 논이나 밭에 공급하는 것을 의미한다. 밭에 공급된 물은 토양의 수분상태와 침투성에 의해 토양, 작물에 공급한다.

(1) 간이 양수기(지금은 거의 사용하지 않는 기구)

펌프와 달리 물을 양수기구의 운동에 의해 낮은 곳에서 높은 곳으로 물을 퍼 올리는 기구이다. 구조가 간단하며 인력, 축력, 풍력, 수력을 이용하여 물을 공급하는 양수 기구를 말한다.

① **용두레** : 소나무 등의 자연목을 길이 2.2m 정도 내외로 절단하여 1m 정도는 손잡이로, 나머지는 내부를 파서 물이 담기게 하고 중앙부에 구멍을 뚫어서 삼각 끝에 매달게끔 되어 있는 형태의 기구

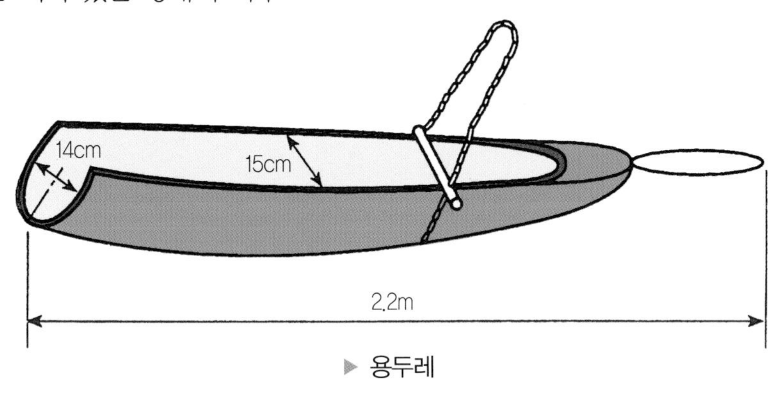

▶ 용두레

② **것두레** : 용두레는 1인용인데 비해 것두레는 2인용이다.

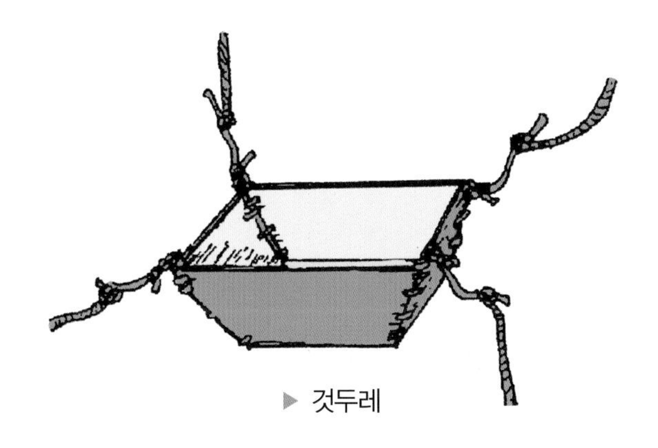
▶ 것두레

③ **답차** : 관개용으로 널리 사용되며 단위 시간당 많은 양의 물을 공급할 수 있다.

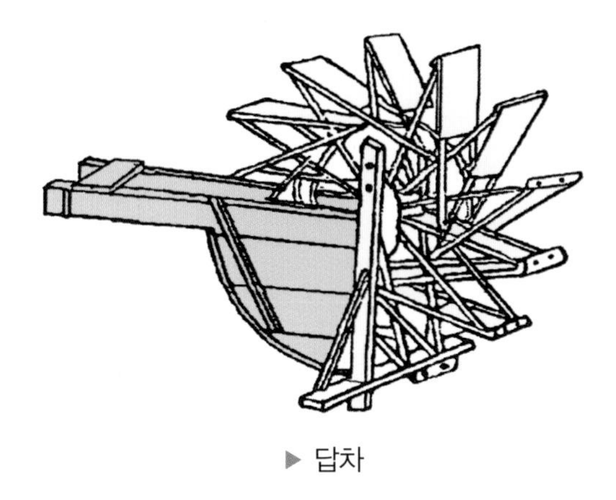

▶ 답차

④ **체인 펌프** : 소형의 원판을 같은 간격으로 무한궤도에 달아 원판과 같은 직경의 철관 내를 운동시켜 원판에 의해서 물을 연속적으로 높은 곳에 올리게 하는 형태의 펌프

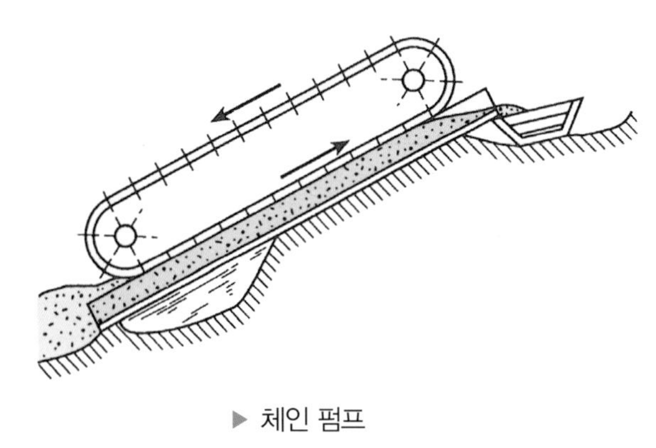

▶ 체인 펌프

⑤ **나선형 양수기** : 원통관 안에 나선상의 판을 장치한 양수기

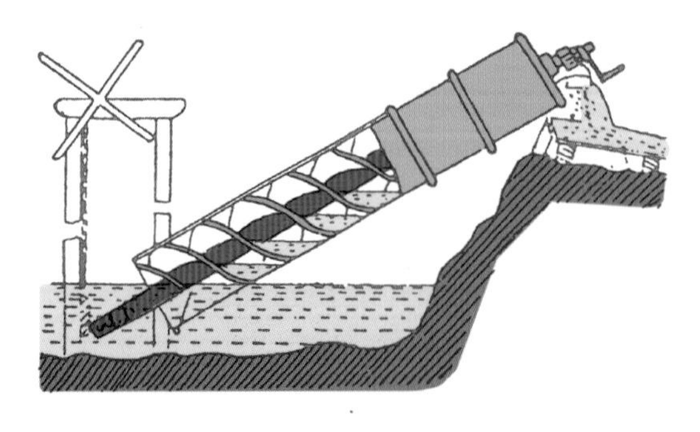

▶ 나선형 양수기

(2) 펌프

펌프는 기계적 작동으로 유체(액체 또는 기체) 또는 슬러지를 이동시키는 장치이다. 대부분 펌프는 압력 작용을 통해 유체가 관을 통해 이동하게 된다. 왕복 또는 회전운동으로 기계를 작동시켜 유체 안에 압력 변화를 발생시켜, 흡입과 토출 작용으로 작동한다. 흡입은 펌프 안을 진공상태로 만들어 유체를 빨아들이고, 토출은 펌프 안의 유체에 압력을 가하여 펌프 밖으로 토출해낸다.

펌프는 전기, 엔진, 인력 등의 에너지원을 통해 작동시킨다.

① 펌프의 종류

펌프의 종류는 구조 및 작동원리에 따라 크게 **터보형**, **용적형**, **특수형**으로 나눌 수 있다.

1) 터보형

- **원심 펌프** : 대부분 회전하는 회전차의 원심작용으로 유체의 에너지를 변환 공급해 주어 압력이 발생되는 형태이다.
- **볼류트 펌프** : 구조가 간단하며, 케이싱과 날개차로 구성되어 있으며 날개차(프로펠러)를 고속으로 회전시켜, 그 원심력을 이용하여 물을 송출하는 것으로 소형으로 되어 있다. 양수 고도는 30m이하의 경우에 많이 사용된다.

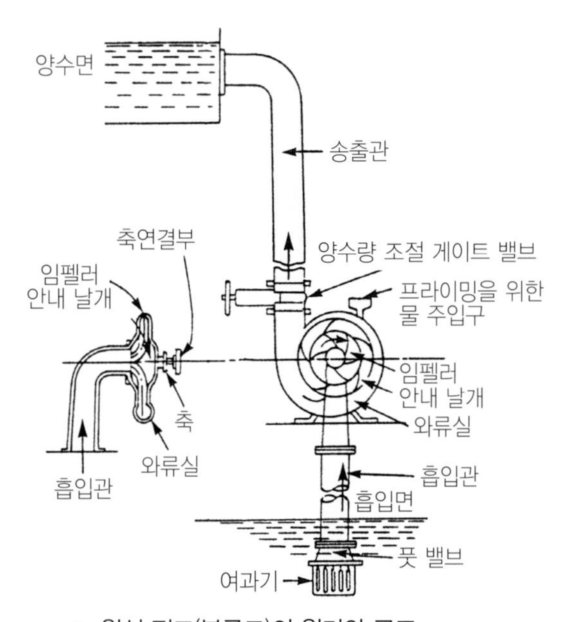

▶ 원심 펌프(볼류트)의 원리와 구조

- **축류 펌프** : 날개가 프로펠러형이므로, 프로펠러 펌프라고도 한다. 회전차와 안내날개로 구성되어 있으며, 날개는 저양정의 소형 펌프에서 보스에 고정되어 있으나, 대형 펌프에서는 각도가 회전되는 가동 날개를 사용한다.

  원심 펌프에 비하여 날개의 수가 훨씬 적고, 물의 흡입 작용은 원심 펌프에서 원심작용을 이용한 것과는 달리 물이 날개를 통과 할 때의 속도 변화에 의해 이루어진다.

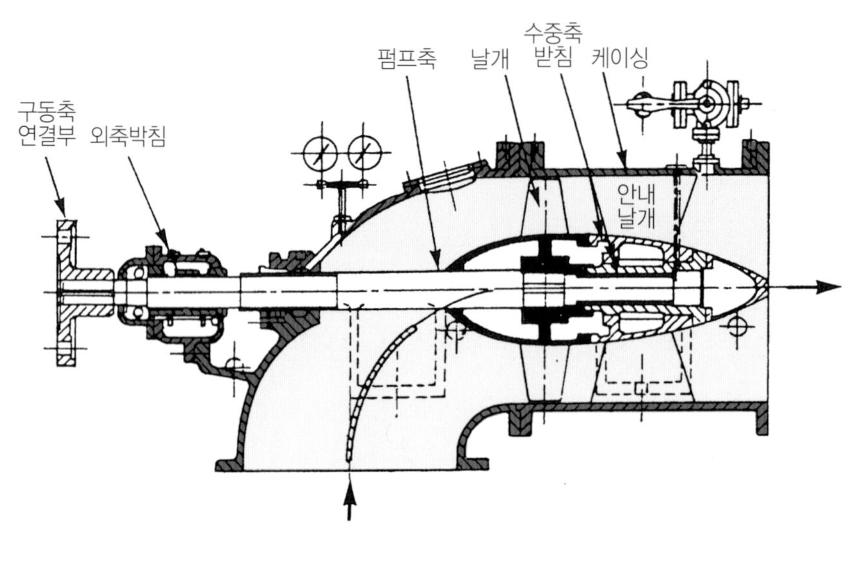

▶ 축류 펌프의 구조

– **사류 펌프** : 저양정, 대용량의 펌프로 흐름이 축방향에서 들어와 직각방향으로 유출하는 원심 펌프이므로 효율은 떨어진다. 원심력과 날개의 양력에 의하여 액체에 압력 에너지와 속도 에너지가 전달한다. 흐름의 방향은 축과 경사진 방향으로 유입하고, 경사방향으로 유출한다.

저양정 볼류트 펌프와 축류 펌프의 중간형으로 두종류의 펌프 장점을 살려 설계된 것이다.

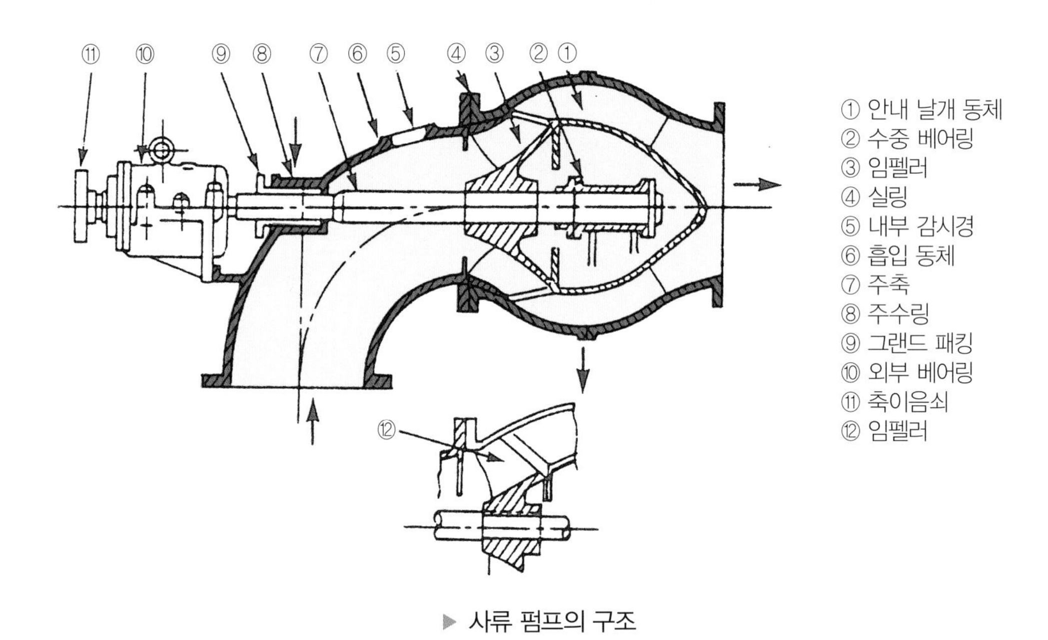

▶ 사류 펌프의 구조

memo

2) 용적형

케이싱과 그에 내접하는 가동 부재와의 사이에 형성되는 밀폐 공간의 이동 또는 변화에 의해서 유체 흡입 측으로부터 송출 측으로 밀어내는 형식의 펌프

- **피스톤 펌프** : 왕복 펌프라고도 한다. 피스톤 또는 플런저를 왕복운동 시켜서 흡입 밸브 및 송출 밸브에 의하여 유체가 이동하는 펌프이다. 저압용으로 많이 사용된다.
- **플런저 펌프** : 원리와 형태는 동일하며 고압용으로 사용된다.

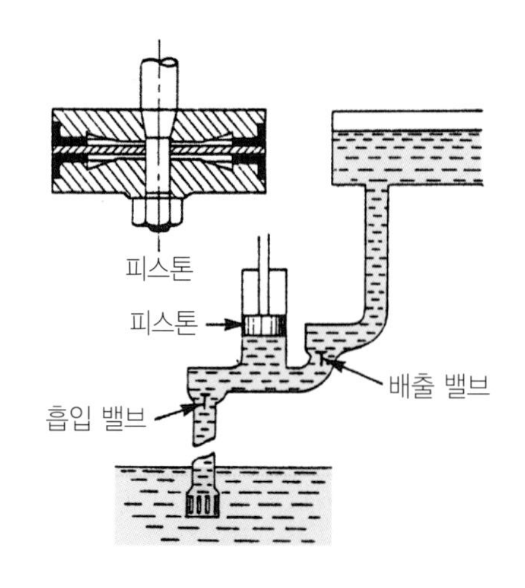

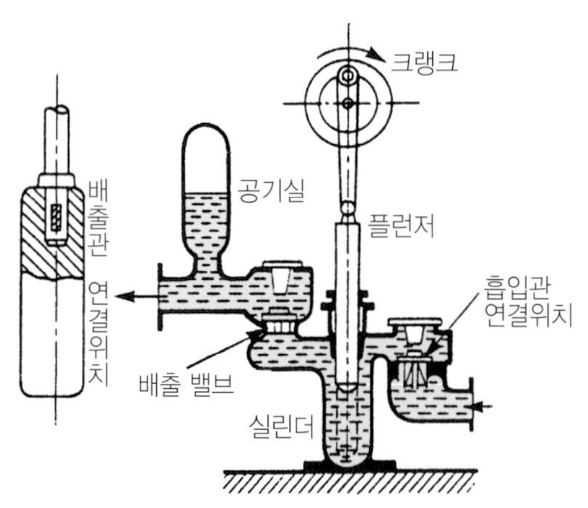

▶ 피스톤 펌프의 구조

– **다이어프램 펌프** : 펌프 다이어프램(막)의 상하 운동에 의해 액체를 퍼올리고 배출하는 형식의 펌프이다. 가솔린 엔진의 연료를 공급하는 펌프로 많이 사용된다.

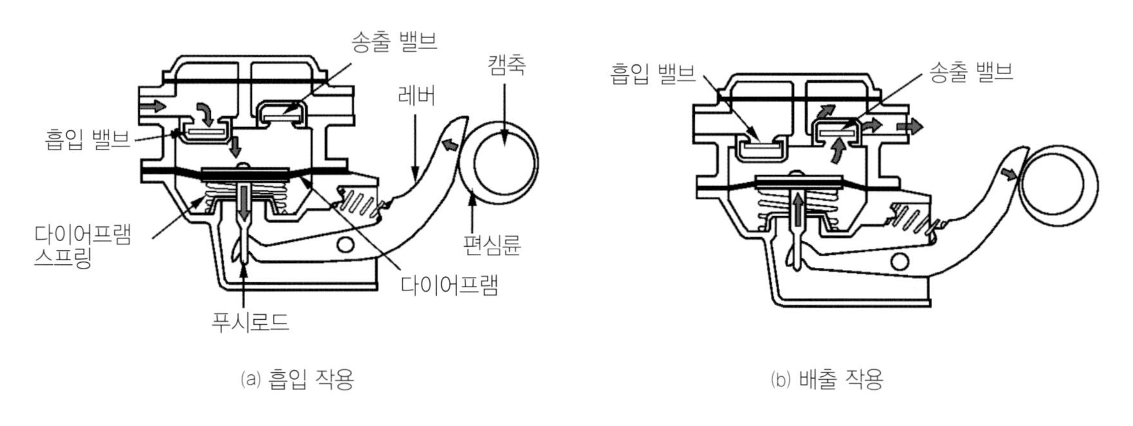

▶ 다이어프램 펌프

– **기어 펌프** : 구동 기어와 종동 기어가 케이싱 내에서 서로 맞물려 회전하여 기어 이gear tooth 사이의 공간에 의해서 액체를 압송하는 펌프를 **기어 펌프**라고 한다. 구조가 간단하고 비교적 가격이 저렴하며, 신뢰도가 높고, 운전·보수가 용이하여 유압을 이용할 때 많이 활용한다.

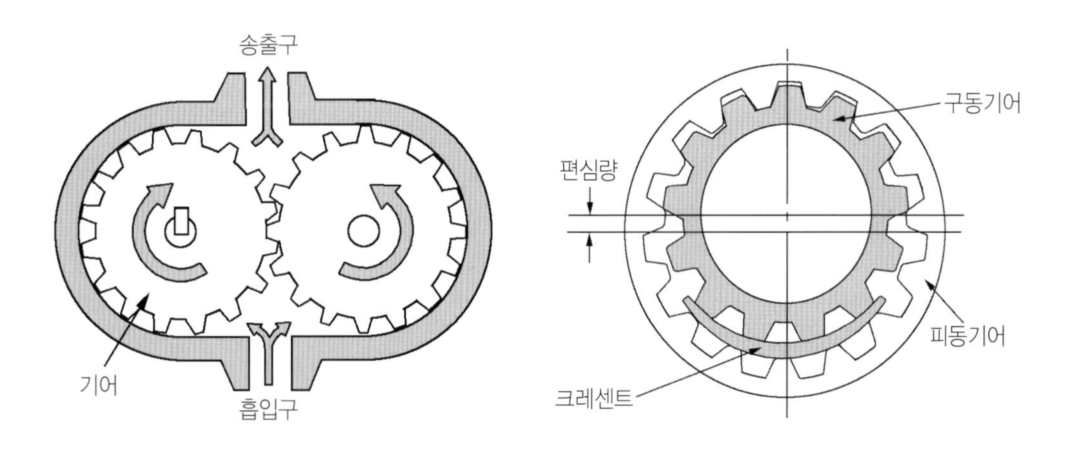

▶ 기어 펌프

– **베인 펌프** : 원형 케이싱 안에 편심된 회전차로 구성되고 그 홈속에 날개가 들어 있다. 베인이 원심력 또는 스프링의 장력에 의하여 벽에 밀착되면서 회전하여 액체를 압송하는 펌프이다.

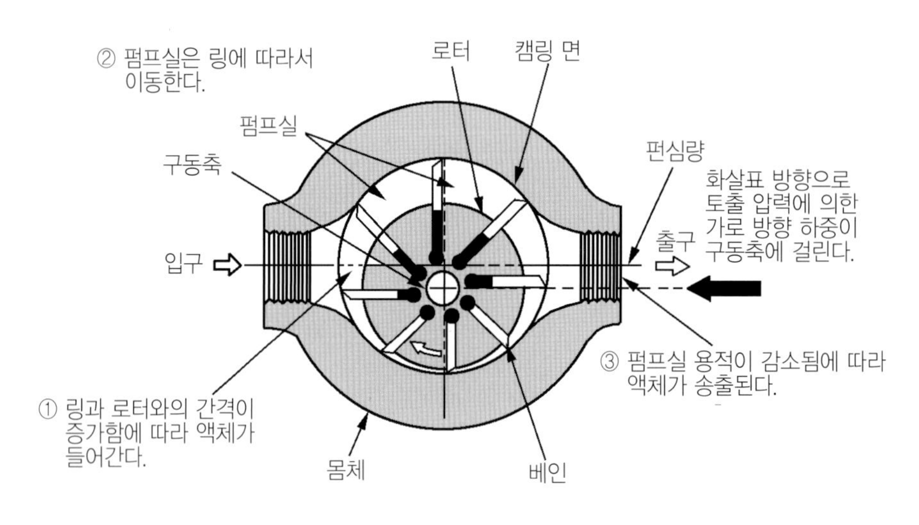

▶ 베인 펌프

② **펌프의 설치**

펌프를 설치할 때에는 펌프를 회전시켜 줄 수 있는 전동기를 활용하기 때문에 전동기의 효율과 성능 등을 고려해야 한다. 전동기를 선택할 때에는 회전 속도, 전양정, 배출량 등을 필히 고려해야 한다.

– 펌프의 설치 위치

· 펌프는 되도록 흡입이 되는 부분과 가까울 것

※ 흡수면에 까깝게 하여 흡수면에서의 높이를 낮게 한다. 소형 펌프는 최고 6m를 한계점으로 하고 대형, 고속 펌프에서는 캐비테이션(공동 현상)이 발생하기 때문에 높이를 낮게 해야 한다.

· 실내의 펌프 배열은 운전 보수에 편리하도록 해야 한다.

· 홍수 시에 대비하여 전동기와 배전 설비의 안전을 고려해야 한다.

– 펌프 본체의 설치

· 기초면과 사이에 쐐기를 삽입하여 수평하게 하고 기초면과 대반면과의 사이에 몰탈이 흘러 들어갈 만큼의 틈을 둔다.

· 펌프와 원동기의 수평, 펌프와 원동기 축의 정상 여부를 확인한다.

· 축의 중심과 축이음 등을 맞추고 가볍게 돌려 미세조정을 한다.

· 밸브와 흡입, 송출관을 장치할 때 하중 때문에 편심이 생기지 않도록 주의해야 한다.

– 배관 설치

· 흡입관은 공기가 새지 않도록 한다. 흡입관은 짧을수록 좋고, 굴곡관은 되도록 적게하고 반경은 크게 한다. 스트레이너를 설치할 때에는 구멍눈의 총면적을 관 면적의 4배 이상으로 해야한다. 진동 발생을 고려하여 진동 방지기를 설치하는 것도 좋다.

③ 살수기(스프링클러)

물을 가압하여 파이프 또는 호스로 송수한다. 노즐로 살수하여 토양에 공급하는 형태의 기계이다.

– 살수기의 장점

· 필요한 용수를 균등하게 관개한다.

· 용수량이 20~30% 절약된다.

· 지표를 굳게 하지 않는다.

· 강우와 같은 양상으로 땅에 침투한다.

· 비료나 농약을 물에 섞어 관개와 동시에 효과적으로 시비나 방제할 수 있다.

· 잎에 묻은 흙먼지를 씻어 낼 수 있다.

· 토양의 침식을 적게 할 수 있다.

– 살수기의 단점

· 시설비가 비싸다.

· 토양에 따라 침투성이 좋지 못할 경우 증발 손실이 많아진다.

· 수압의 변화 및 바람에 의해 살수 상태가 변할 수 있다.

– 살수기의 구성

· 노즐, 배관, 펌프, 원동기 등으로 구성된다.

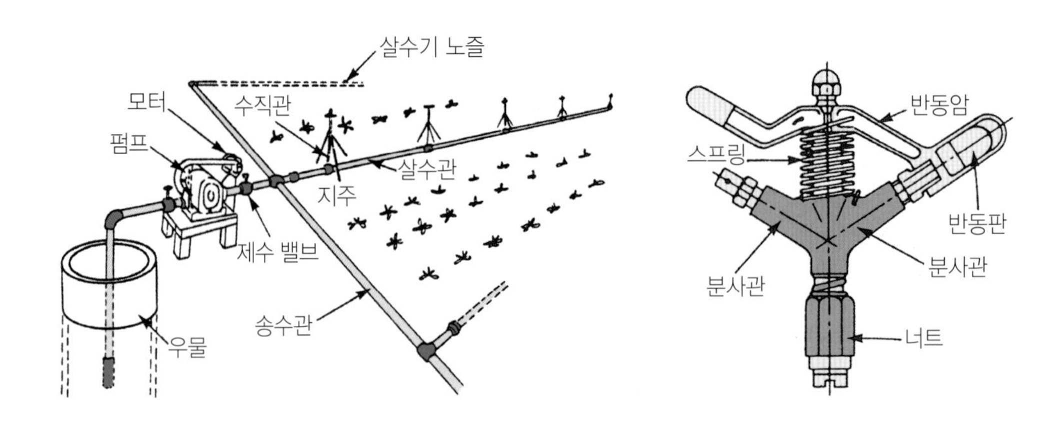

▶ 살수기(스프링클러) 구성

– 노즐

파이프에 접속시키는 너트가 있고, 그 속에서 회전하는 분사관이 있다. 분사관의 위쪽에는 반동암이 장치되어 있어 분사관의 선단에서 압력수가 분사될 때 반동암의 반동판을 부딪히고, 그 반동으로 분사관이 조금씩 회전한다. 반동암은 용수철에 의하여 원래의 위치로 되돌아가고, 다시 반동하여 분사관을 회전시킨다. 이와 같은 작용을 반복함으로써 1~2rpm의 느린 속도로 분사관이 회전되고, 이를 중심으로 하여 원형으로 살수된다. 분사관의 선단에는 보통 3~10개의 분출구멍이 있는데, 이 구멍은 좌우로 2개가 있지만, 1개 또는 3개의 구멍이 있는 것도 있다.

[표] 살수기 노즐의 제원

구분	작동 수압(kgf/㎠)	노즐의 구경(mm)	살수 직경(m)	살수 용량(l/m)
저압식	0.21~1.05	4.37~7.14	5.5~14	5.49~28.70
중압식	1.75~4.2	4.0×2.4~6.4×3.2	25~33	18~67
고압식	3.5~7.0	9.53×6.35~13.49×7.94	43~61	154~394
저 각도식 (과수원용)	0.8~3.5	2.78~5.56	11.7~20.7	4.66~35.50
광역 3공식 (열대 작물용)	5.56~8.4	11.1×3.97~14.29×6.35	81~126	746~2310

④ **점적 관수**

마이크로 플라스틱 튜브 끝에서 물방울을 똑똑 떨어지게 하거나 천천히 흘러 나오도록 하여 원하는 부위에 대해서만 제한적으로 소량의 물을 지속적으로 공급하는 관수방법이다. 물을 가압하여 파이프 또는 호스로 송수한다. 수압이 일정한 큰 호스 또는 파이프에서 필요한 개수 만큼의 마이크로 플라스틱 튜브를 작물과 접촉하지 않도록 가깝게 설치하여 물을 작물에게 공급하는 설비이다.

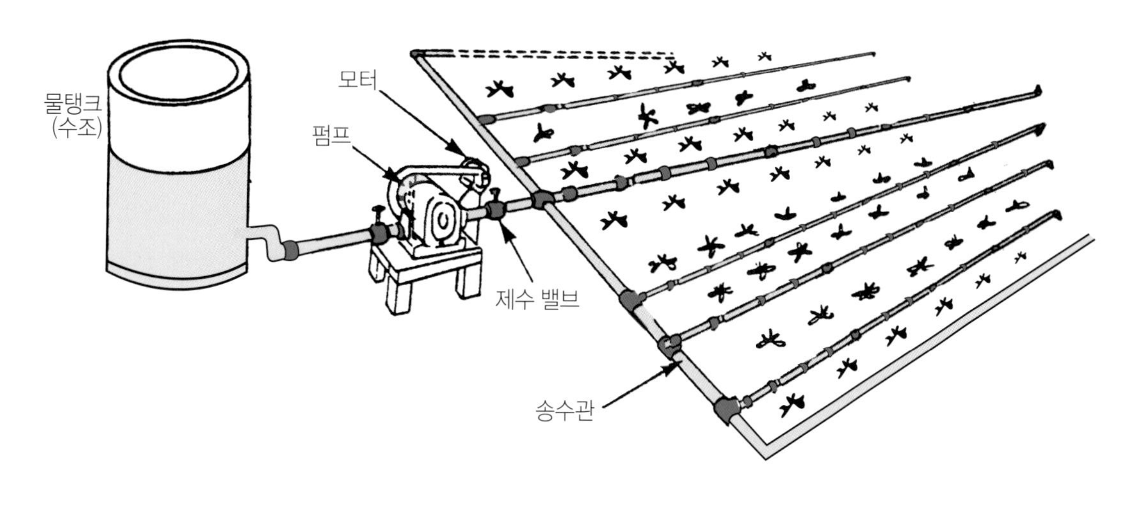

▶ 점적 관수 구성

(3) 배수

배수란 과잉 공급된 물을 배수시설을 통하여 포장으로부터 하천 등으로 방류시키는 것을 말한다. 작물을 재배하는데 있어 토지 생산성이나 노동 생산성을 높이기 위한 상시 배수와 홍수로부터 작물을 보호하기 위한 기능이라 할 수 있다. 대부분 배수로를 설치하는 것이 일반적이나, 물의 고임이 심하거나 배수가 어려운 경우에는 관개시설중 펌프, 양수기 등을 활용한다면 빠른 배수가 가능하다.

7. 방제 기계

농산업 생산 과정중의 생물이나 보관중의 농산물에 재해를 발생시키는 병균, 해충, 유해 조수 그리고 잡초 등을 제거하기 위해 적합한 농약을 뿌리는 행위를 방제 작업이라고 한다.

방제 작업에는 여러가지 방법이 이용되고 있다. 생물학적 방법, 물리적 방법, 화학적 방법을 사용할 수 있는데, 생물학적 방법과 물리학적 방법은 환경 오염이나 약해를 유발하지 않으나 효과가 불안정하다. 방제 효과가 가장 높은 방법은 화학적 방법이고, 농산물의 품질의 고급화, 생산 수량의 안정화 및 다수확이 가능하지만, 웰빙과 친환경을 목적으로 최근 적정 농약, 적정량 사용을 하는 P.L.S(Positive List System, 농약 허용 물질 목록 관리제도)제도의 시행으로 무분별한 농약 사용을 감소시키고자 시행하고 있다.

(1) 분무기

동력원을 사람으로하는 인력 분무기와 원동기(전동기)를 이용하는 동력 분무기가 있다. 액체를 작은 입자로 분사시켜 비산하는 방식을 분무라고 하며 이런 기계를 분무기라고 한다.

① **인력 분무기** : 인력을 이용하여 가압한 액체를 노즐로 전달하여 분무하면 압력의 변화에 의해 입자가 분산이 된다. 배낭형태로 등이 짊어지는 형태(배부식)로 되어 있으면 오른손으로 플런저 레버를 왕복하여 가압한다. 최근에는 배낭형태로 짊어지고 펌핑은 휴대용 배터리를 사용하는 경우도 있다.

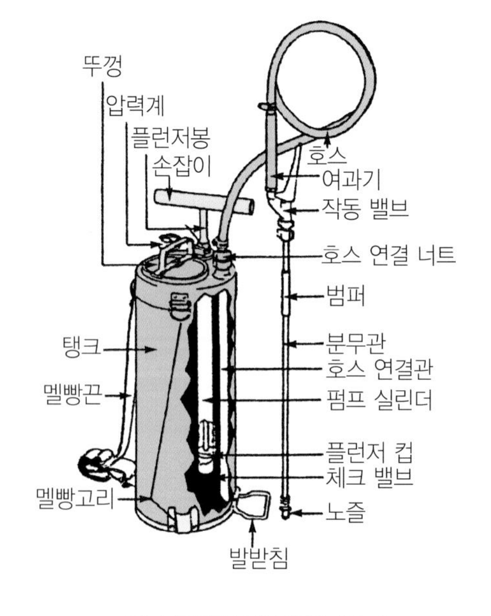

▶ 배낭형(배부식) 인력분무기

② **동력 분무기** : 전동기, 원동기 등의 크랭크 회전운동으로 플런저가 왕복 운동하여 액체를 가압 분무하는 형태의 기계이다. 공기실이 설치되어 일정한 압을 유지시켜주는 기능을 한다.

– **정치형** : 과수원이나 시설 농업의 하우스 같은 특정한 장소에 약액 통, 원동기 및 살포 장치를 고정 설치하고 일정한 면적에 고정 설치된 배관을 따라 호스와 노즐을 연결하여 필요한 장소에 살포작업을 할 수 있는 형태

– **견인형 및 탑재형** : 트랙터 및 동력 경운기에 동력 분무기를 장착 또는 견인시켜 주행하면서 살포 작업을 수행하는 형식이다. 동력원으로 P.T.O Power Take–Off를 이용한다.

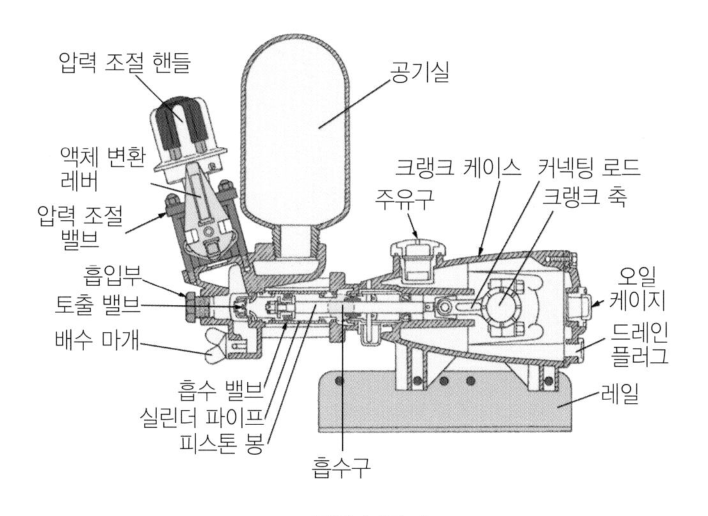

▶ 동력 분무기

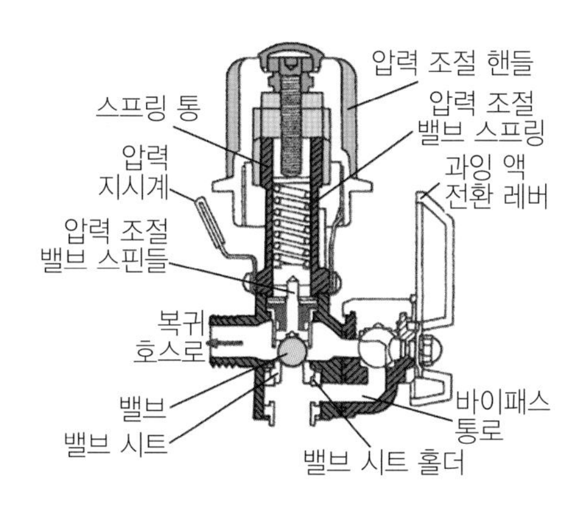

▶ 압력조절장치

– 노즐

액체의 농약을 최종적으로 미립화하는 장치이다. 노즐을 분류하면 **제트 노즐, 와류노즐, 부채꼴 노즐, 충돌식 노즐** 등이 있다. 사용 목적과 노즐의 배열에 따라 분류하면 **단두, 다두, 수평, 환상, 총포, 휴반, 광폭 노즐** 등이 있다

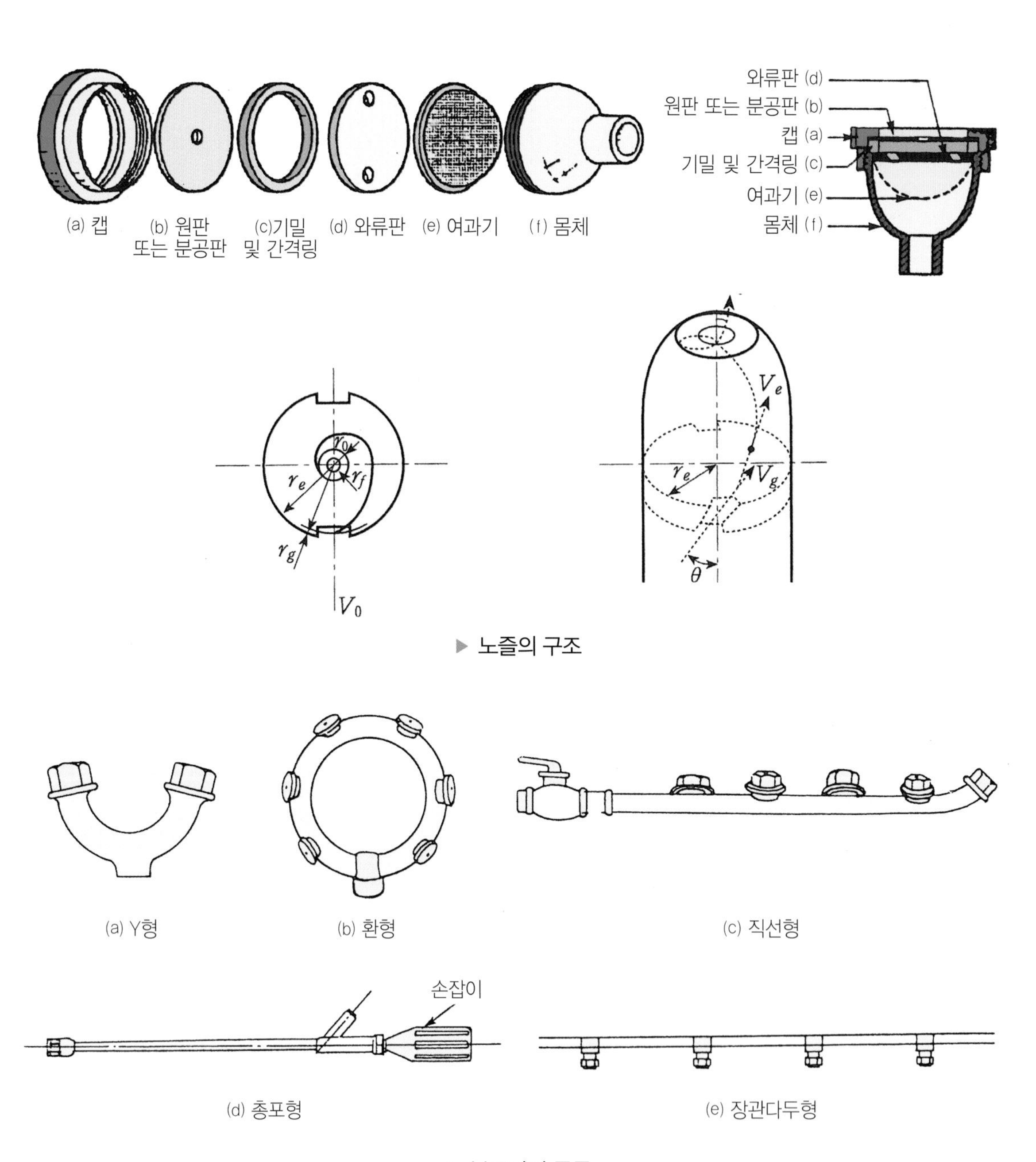

▶ 노즐의 구조

▶ 분무관의 종류

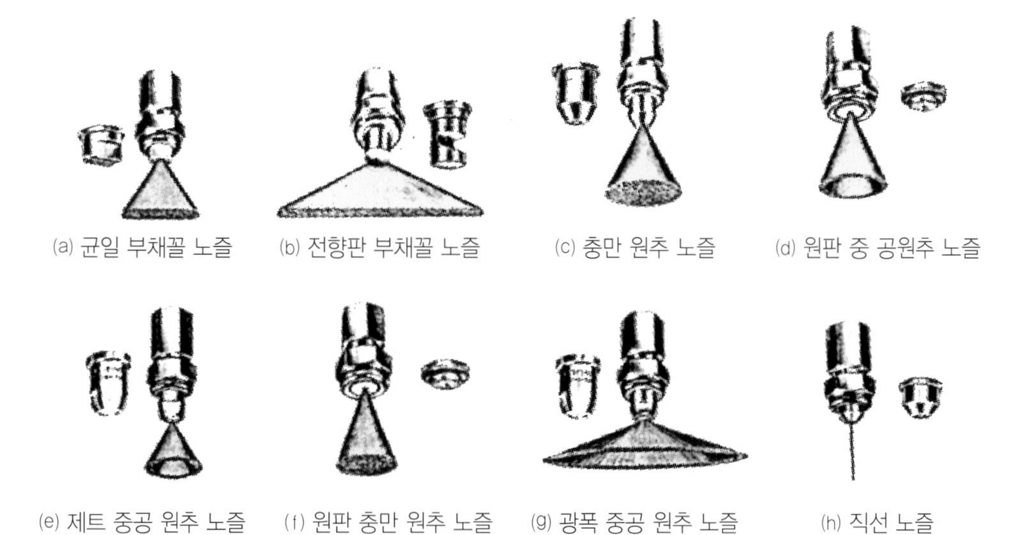

▶ 분무형태

(2) 동력 살분무기

살분기, 살립기, 미스트기의 기능을 모두할 수 있는 기계이다.

살분기는 분제의 약제를 송풍에 의하여 살포하는 기계이며, 살립기는 입제를 살포하는 기계를 말한다. 미스트기는 액제를 살포하는 기계로 송풍을 이용하는 것은 동일하다. 소형 가솔린 엔진의 회전을 통해 송풍 시킨다.

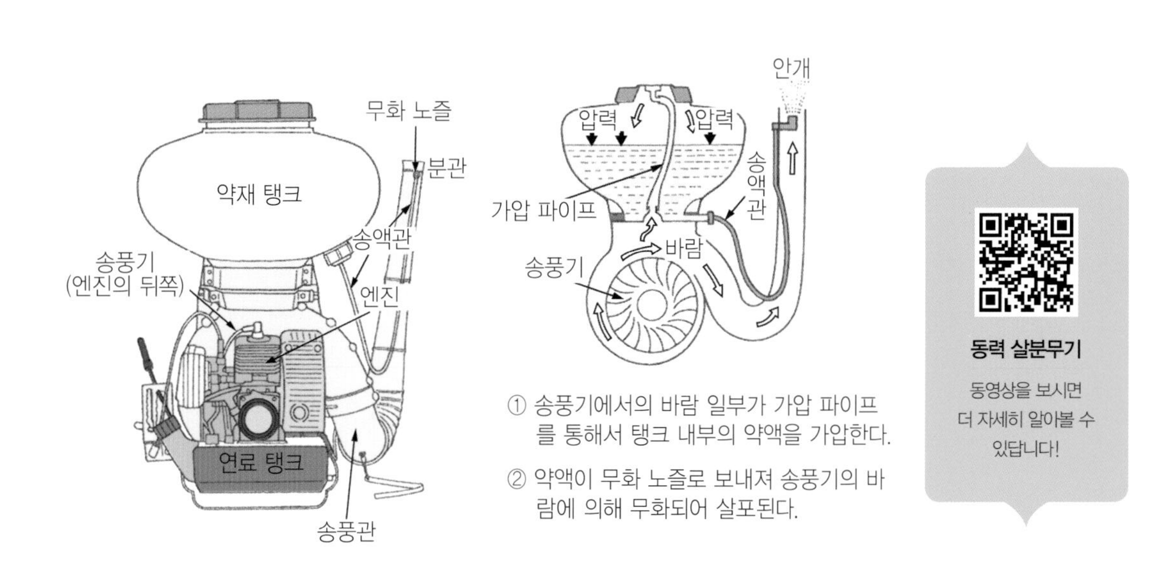

▶ 동력 살분무기

– 동력 살분무기의 구조

약제통, 교반 장치, 분송 장치, 송풍기, 원동기, 증속 장치, 분두 등으로 구성되어 있다. 교반 및 분송 장치는 분제 및 입제의 형상 크기, 밀도, 함수비 등의 물리적 성질에 따라 유동성 및 응집력이 변하므로 교반 및 분송 기능이 조정되어야 한다.

분제와 입제는 특히 흡습 성질이 강하고 흡습하면 약제가 굳어지기 쉬우므로 굳어짐을 막기 위하여 기계식에서 횡형인 경우 핸드 축에 L자형의 봉을 교반 장치로, 입형인 경우 프로펠러 모양의 교반 장치를 설치하거나 송풍기에서 발생되는 바람을 일부 이용하기도 한다.

송풍 장치는 분체 및 입제의 살포 기능상 일정한 수준의 풍량과 풍속이 필요하므로 원심형 송풍기를 많이 이용하고 있다.

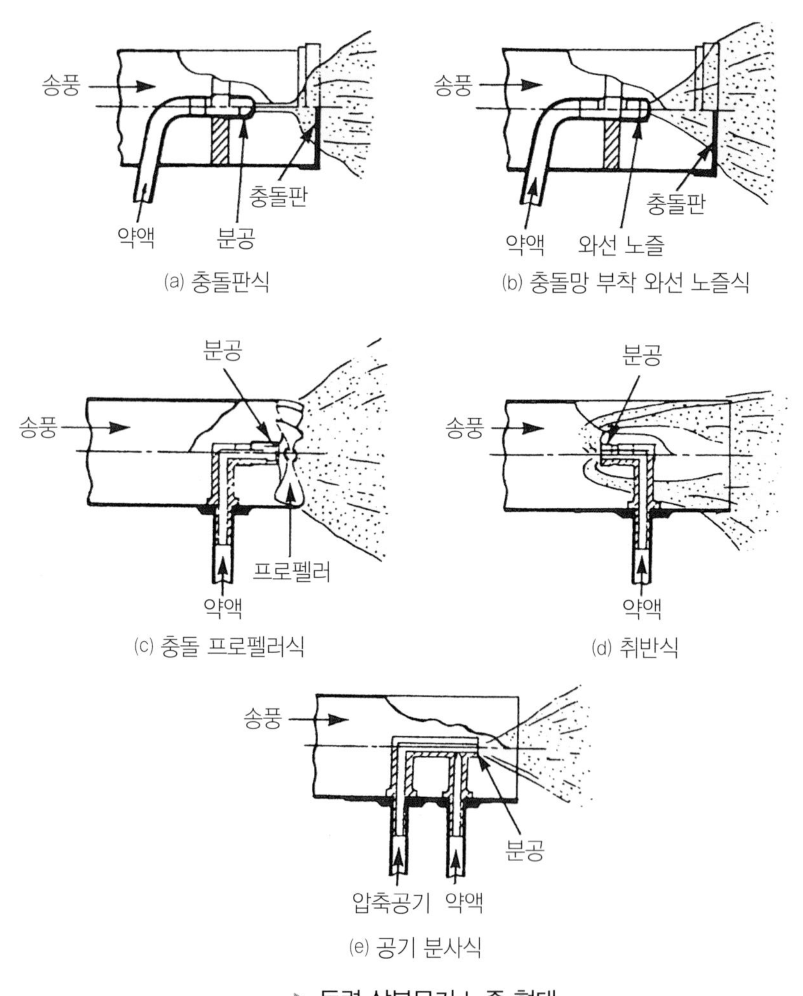

▶ 동력 살분무기 노즐 형태

(3) 연무기

50㎛보다 작은 고체 또는 액체의 미립자를 **연무**라고 한다. 액체 상태의 연무를 미스트 또는 포그라 하며 이는 미세입자이므로 작물의 잎 뒷면에 부착될 활률이 높다. 연무기는 **유리 온실, 비닐 하우스, 저장 창고, 축사** 등의 농업방제와 위생용에 사용되고 있다.

– 연무기의 종류

· **고온 연무기** : 연소 연무기라고도 하며 펄스 제트식의 원리를 이용하여 연소실에서 연료와 공기의 혼합가스를 펄스 제트식으로 배출하는데 배기가 공랭되어 70~80℃에 이르렀을 때 약액을 배기가스 속으로 분사하여 연무를 만든다.

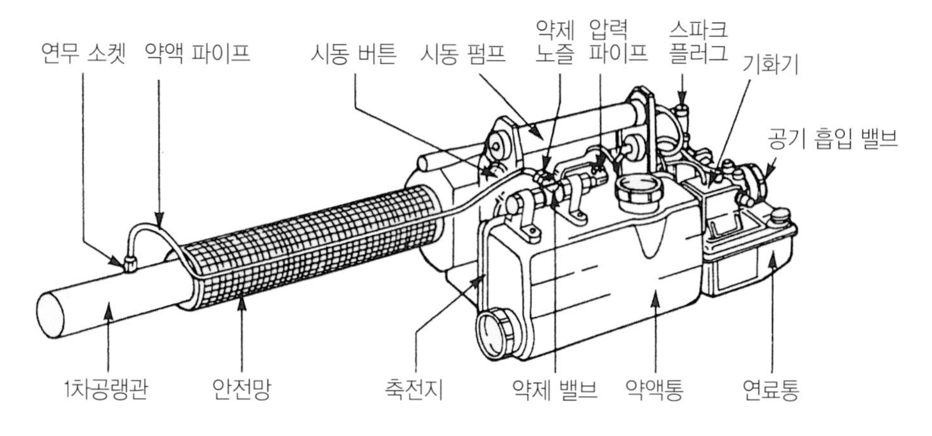

▶ 고온 연무기

· **상온 연무기** : 2류체 노즐, 회전 미립화기 및 초음파 미립화기 등 연소에 의하지 않고 연무를 생성하여 송풍기나 분출 운동 에너지로 밀폐 공간에 살포한다.

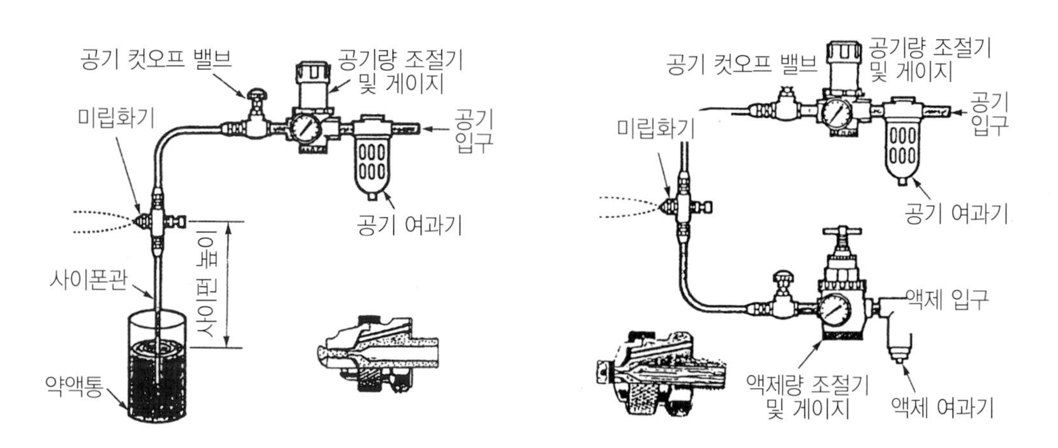

▶ 상온 연무기 배관도

(4) 스피드 스프레이어(SS기)

대풍량의 송풍기 분두에 다수의 노즐을 배치하고 노즐에서 미립화한 입자를 송풍 공기로 살포하는 주행 동력식 살포기이다. 주로 과수원에서 사용한다.

– 주요 구조

주행부, 엔진, 분무용 펌프, 노즐, 약액통, 송풍기 등으로 구성되어 있다. 송풍기, 분무용 펌프, 물 공급용 펌프의 운전과 정지는 주로 클러치 레버(전자 클러치 포함)를 사용한다.

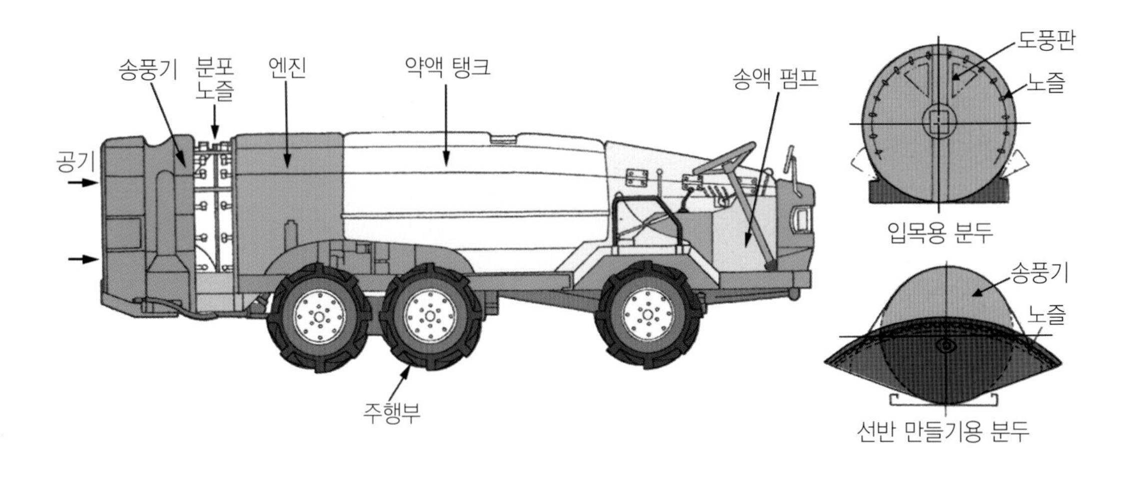

▶ 스피드 스프레이어

(5) 항공 살포기

항공기의 농업적 이용으로 목초의 해충 방제를 위하여 약제를 공중 살포하는 형태로 시작되어, 최근에 병충해 방제, 파종, 제초, 인공 강우, 산림보호, 생물의 번식 등 많은 분야에서 이용되고 있다. 항공기, 헬리콥터, 무인기(드론) 등을 활용하고 있다.

- **유인형 항공기** : 넓은 면적의 평야, 임야, 산지에 이용되고 있다.
- **무인형 항공기** : 유인형 항공기 살포 작업의 보완기종으로 좁은 면적의 살포 작업에 유용하다.

① **약제 살포장치** : 지상에서 사용하는 방제기와 유사한 구조를 가지고 있으나 고속으로 비행하면서 살포하기 때문에 입자의 크기 변화는 분무압 이외에도 노즐 설치 각도와 비행기류의 속도에 의하여 영향을 크게 받는다.

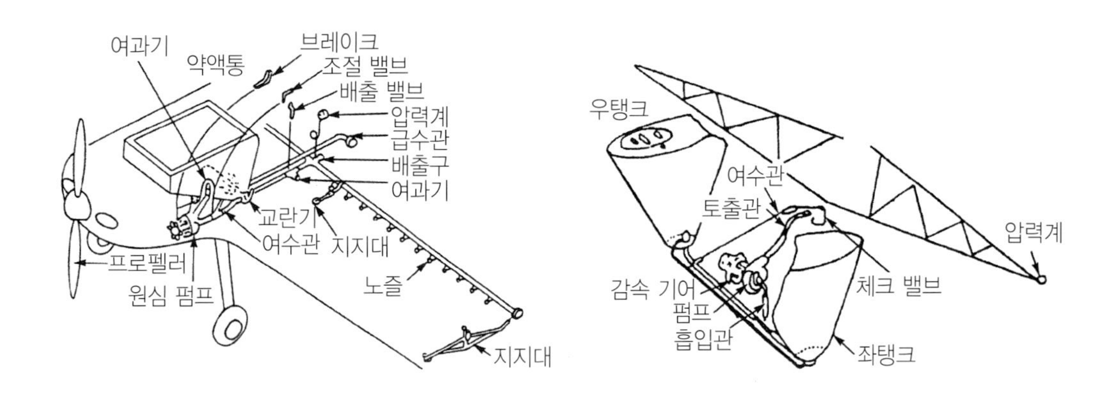

▶ 비행장치 액제 살포 장치

(6) 기타 참고사항

방제의 효과를 높이기 위한 방법과 유충을 포획할 수 있는 몇 가지를 추가로 설명하고자 한다.

① **정전 살포기** : 대전된 정전력을 이용하여 살포 입자와 살포 대상물 사이에 인력(끌어당기는 힘)이 작용하도록 하여 미립자의 부착률이 향상되도록 고안된 방제 살포기이다. 주요 장치에는 미립자를 생성하는 장치와 입자를 대전시키는 장치가 있다. 생육 중인 작물이 양이온 상태이면 살포할 미립자는 음이온 상태로 대전시켜 정전력으로 서로 다른 극 사이에 인력이 작용되도록 하는 것이다. 생산된 입자 크기는 수십 또는 수백㎛ 정도이며 대전하기 위한 전압은 수 kV이다. 방제 효과를 향상시키고 단위 면적당 살포 액량을 줄일 수 있다.

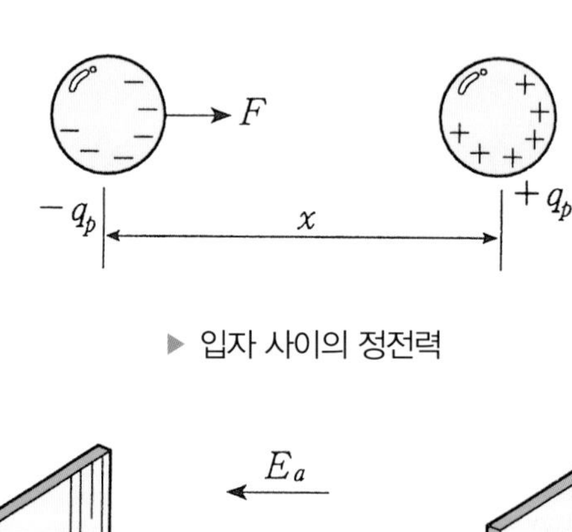

▶ 입자 사이의 정전력

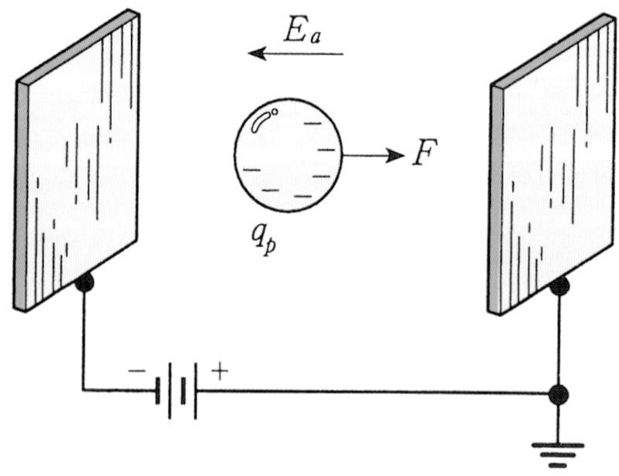

▶ 외부 전압에 의한 정전계

② **유도 살충기** : 곤충을 빛이나 먹이 등으로 유인하여 살해하는 기계 기구로서 곤충의 성충인 상태에서만 방제할 수 있다. 곤충은 성충보다 유충일 때 피해를 주기 때문에 유아등이 농업에 널리 사용되지는 않지만, 성충이 알을 낳아 1년에 여러번 번식하는 곤충의 경우에는 해충의 확산을 막는 방법으로 사용된다. 축산 농가에서의 흡혈 곤충을 포획하는데에도 유용하다.

– **유도 살충기의 구조** : 빛으로 유도하는 유아등과 먹이로 유도하는 유아기로 구분된다. 유아등은 곤충을 살상하는 방법에 따라 **받침대식, 공기 흡인식, 포충 상자식, 전기식**으로 구분된다.

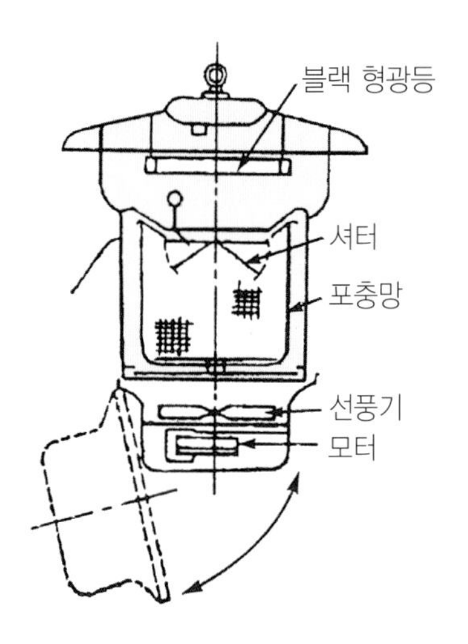

▶ 공기 흡인식 유아등 유도 살충기

8. 수확 기계

농산물은 다양한 형태로 재배하고, 다양한 형태로 수확을 한다. 농산물의 어느 부위를 수확하느냐에 따라 수확하는 방법이 달라진다.

곡물은 씨앗을 수확하고, 채소는 종류에 따라 잎, 줄기, 뿌리를 수확해야 한다.

공통점은 있지만, 작물별 물리성과 특성에 따라 수확의 방법은 다를 수 밖에 없다.

(1) 곡물 수확 기계

곡물을 베는 작업은 탈곡·정선까지의 일련의 작업을 수확이라고 한다. 대표적인 곡물 중 벼와 보리의 수확 작업을 알아보자.

곡물 수확은 몇 개의 복잡한 공정을 거쳐 수확을 한다. 과거, 수확할 수 있는 기계가 존재하지 않았을 때에는 작물을 베고(곡물의 수분 함량 20% 정도), 단으로 묶은 뒤, 줄로 세워 정리하고 자연 건조를 한다. 건조된 벼이삭(함수율 14%)은 적정 함수율이 되면 탈곡 후 멍석이나 바닥에 얇게 깔아서 다시 건조한다. 이 과정은 2~4주 정도가 소요되었다.

쌀을 생산하기 위해서는 작물을 베고, 단으로 묶고, 탈곡, 건조, 정미의 여러 과정을 거쳐야만 쌀이 생산된다.

① 콤바인

콤바인 작업은 벼 생산을 위해 여러가지 작업을 한번에 할 수 있는 장점이 있다.

최근 논은 경지 정리가 잘 되어 있는 상태이기 때문에 기계화가 적합하며, 낫으로 하던 베는 일을 예취 장치로 베고, 베어진 단을 이송하여 탈곡한다. 탈곡된 이삭은 풍구와 진동채를 거쳐 탱크로 이동하고 볏단은 볏짚 배출부로 배송되어 다시 논바닥으로 떨어지게 된다. 볏짚을 잘게 자르는 형태와 탈곡만하고 볏짚을 그대로 배출하는 형태로 작업을 수행한다.

▶ 자탈형 콤바인

– 콤바인의 특징과 종류

콤바인은 주행하면서 예취, 탈곡, 선별을 동시에 하는 수확 기계이다. 벼를 수확 후 바로 건조기를 이용하여 적정한 수분을 유지하며 보관하여야 한다. 벼 이외에 보리류, 밀류 등의 수확에도 이용되고 있다. 콤바인 수확은 보통 건조되지 않은 채로 탈곡한 후에 건조기를 통해 건조한다. 그러므로 벼의 운반 작업 및 건조기의 건조 능력과의 균형이 맞지 않으면 탈곡 후 건조기에 들어가는 사이에 품질이 저하되는 경우가 있다. 벼농사 기계화 초기에는 바인더로 벼, 보리류를 예취, 결속하였다. 자동 탈곡기와 조합해 콤바인이 개발되었다. 콤바인은 벼가 붙은 이삭 끝부분만 탈곡부에 넣는 자탈형 콤바인과 줄기 전체를 넣는 보통 콤바인(직류 콤바인이라고도 한다)으로 나뉜다.

– 콤바인의 구조와 성능

· 자탈형 콤바인

벼 수확용으로 개발된 자탈형 콤바인은 **전처리부, 예취부, 반송부, 탈곡, 선별부, 곡립 탱크부, 짚 처리부, 주행부, 동력부** 등으로 구성되어 있다. 디바이더(분초판)에 의해 분리된 벼는 끌어올림 러그로 일으켜져 왕복동 예취날로 줄기의 아랫부분을 자른 후 반송 체인에 끼워 탈곡부로 보내져 탈곡 통에서 탈곡된다. 탈곡 통(급동)에는 여러개의 급치가 있어 급치의 측면 등으로 이삭 부분이 비벼져서 벼를 털어 낸다.

탈곡이 끝난 볏짚은, 짚 처리부에서 절단되거나, 일정량이 모아져 기계 밖으로 배출 또는 절단하여 배출한다. 탈곡한 벼는 탈곡 망을 통과해서 바람 가르기, 요동(또는 진동) 선별된 벼를 양곡 컨베이어로 곡립구로 보내져서 포대에 채워지거나 곡립 탱크에 저장된다. 줄기가 붙은 이삭 및 지푸라기 속에 섞여 들어간 곡립은 탈곡 통으로 되돌려져 재탈곡 한다. 지푸라기는 흡인 팬에 의해 기계 밖으로 배출된다.

자탈형 콤바인은 가장 자동화된 농업기계의 하나이며, **방향, 차속, 탈곡 깊이(탈곡부에 들어가는 짚의 길이), 예취 높이, 곡립의 선별·배출, 기체의 수평** 등 각종 자동제어 장치 및 경보 장치가 구비되어 있다.

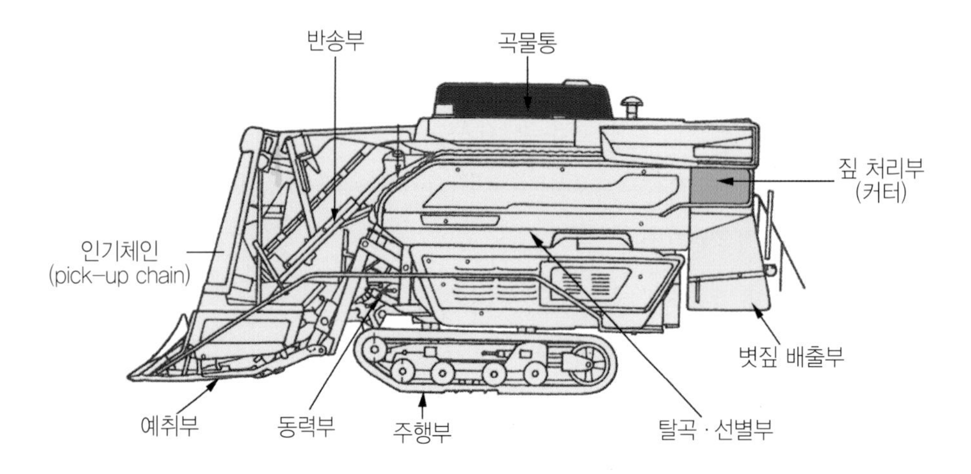

▶ 자탈형 콤바인

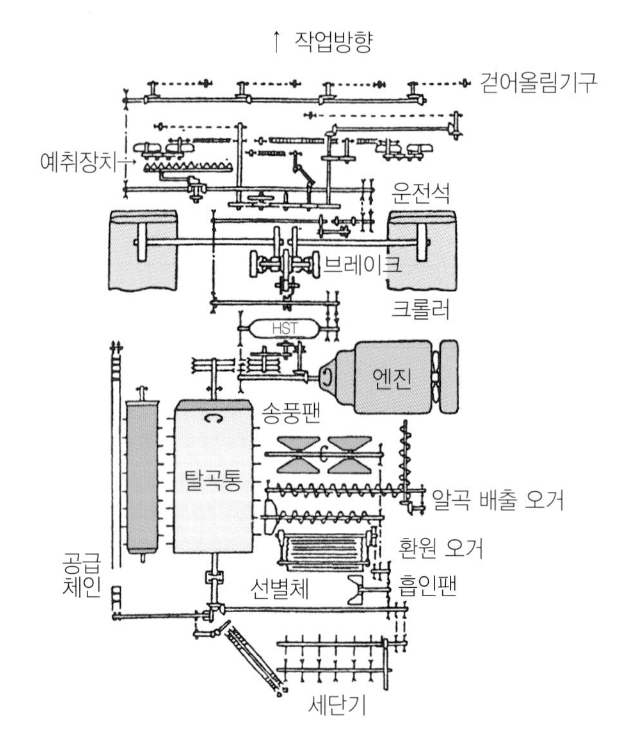

▶ 자탈형 콤바인의 동력전달 체계

보통형 콤바인

국외에서 보리류 및 콩, 옥수수 등의 수확용으로 개발된 보통형 콤바인은 우리나라에 1990년대 도입되어 벼수확에 활용하고 있다. 벼 농사용으로 개량된 국산 보통형 콤바인은 긴 탈곡 드럼이 축 방향으로 장착되어 있어 예취된 벼는 그 원추를 나선형으로 회전하면서 탈곡한다.

보통 콤바인은 디바이더로 예취한 줄기를 정돈해서 릴로 일으켜 세워 이삭부분을 뒤쪽으로 눕히면서 예취 날로 예취한다. 예취된 벼는 오거로 중앙부에 보내져 체인 컨베이어로 탈곡 드럼과 콘 케이브의 사이로 보내 탈곡한다.

곡립과 지푸라기는 콘 케이브의 틈에서 요동하는 곡립 수취판으로 떨어져 판의 요동 때문에 뒤로 보내진다. 곡립은 요동 선별, 바람으로 가른 후 탱크로 보내지고 지푸라기는 기계 밖으로 배출된다.

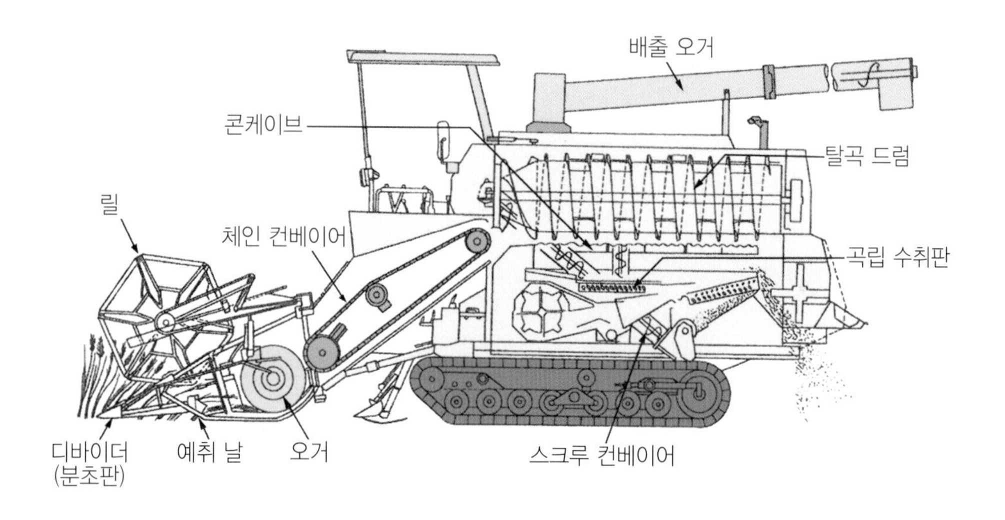

▶ 보통형 콤바인

– 콤바인에 의한 수확

콤바인에 의한 수확은 포장 구획의 크기 및 형상이 작업 능률에 큰 영향을 미친다. 구획이 작고 부정형의 장소에는 포장 진입로의 손 벼베기 시간 및 작업 중의 선회, 이동시간이 증가하여 작업 능률이 떨어진다.

효율적인 기계 수확을 위해서는 포장의 구획이 클수록 좋지만, 물의 공급 등 재배상의 문제가 발생할 수 있다. 콤바인 작업이 효율적으로 진행되기 위한 최소의 규모는 20a(600평) 정도 이상이 되어야 한다. 재배지의 면적뿐만 아니라 재배지의 모양 또한 기계 효율과 작업 효율에 큰 영향을 미친다.

포장(논)의 단단함은 주행 성능과 관계가 있으며, 포장 토양의 마찰력이 크고 주행부의 접지압이 작을수록 주행 성능이 좋다. 콤바인은 고무제 캐터필러(궤도)를 사용해서 접지압을 작게 하여 주행 성능을 높이고 있지만, 사람의 발자국 깊이가 2cm 이상 생기는 습답 등에서는 작업성능이 저하되거나, 어려울 수 있다.

물 뺌 시기는 토양 조건 및 날씨, 병해충의 발생 상황 등에 따라 다르지만, 물 빼기 30일 후, 수확 10일 전 정도를 기준으로 하는 것이 좋다. 물 뺌 시기가 이를수록 포장은 단단해지지만, 물 뺌이 너무 이르면 벼의 수확량 및 품질이 저하되는 경우가 있으므로 주의가 필요하다.

[표] 콤바인 작업 조건

작업의 난이도	발자국의 깊이
발자국의 깊이	5cm 이하
조금 어려움	2~5cm
곤란	5cm 이상

– 콤바인 작업 방법

정사각형의 표준 논에서는 순차적으로 왼쪽(반시계 방향)으로 회전하면서 예취해 나가는 것이 바람직하지만, 작업 전에 콤바인의 진입과 작업을 원활하게 하기 위해 콤바인 폭의 1.5~2배, 콤바인 길이의 1.5배 정도를 손으로 벼를 베어놓은 상태에서 작업을 시작해야 한다. 최근 6조 이상 콤바인은 예취부가 궤도륜간 거리보다 크기 때문에 작업전 손으로 모서리 베기 작업을 하지 않아도 된다. 콤바인을 운전하는 위치가 오른쪽에 있으므로 오른쪽의 공간을 확보하면서 작업을 진행해야 하기 때문에 왼쪽으로 작업을 진행한다.

부정형 논에서는 우선 포장의 바깥 둘레를 2~3바퀴 예취하고 양쪽의 짧은 변에서 선회할 수 있을 정도로 예취한다. 다음으로 포장의 중앙 부근에서 가운데를 가르는 작업을 하고 중앙에서 바깥쪽을 향해서 긴 변 방향으로 예취하면 효과적인 작업을 할 수 있다. 콤바인은 벼의 길이가 너무 짧으면(60cm 이하) 탈곡 깊이의 조절 범위를 넘어서 탈곡이 되지 않는 벼가 생기므로 포장한 곳에서 불규칙한 생육이 생기지 않도록 재배 관리하는 것이 중요하다.

또 콤바인, 바인더에 의한 수확에서 수확량과 품질의 저하를 초래하지 않기 위해서는 적기 수확이 특히 중요하다. 수확 적기는 콤바인의 경우, 벼의 줄기가 반이상 황색으로 변하고 벼의 90% 이상이 황색으로 변했을 때가 적기이다.

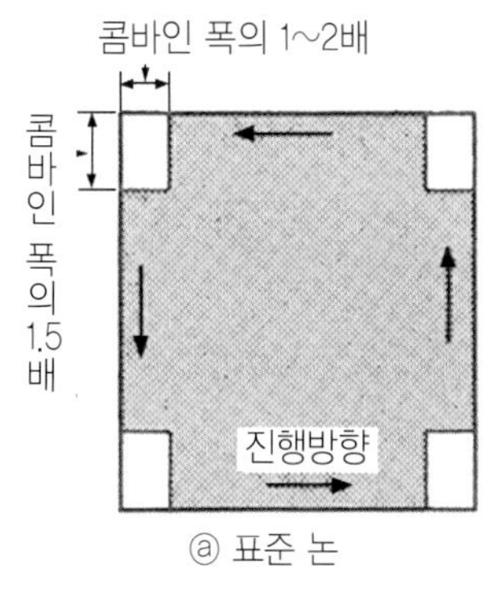

ⓐ 표준 논

① 그림의 사각형은 손 벼베기를 한다.
② 왼쪽으로 회전하며 예취한다.

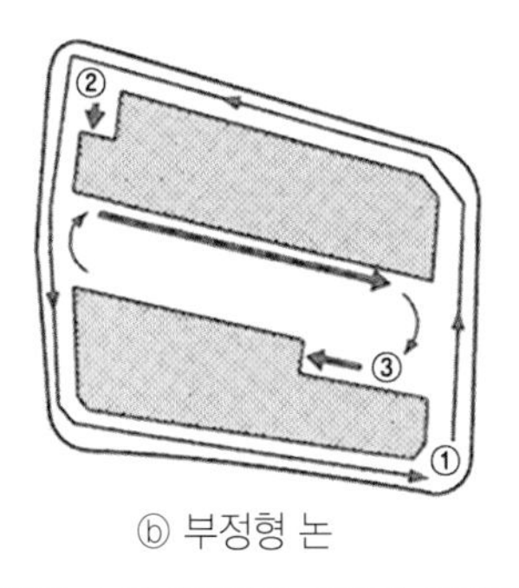
ⓑ 부정형 논

① 오른쪽으로 회전하며 2~3바퀴 예취한다.
② 포장에 따라서는 양 끝단을 선회하기 쉽게 예취한다.
③ 중앙에서 가운데를 가르는 작업을 해서 바깥쪽을 향해서 긴 변 방향으로 예취한다.

▶ 콤바인에 의한 예취 작업

– 콤바인 작업 후 수확된 곡물 처리

콤바인 탱크에 수확한 이삭은 운반 차량으로 적재하여 지역별 R.P.C (미곡 종합 처리장)으로 이동한다. 미곡 종합 처리장에서는 벼의 건조, 가공, 포장하여 소비자가 구매할 수 있는 매장으로 이동하게 된다.

② 콩 콤바인

콩을 전용으로 수확하는 콤바인으로 보통형 콤바인과 같은 형태로 콩을 수확하는 기계이다.

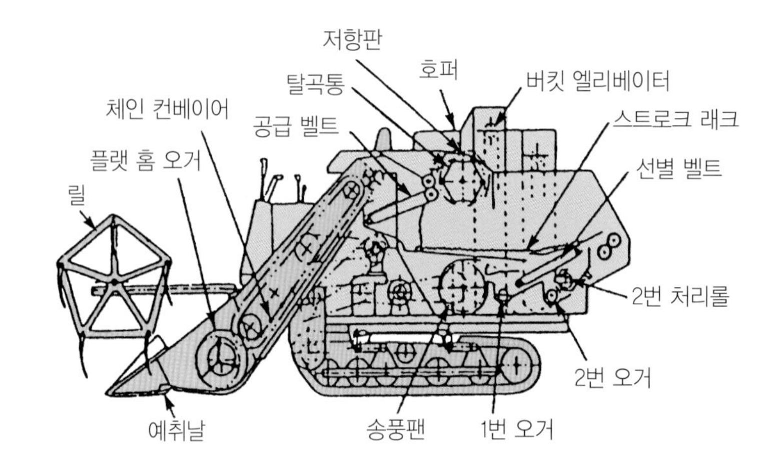

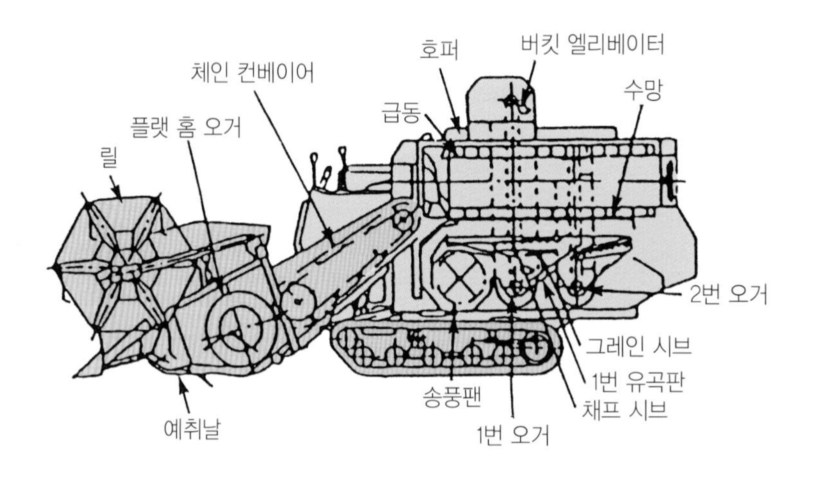

▶ 콩 콤바인의 구조

③ 탈곡기

곡류, 두류의 줄기에서 열매를 인위적으로 분리시키는 것을 탈곡이라고 한다. 최근에는 인력을 활용하는 족답식 탈곡기는 거의 사용하지 않고 있다. 대부분 전동기를 이용하여 탈곡하며, 최근에는 주행장치와 엔진을 부착한 자주식 자동 탈곡기를 많이 활용하고 있다.

– 동력 탈곡기

동력 탈곡기는 급동을 주축으로 탈곡부, 수망, 풍구를 중심으로 선별부, 기타 반송장치 등으로 구성되어 있다.

탈곡부에 들어온 이삭은 급치의 타격 작용에 의해 탈곡이 되고, 이때 발생하는 이삭, 절단된 잎, 까락 등은 급치와 수망 과의 사이 또는 급실 속에서 서로 비벼지거나, 2차적인 타격 작용을 받아 수망 및 흐름 판 또는 되돌림 판을 따라 흐른다. 탈곡물은 풍구에 의해 선별된다.

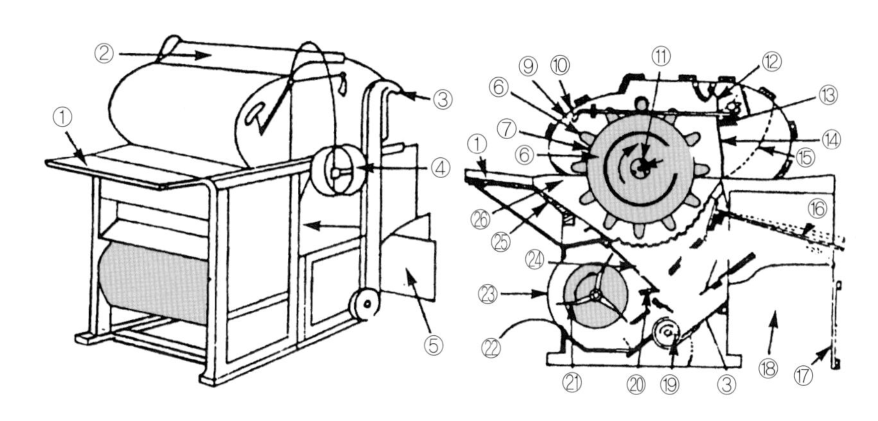

① 공급대　② 급동 뚜껑　③ 1번구　④ 주축
⑤ 2번구 3번구 칸막이 판　⑥ 급동원 판　⑦ 급동　⑧ 급치
⑨ 뚜껑　⑩ 배진 핸들　⑪ 급동축　⑫ 보조 배진판
⑬ 수동 배진 장치　⑭ 배진판　⑮ 배진실　⑯ 검불체
⑰ 3번구　⑱ 2번구　⑲ 이송 장치　⑳ 풍향판
㉑ 기풍 날개　㉒ 송풍기　㉓ 기풍동　㉔ 흐름판
㉕ 공급구 철판　㉖ 급실　㉗ 세트 스크루　㉘ 곡류판
㉙ 되돌림 판　㉚ 분풍판　㉛ 수망

▶ 동력 탈곡기의 구조

– 탈곡부

주요부는 급동, 급치, 급실 등으로 이루어져 있다. 급동은 둥근 원통으로 회전축에 연결되어 있다. 급동에 급치를 부착하여 이삭을 훑어 분리하게 된다.

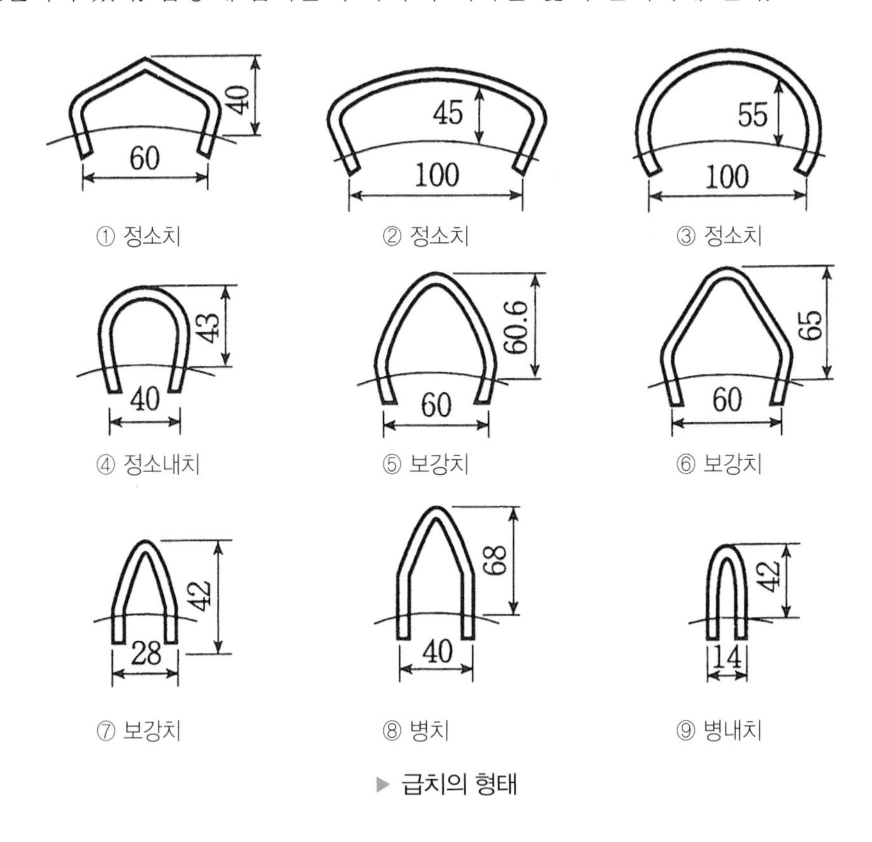

▶ 급치의 형태

– 선별부

선별 장치는 수망, 풍구, 체 등으로 이루어진다. 수망은 곡립을 선별함과 동시에 탈곡작용을 돕는 작용을 한다. 풍구는 2~4개의 날개를 가지는 송풍기로 풍향은 송풍구에 설치된다. 체는 20~30mm간격으로 배열되어 곡물 및 이삭이 간격으로 빠져나올 수 있도록 하여 곡물을 수확한다.

– 반송 장치

탈곡된 곡물은 스크루 컨베이어, 엘리베이터 컨베이어를 통해 일정한 높이까지 이동시켜 가마니 등의 용기에 담도록 하는 장치이다. 반송장치가 없어 선별 후 하단으로 곡물을 모아 용기에 바로 담아지는 형태의 탈곡기도 있다.

④ 감자, 고구마 수확기(땅속 작물 수확기)

감자, 고구마와 같은 서류의 수확 작업은 잎이나 넝쿨의 처리, 비닐수거 서류를 파내는 일, 흙의 분리, 수확물 모으기 등의 작업이 이루어져야 한다.

– 잎이나 줄기 넝쿨 파쇄기

감자, 고구마는 이랑을 형성하여 비닐 피복 후 재배하기 때문에 비닐 피복부가 접촉하지 않는 범위에서 넝쿨을 파쇄해야 한다. 관리기 부착형 넝쿨 파쇄기와 트랙터 부착형 넝쿨 파쇄기로 구분된다. 두 기종 모두 후륜으로 파쇄하는 칼날의 높이를 조절하고 빠른 회전으로 넝쿨을 파쇄한다.

▶ 관리기 부착형 넝쿨 파쇄기

▶ 트랙터 부착형 넝쿨 파쇄기

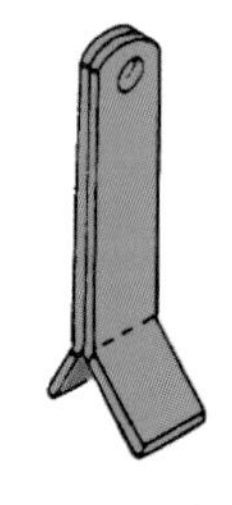

(a) 관리기용

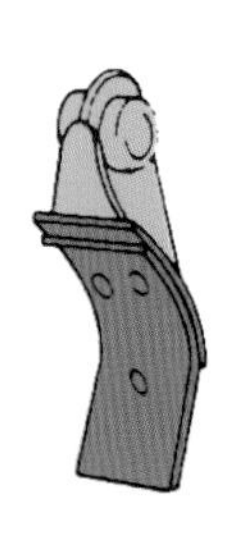

(b) 트랙터용

▶ 넝쿨 파쇄 날의 형태

넝쿨 파쇄기

동영상을 보시면
더 자세히 알아볼 수
있답니다!

– 감자, 고구마 굴취기

- **진동형 굴취기** : 굴취날이 진동하여 굴취하고 떠올라온 흙은 진동에 의해 흙이 부서져 바닥으로 떨어지고 서류만 위로 올려 떨어뜨리는 방식의 기계이다.
- **스피너형 굴취기** : 굴취날에 의해 흙과 함께 떠올려진 서류를 회전형 갈고기를 사용하여 가로방향으로 방출시켜 망이나 광주리에 받은 후 다시 땅에 일렬로 늘어놓는 방식의 기계이다.
- **엘리베이터형 굴취기** : 굴취날로 떠올려진 흙과 서류를 진동 엘리베이터에 의하여 후방으로 이송하는 과정에서 흙과 모래를 분리하는 형식이다.

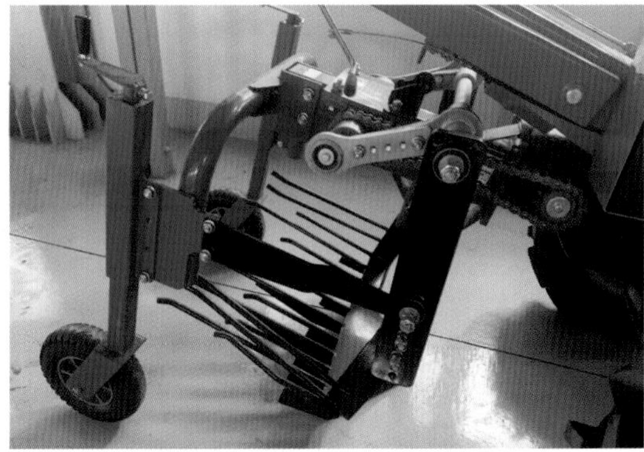

▶ 경운기 부착형 엘리베이터형, 진동형 감자 수확기

▶ 트랙터 부착형 진동형, 엘리베이터형 수확기

– 마늘, 양파 수확기

수거기능이 있는 마늘, 양파 수확기는 겸용으로 사용되고 있지만, 수거기능이 양파 수확기는 마늘을 수확하기에는 적합하지 않다. 땅속 작물 수확기와 동일한 형태로 굴취하고 사람이 수확물을 묶거나 수거하는 형태로 작업이 이루어진다. 하지만 규모화 되어 있는 대규모 농장은 트랙터 견인형 양파 수확기를 활용하여 수확하고 있다.

※ 양파는 줄기를 절단하고 수확하지만 마늘은 줄기를 같이 굴취하여 보관 후 줄기를 절단하는 경우가 많다. 수확 후 성장이 이루어지기 때문이다.

▶ 마늘, 양파 수확기

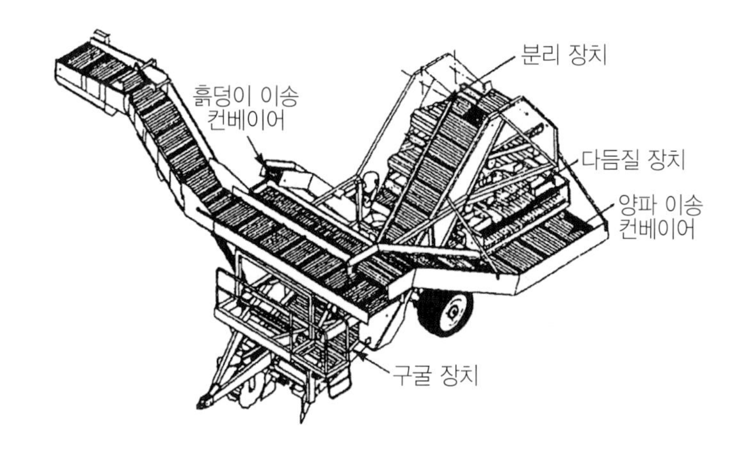

▶ 견인형 양파 수확기

– 모워(Mower)

주로 전단 및 타격에 의해 포장에서 목초를 절단하고 분리하는 기능을 한다.

· **커터 바 모워** : 왕복식 모워라고도 하며 왕복 운동하는 칼날부와 칼날 받침판 사이에서 목초를 예취한다.

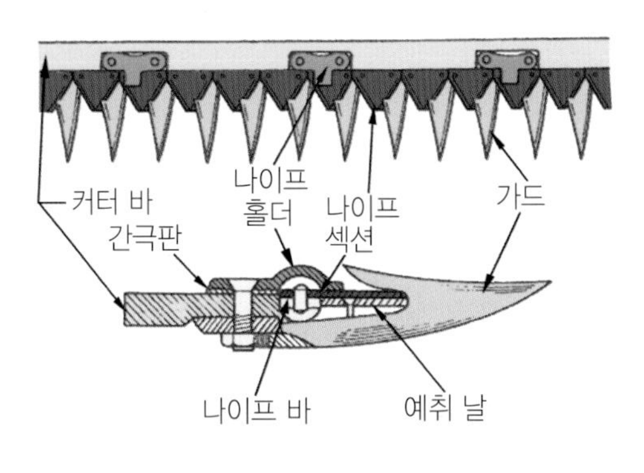

▶ 커터 바 모워

· **로터리 모워** : 지면과 평행하게 회전하는 하나 또는 다수의 칼날이 목초를 타격하여 예취하는 형태이다.

· **디스크 모워** : 자유롭게 회전할 수 있는 칼날들이 달려 있는 디스크가 회전할 때 칼날들이 원심력에 의해 목초를 타격하여 예취하며 돌 등의 장애물이 닿을 때 칼날이 역회전하여 칼날이 보호된다.

▶ 디스크 모워

· **플레일 모워** : 작물을 빠르게 예취하고 전달해야 하므로 트랙터의 동력은 큰 것을 사용해야 한다. 예취 높이가 일정하지 않고 토사가 섞이기 쉽다. 절단한 잎이 너무 짧으면 주워 오릴 때 손실이 커지는 등 단점이 있어 목초지보다 갓길, 야생지역 잡초 제거 등에 많이 이용하고 있다.

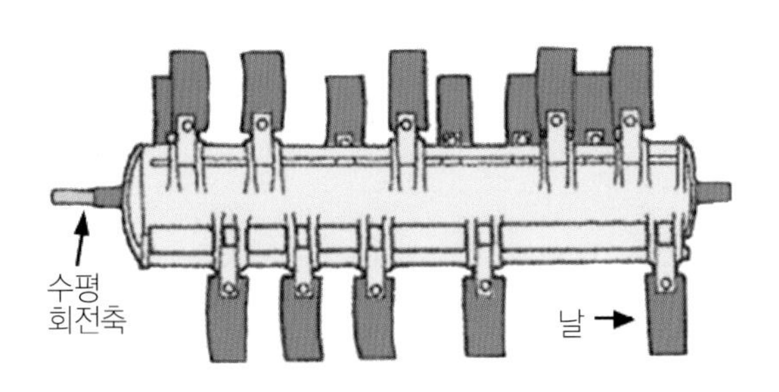

▶ 플레일 모워

– 베일러

베일러는 건초, 볏짚 등을 압축, 성형, 포장하는 작업기로 품질의 저하를 막고 취급을 편리하게 하며 좁은 면적에도 격납할 수 있도록 한다. 베일러에는 여러 가지 종류가 있지만, 사각 베일러와 원형 베일러가 대표적이다. 포장된 것은 베일이라고 하며 그 형상 및 크기 등은 베일의 종류에 따라 다르다.

- **사각 베일러** : 컴팩트 베일러, 픽업 베일러라고도 하며 포장에서 건초를 주워 올리면서 가로 이송 오거를 통해 옆으로 보내서 플런저로 압축, 성형해 뒤의 성형실에서 결속, 포장한다.

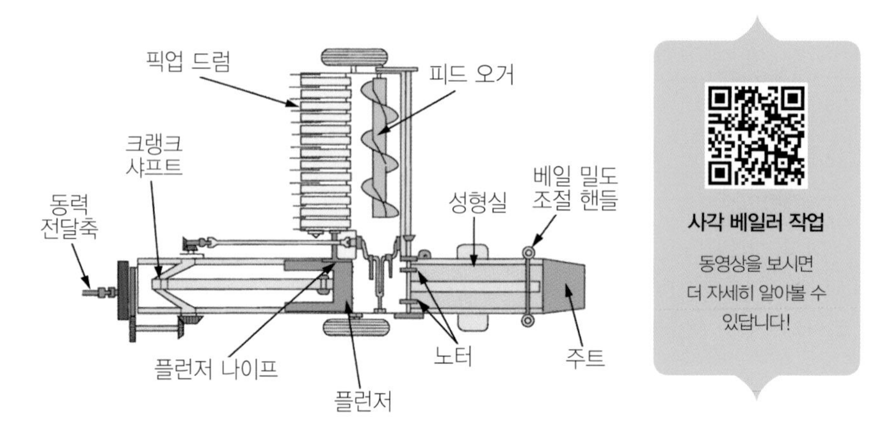

▶ 사각 베일러

· **원형 베일러** : 걷어 올린 건초를 롤 벨트로 이동시켜 원통형으로 감으면서 압축, 성형하는 것으로 라운드 베일러라고도 한다. 성형실의 구조에 따라 고정형과 가변형이 있다. 또 옥수수를 잘게 파쇄하여 원형 모양으로 성형하는 원형 베일러도 개발되어 활용하고 있다.

· **래핑기(베일 래퍼)** : 원형으로 묶인 베일은 필름(비닐)으로 피복, 밀봉하면 사일리지(동물의 사료)로 만들 수 있다. 원형 베일을 생력적(노력 절약적)으로 피복, 밀봉을 동시에 하는 기계도 개발되어 활용되고 있다. 이 방법은 사일로가 없어도 사일리지를 만들 수 있어 널리 활용되고 있다.

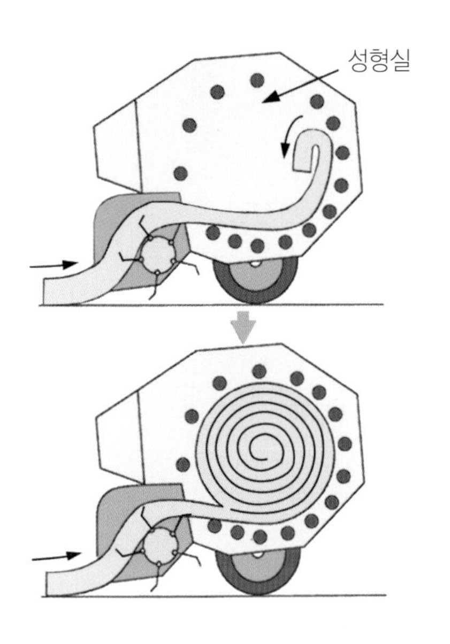

▶ 원형 베일러

▶ 래핑기

내연기관

내연기관의 종류, 4행정 가솔린 엔진, 2행정(사이클) 가솔린 엔진, 디젤 엔진(압축 착화 엔진)에 대하여 함께 알아보자.

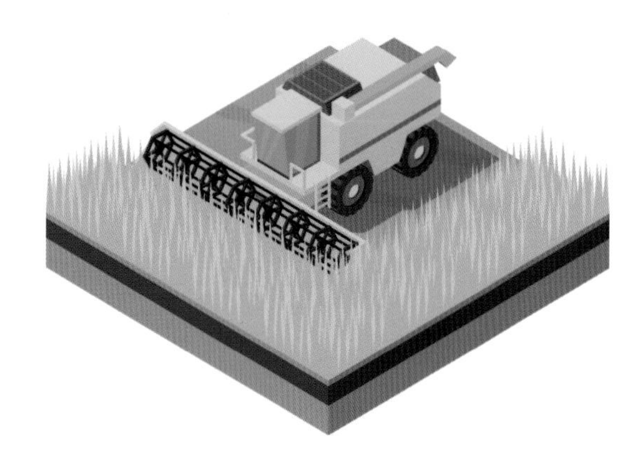

1 내연기관의 종류

내연기관은 엔진 내부에서 연소시킨 연료의 열에너지를 기계적 에너지로 변환시켜 동력을 얻는 엔진을 말한다. 내연기관에는 여러 가지 종류가 있지만, 일반적으로 널리 사용되는 것은 실린더 안에서 피스톤의 왕복운동을 동력으로 만드는 왕복동식(피스톤 엔진)이다. 이외에도 피스톤이 회전하는 로터리 엔진, 항공용 제트 엔진, 특수 용도의 가스 터빈 등이 있다.

이 중 농업기계에 주로 사용되고 있는 것은 **불꽃 점화 엔진**(가솔린 엔진)과 **압축 착화 엔진**(디젤 엔진 : 독일 루돌프 디젤에 의해 발명됨)이다. 가솔린 엔진 중 4행정 엔진은 주로 보행 관리기 및 이앙기, 채소 이식기 등에 2행정 엔진은 예취기 및 동력 살분무기 등의 소형기계에 이용되고 있다. 또 디젤 엔진은 경유를 연료로 하는 4행정 엔진이 승용 트랙터 및 콤바인 등의 대형기계에 이용되고 있다.

왕복동식 엔진의 종류

	점화 방식	작동 방식	연료
왕복운동 엔진 (피스톤 엔진)	① 불꽃 점화 엔진	③ 4행정 엔진	가솔린
			LPG
		④ 2행정 엔진	가솔린 2행정 오일
	② 압축 점화 엔진 (디젤 엔진)	③ 4행정 엔진	디젤
		④ 2행정 엔진	LPG

(주) **LPG**는 Liquefied **P**etroleum **G**as의 약자로 액화석유가스를 말한다. LP가스라고도 한다.

① 연료와 공기의 혼합기로 전기 불꽃으로 점화하는 엔진.

② 압축되어 고온이 된 공기에 의해 착화하는 엔진.

③ 피스톤의 4행정으로 흡기에서 배기까지의 일련의 작동(사이클이라고 한다)이 종료되는 엔진. 4사이클 엔진이라고도 한다.

④ 피스톤의 2행정으로 흡기에서 배기까지의 일련의 작동이 종료하는 엔진(2사이클 엔진이라고도 한다.)

2 4행정(사이클) 가솔린 엔진

1. 작동의 특징과 행정

4행정 가솔린 엔진의 작동은 **흡기** → **압축** → **팽창(폭발)** → **배기**과정으로 피스톤이 4행정(4스트로크, 2왕복)을 반복해 동력이 발생된다.

(1) 흡기 행정

피스톤이 하강하는 것에 의해 생기는 부압으로 실린더 내에 혼합 기체를 흡입하는 행정이다. 혼합 기체는 기화기(카뷰레터)에 의해 적정한 비율로 섞여 흡입한다. 이때 흡기 밸브는 열리고 배기 밸브는 닫히게 된다.

(2) 압축 행정

피스톤이 상승해 실린더 내에 흡입된 혼합 기체를 압축한다. 이 행정에서는 흡기 밸브, 배기 밸브는 모두 닫힌다.

(3) 팽창(폭발) 행정

압축 행정의 상사점에 다달았을 때 점화 플러그에서 불꽃을 발생시켜 혼합 기체에 점화한다. 혼합 기체는 급격하게 연소하여 고온, 고압의 연소 가스가 되어 피스톤을 밀어 내린다. 이 피스톤의 움직임은 커넥팅 로드를 통해 크랭크 축으로 전달되어 회전력이 된다. 팽창 행정에서도 흡기 밸브, 배기 밸브는 모두 닫혀 있어 연소된 고압을 유지하여 최대의 힘을 전달하게 된다.

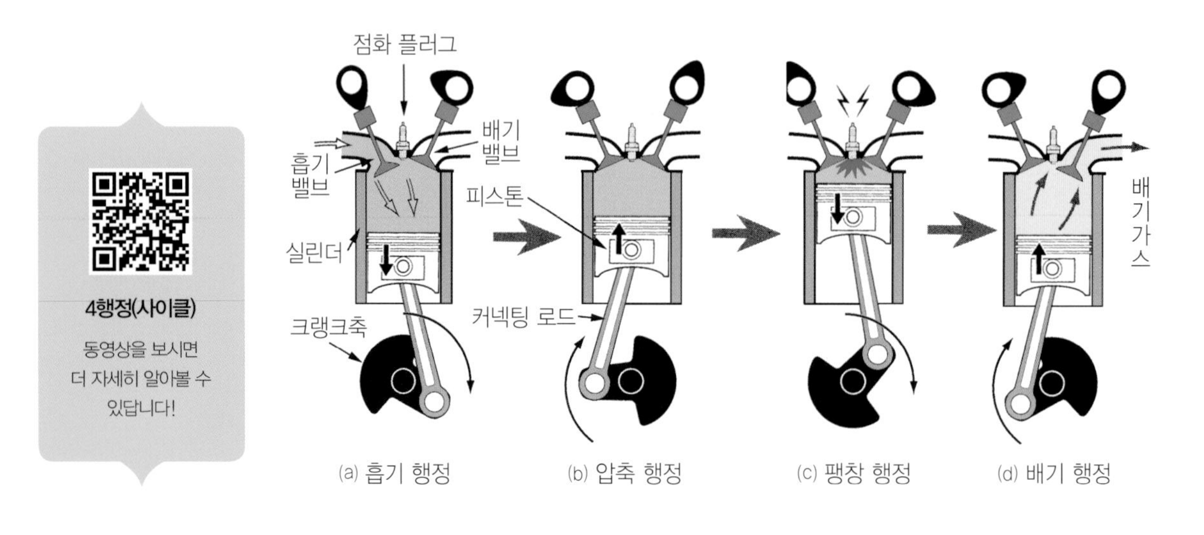

▶ 4행정 사이클

(4) 배기 행정

팽창(폭발) 행정이 끝나면 피스톤은 다시 상승한다. 이때 배기 밸브가 열려 연소 가스가 실린더 밖으로 배출되어 일련의 작동을 마치게 된다. 이 행정에서는 흡기 밸브가 닫혀있다.

피스톤이 실린더의 **최상단**에 왔을 때의 위치를 **상사점**(TDC : Top Dead Center), **최하단**에 왔을 때의 위치를 **하사점**(BDC : Bottom Dead Center)이라고 한다.

2. 주요부의 구조와 기능

농업용으로 널리 사용되고 있는 4행정 가솔린 엔진의 기본적인 구조는 **동력 발생기구**, **연료계통**, **점화계통**, **윤활계통**, **냉각계통**의 5가지로 구성되어 있다.

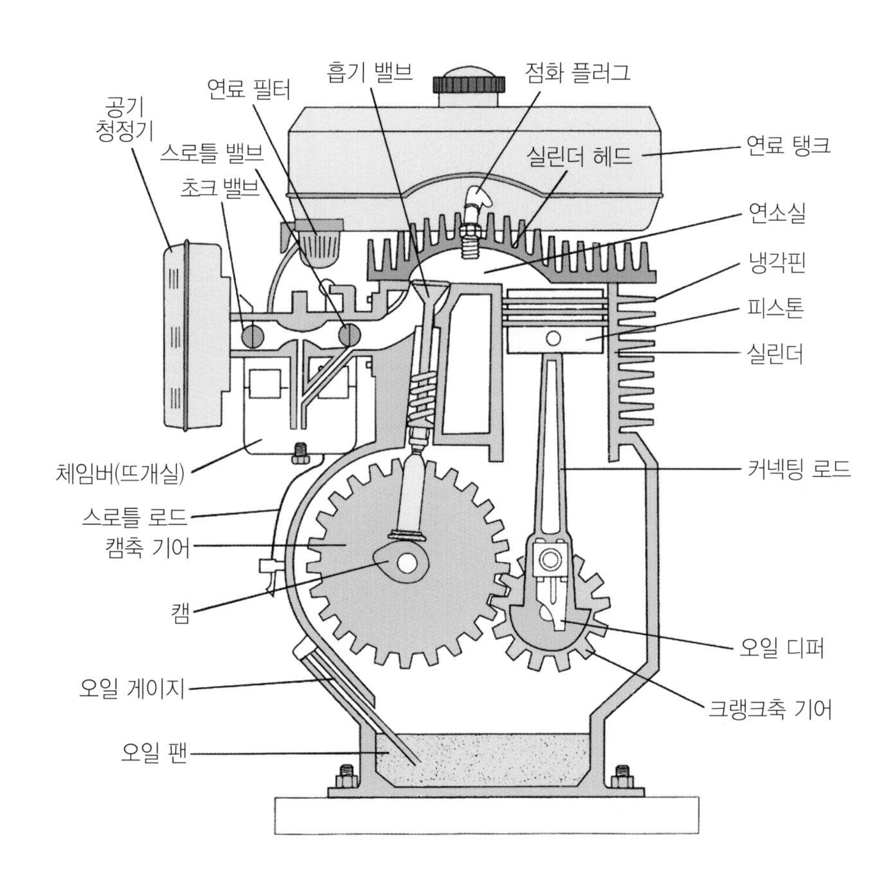

▶ 4행정 공냉 가솔린 엔진의 구조

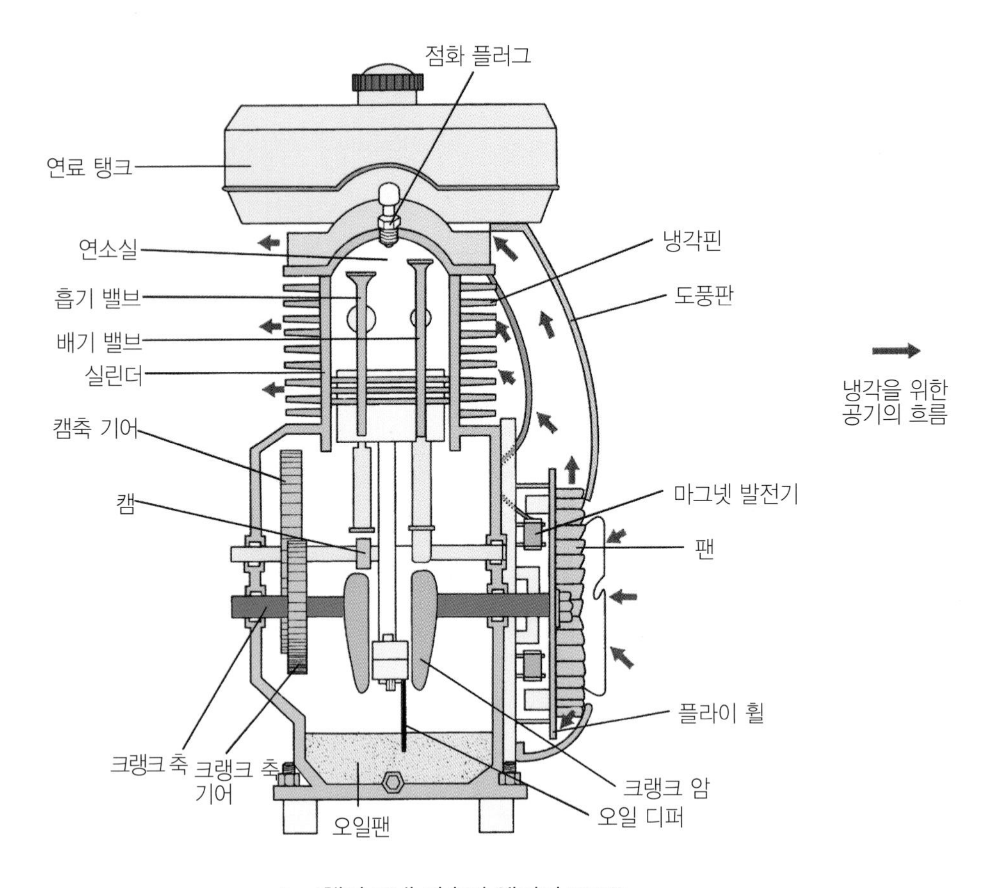

▶ 4행정 공냉 가솔린 엔진의 구조2

▶ 4행정 공냉 가솔린 엔진

(1) 동력 발생기구

엔진의 핵심 구성으로는 **실린더, 실린더 헤드, 엔진 내부에서 운동을 하는 피스톤, 커넥팅 로드, 크랭크축 및 밸브 기구** 등이 있다.

① 실린더와 실린더 헤드

실린더는 피스톤이 들어있는 원통형 부분(기통이라고도 함)으로 엔진의 크기에 따라 1개에서 여러개로 구성되어 있는 것도 있다. 실린더 수가 하나인 것은 단 실린더(단기통), 두 개 이상인 것은 다 실린더(다기통)이라고 한다.

고온, 고압에 노출되고 피스톤의 왕복운동에 의해 마모되므로 내벽에 크롬 등을 도금하여 내마모성, 내부식성 등을 향상시키고 있다.

실린더와 실린더 헤드의 사이에는 가스누출을 방지하기 위한 가스켓이 끼워져 있다. 가스켓에는 연강, 동, 알루미늄, 석면 등의 얇은 판으로 된 것이 대부분이다.

② 피스톤

피스톤은 실린더 안에서 왕복운동을 하는 원통형 판으로 높은 온도와 압력을 받으며 고속운동을 한다. 피스톤의 윗면을 피스톤 헤드, 하단을 피스톤의 스커트라고 한다. 피스톤 링이 들어가는 곳을 피스톤 링홈, 링홈과 홈사이를 랜드라고 한다. 이는 열팽창에 의한 피스톤 헤드부의 지름이 실린더 보다 작게 되어 있다. 따라서 그 소재로는 내열성이 있고 열전도도 좋으며 경량인 알루미늄 합금 주물을 사용한 것이 일반적이다.

피스톤에는 피스톤 링이 2~5개 끼워져 있다. 그중에 상부의 1~3개는 압축링 이라고 하며 실린더와 피스톤 사이의 기밀을 유지하고 가스의 누출을 방지함과 동시에 피스톤의 열을 실린더로 빼내는 작용을 한다.

하부의 1~2개는 오일링이라고 하며 실린더 벽과의 사이에 유막을 만듦과 동시에 여분의 오일을 긁어 내리는 작용을 한다.

③ 커넥팅 로드와 크랭크축

커넥팅 로드는 피스톤과 크랭크축을 연결해 주는 역할을 하며, 피스톤 핀과 크랭크 핀을 연결해 피스톤의 왕복운동을 크랭크축에 전달하는 기능을 한다. 커넥팅 로드의 피스톤 측을 소단부, 크랭크 측을 대단부라고 한다. 가장 간단한 윤활장치인 비산 윤활식에서는 대단부에 오일 디퍼가 장착되어 있다.

크랭크축은 피스톤의 왕복운동을 회전운동으로 바꾸는 기능을 한다. 크랭크축은 크랭크 저널(크랭크축의 주축부분을 받쳐주는 부분), 크랭크 핀, 크랭크 암, 평형추 등의 부품으로 구성되어 있다.

④ 플라이휠

크랭크 축에 장착되어 팽창(폭발) 행정에서 발생한 회전력 일부를 저장해 두었다가 다른 행정까지 지속시켜서 크랭크축이 원활하게 회전할 수 있도록 하는 역할을 한다. 대부분의 엔진은 플라이휠에 마그넷 발전기가 장착되어 있는 것이 많다.

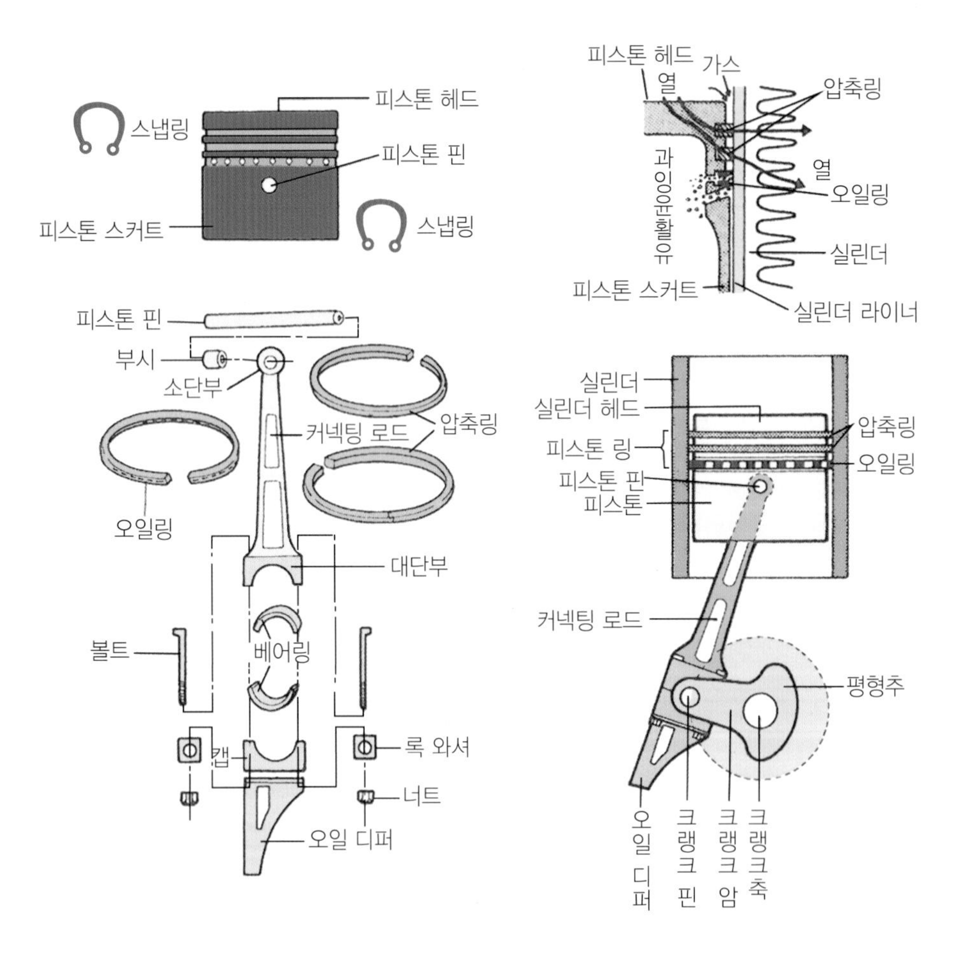

▶ 피스톤과 커넥팅 로드, 크랭크축의 구조

⑤ 밸브

4행정 엔진의 흡기, 배기는 밸브를 통해서 이뤄진다. 밸브는 고온, 고압에 노출되고 (배기 밸브쪽이 흡기 밸브보다 고온에 노출이 심하다. 또한 충분한 공기의 공급을 위하여 흡기 밸브의 크기가 배기 밸브의 크기보다 조금 크다) 더구나 고속상태에서 정확한 개폐시기가 요구되기 때문에 내열성, 내마모성, 내충격성이 필요해 특수강으로 만들어져 있다.

밸브 페이스와 밸브 시트는 압축공기의 누출을 막기 위해 밀착하도록 되어있다. 정기적인 연마를 하여 부착된 탄소(카본) 및 녹을 제거할 필요가 있다. 밸브 스템과 밸브 가이드의 표면에 탄소가 부착되면 밸브의 동작이 원활하지 않으므로 점검해야 한다.

밸브 스프링의 복원력에 의해 밸브 스템과 태핏이 떨어졌을 때는 그 사이에 약간의 틈이 생기게 되어 있으며 이것을 태핏 간극 또는 밸브 클리어런스라고 한다. 이것은 밸브 스템이 열을 받아 팽창하여도 밸브가 완전히 닫히도록 하기 위한 것으로 반드시 규정 값(흡기 밸브 0.1~0.4mm, 배기 밸브 0.2~0.5mm)으로 조절해야 한다.

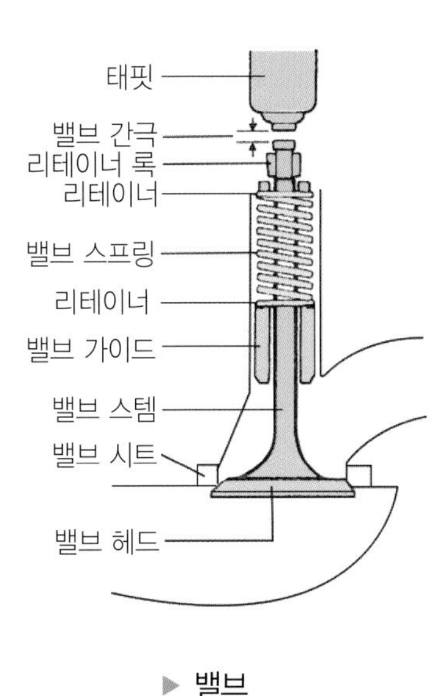

▶ 밸브

⑥ 연소실

연소실은 실린더, 실린더 헤드, 피스톤 헤드, 흡기 밸브, 배기 밸브에 의해 둘러싸인 공간이다. 연소실의 형태는 혼합기 연소의 양부를 크게 좌·우하기 때문에 여러 가지 형태가 고안되어 왔지만, 현재 많이 사용되고 있는 것은 돔형(반구형)으로 연소가 좋은 것이 특징이다. 펜트 루프형(삼각 지붕형)은 밸브의 수를 늘리는 3밸브식, 4밸브식 등의 경우에 편리하므로, 최근 많이 사용되고 있다. 또 리카르도형(L형)은 연소에 약간 어려운 점이 있지만, 소형 농업용 엔진에 사용되고 있다.

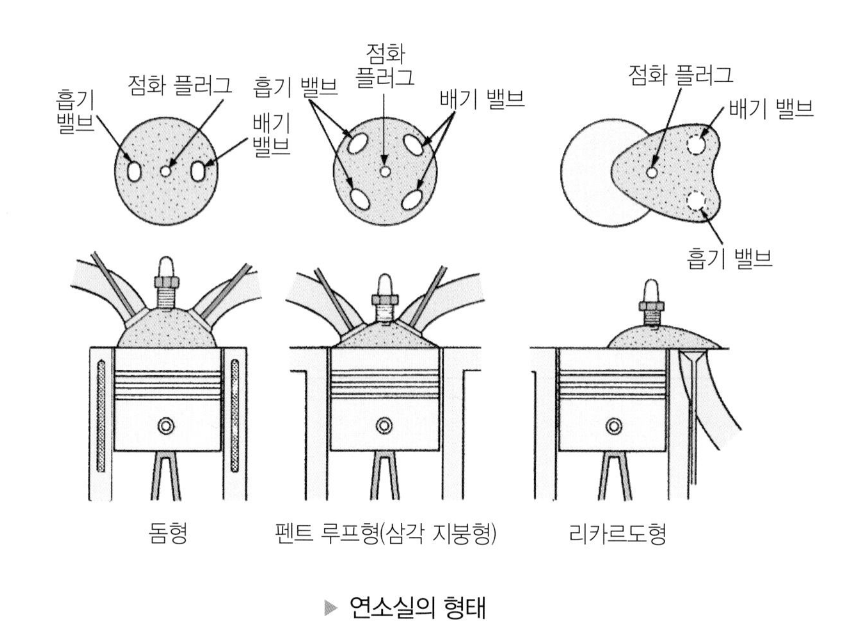

▶ 연소실의 형태

⑦ 밸브 기구

밸브 기구의 대표적인 형식을 그림에 나타내었다. 돔형과 펜트 루프형의 연소실에는 오버헤드 밸브식 및 오버헤드 캠축식의 밸브 기구가 또 리카르도식 연소실에는 사이드 밸브식의 밸브 기구가 사용되고 있다. 4cycle 엔진의 캠축 회전속도는 크랭크축 회전속도의 2분의 1이다.

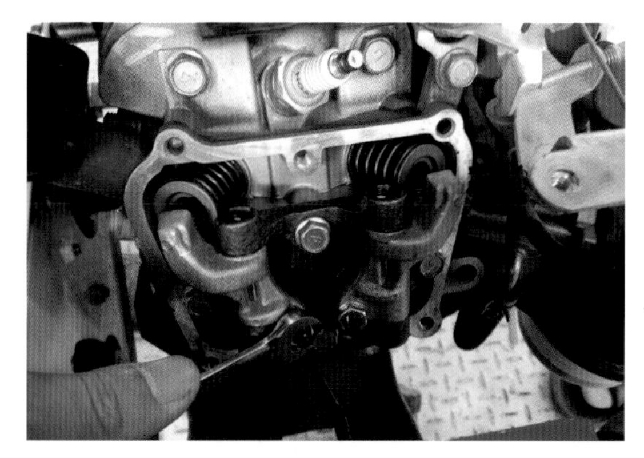

▶ 오버헤드 캠축식(보행 관리기 엔진)

⑧ **오버헤드 밸브식(OHV : OverHead Valve)**

크랭크축의 회전을 캠, 태핏, 푸시로드를 거쳐 로커암에 전달해 로커암의 한쪽 끝에서 밸브를 밀어 여는 방식이다. 이 방식은 밸브 기구가 복잡해지지만 고압축에 적합해 흡기, 배기하기 쉬운 특징이 있다.

⑨ **오버헤드 캠축식(OHC : OverHead Camshaft)**

OHV의 개량형으로 캠축을 실린더 헤드의 상부에 배치해서 캠이 밸브를 직접 개폐하기 때문에 고속회전 엔진에 적합하다. 크랭크축의 회전은 벨트 또는 체인으로 캠축에 전달된다. 캠축이 2개인 것은 **더블 오버헤드 캠축**DOHC이라고 한다.

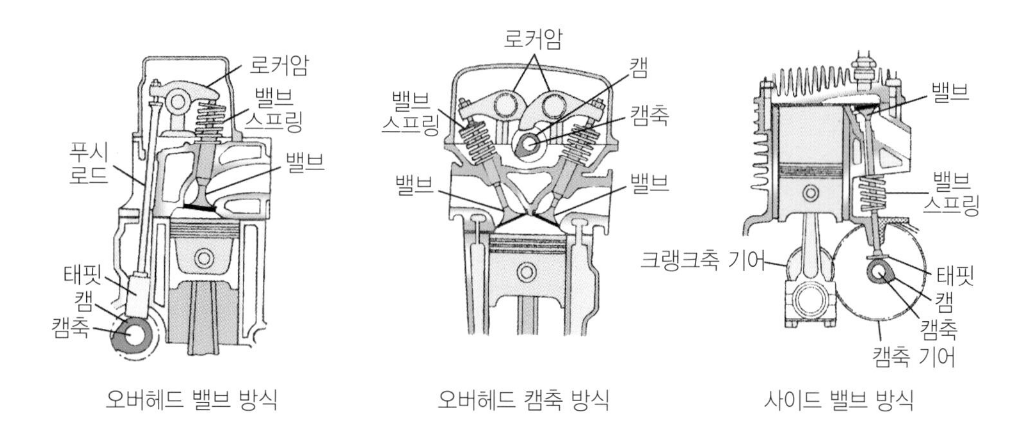

▶ 밸브 기구의 주된 형식

⑩ **사이드 밸브식**

피스톤, 실린더와 밸브가 병렬이므로 캠에 의해 태핏이 밀려 올라가 밸브가 열리고 스프링의 힘으로 닫히는 방식이다. 밸브 기구가 간단해서 농업용 소형 엔진에서 사용되고 있다.

밸브의 개폐시기를 크랭크축의 회전 각도로 나타낸 것을 밸브 개폐시기 선도(밸브 타이밍 다이어그램)라고 한다. 흡기, 배기에서 가스의 흐름에는 관성이 있으므로 밸브가 열리기 시작하는 것은 사점(상사점 또는 하사점)보다 일찍, 닫히는 것은 사점보다 늦게 되도록 타이밍을 조금 조정해야 한다. 이 때문에 흡기 행정의 시작과 배기 행정의 끝은 흡기 밸브와 배기 밸브가 동시에 열린 상태가 된다. 이것을 밸브의 **오버랩** overlap이라고 한다.

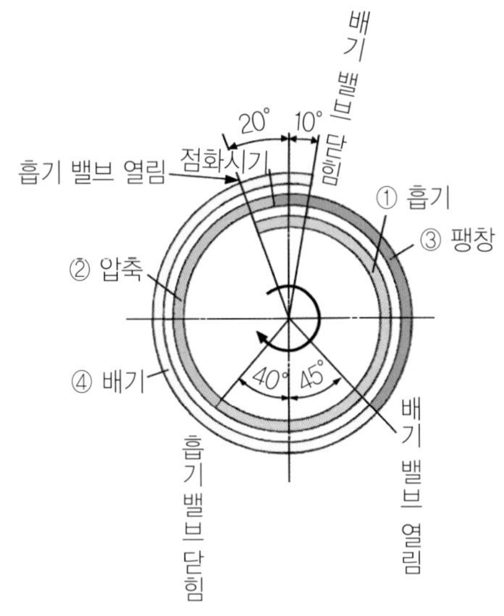

▶ 밸브 개폐시기 선도(4행정 엔진)

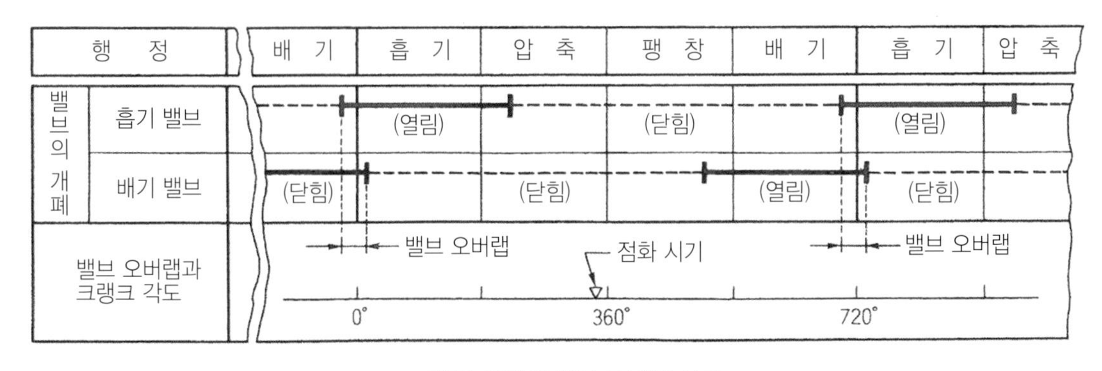

▶ 4행정 엔진의 밸브 오버랩 상태

(2) 연료계통

가솔린 엔진의 공기 흐름은 외부 공기 → 공기 청정기(에어 클리너) → 기화기로 이동하고 연료계통에서의 연료 흐름은 연료 탱크 → 연료 필터 → 기화기로 이동하게 된다. 공기와 연료가 기화기에서 만나 적정 비율로 혼합된다. 그 후 흡기 밸브에서 연소실로 이동하여 연소되므로 엔진이 회전하여 동력을 발생시킨다.

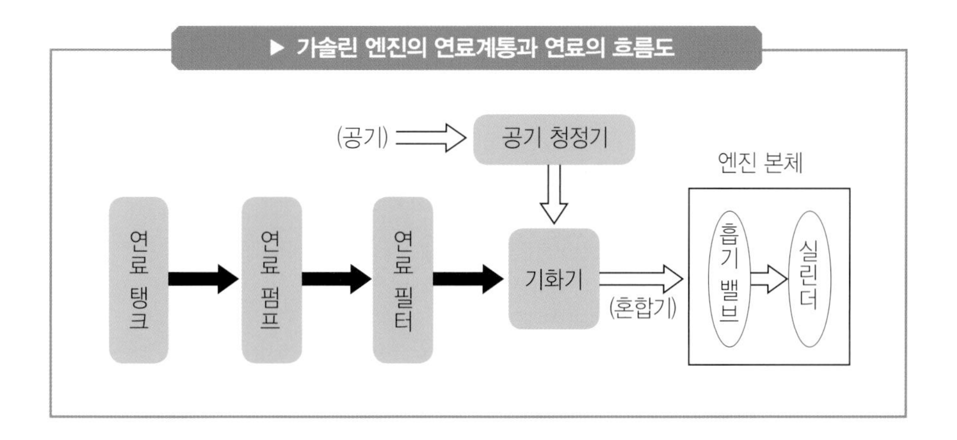

① 기화기(카뷰레터)

기화기는 연료를 미립화하여 공기와 섞어 혼합기체를 만드는 것으로 동시에 엔진의 여러 운전 조건에 대응하기 위해 필요에 맞춰 혼합기의 양과 혼합비를 조절한다. 벤투리형 기화기가 많이 사용되고 있다. 가변 벤투리식이라고도 하며 저속 시에는 주 니들 밸브(메인 니들 밸브)가 내려가는데 연동해서 스로틀 밸브도 아래쪽으로 이동하여 벤투리 부를 작게 한다.

한편 다이어프램형 기화기는 플로트 체임버를 가지지 않고 다이어프램(격막)의 작용에 의해 연료를 공급하는 방식으로 엔진의 기울어짐에 영향이 적어 소형화가 가능하다. 이런 특징에 적합한 배부식(등에 메는 방식) 예취기에 사용된다.

② **기화기의 원리**

흡입 행정에서 실린더 내의 압력이 내려가면 공기 청정기를 통한 공기가 기화기에 흡입된다. 흡입된 공기는 기화기 안에서 연료의 통로가 좁게 패인 벤투리부를 통과할 때 유속이 빨라지고 압력이 떨어지기 때문에 주 니들 밸브에서 연료가 공급(빨려 올라간다.)된다. 공급된(빨아 올려진) 연료는 공기의 흐름에 의해 안개 상태가 되어 공기와 혼합하게 된다.

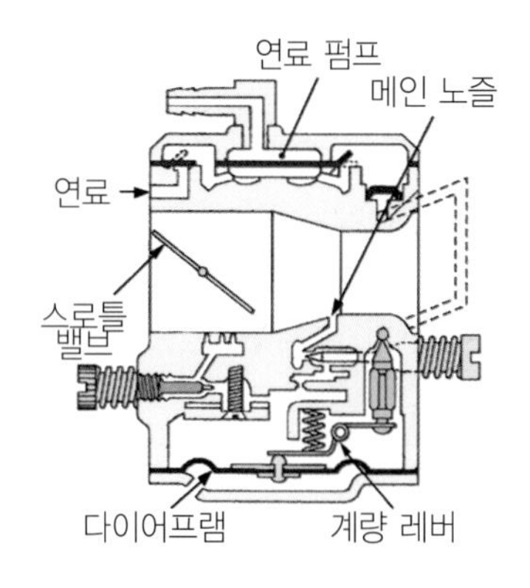

▶ 다이어프램형

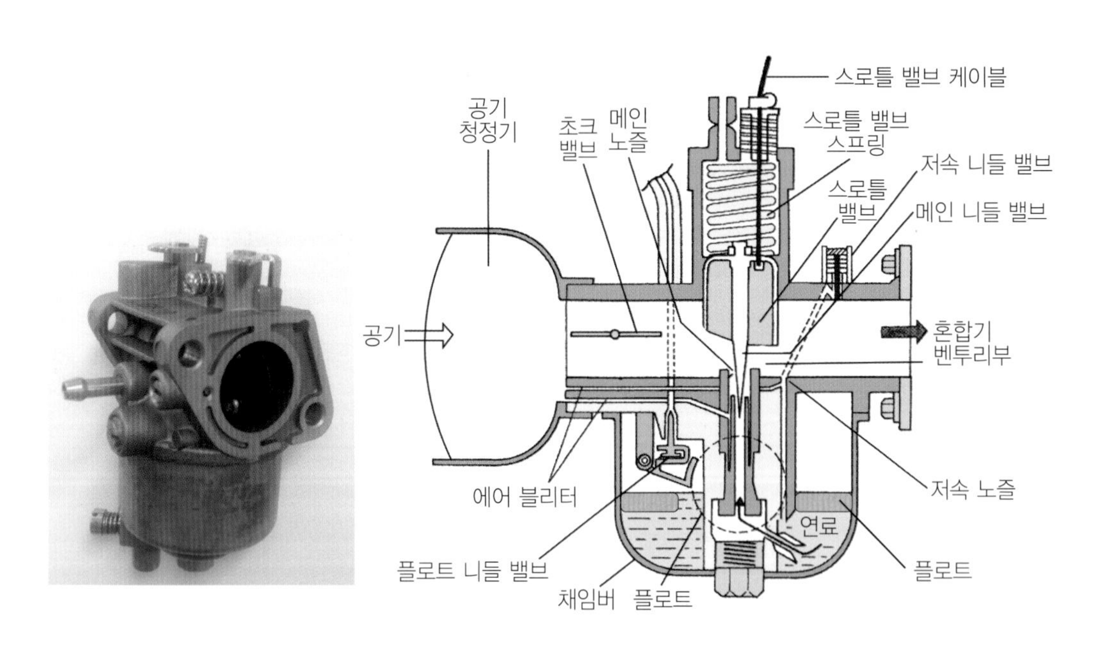

▶ 기화기의 외관과 구조

③ 플로트, 채임버

연료 탱크에서 연료 파이프를 거쳐 공급된 연료를 보관하고 플로트의 상하 움직임에 의해 유면의 높이를 일정하게 유지해 기화기에 공급을 원활히 한다.

용어 설명

채임버란?

채임버는 공급된 연료를 사용 적정량만큼 보관하는 공간을 말한다.

④ 에어 블리더(air bleeder)

에어 블리더는 기화기의 노즐과 니들 밸브 사이에 만들어진 작은 구멍으로 벤투리부의 앞부분에서 공기를 받아들여 연료에 혼입하여 연료가 안개 상태가 되는 것을 촉진한다. 또 엔진의 회전이 상승했을 때는 주 니들 밸브에서 공급된 연료의 양이 많아져 혼합기가 농후해지는 것을 방지한다.

⑤ 혼합기의 혼합비

혼합기 속의 공기와 연료의 질량비를 혼합비라고 한다. 보통 연료의 질량을 1로 해서 구한 값으로 나타내므로 농후한 혼합기의 혼합비 값은 희박한 혼합기의 혼합비 값보다 작다. 가솔린 1kg을 완전히 연소시키기 위해서 필요한 이론적 공기량은 약 15kg으로 이때의 혼합비의 값은 15가 되며 이 값을 이론 혼합비라고 한다.

엔진이 냉각되었을 때의 시동 시에는 가솔린이 기화되기 어려우므로 이론 혼합비보다 농후한 혼합기가 필요해진다. 엔진이 따뜻해져 부하가 별로 크지 않은 상태에서의 운전은 이론 혼합비보다 약간 희박한 혼합기를 공급하도록 한다. 혼합비의 농도를 조절하는 장치는 초크레버를 사용하고, 시동시에는 닫고 운전시에는 열어 준다.

[표] 공기와 연료의 혼합비

혼합비의 예	연료 대 공기	비고
·한계 혼합비	·1 대 8 이하	·너무 농후하여 점화가 어렵다.
·시동 시 혼합비	·1대 8~10	·초크를 당겨서 농후하게 한다.
·고저속 시 혼합비	·1대 13	·고속, 저속 시는 연비가 나빠진다.
·경제 혼합비	·1대 17~18	·평균 회전속도가 최저, 연비는 최소
·한계 혼합비	·1대 20 이상	·너무 희박하여 점화가 어렵다.

⑥ 기화기의 조정

니들 밸브의 조정은 나사를 완전히 조인 후 4분의 1회전에서 1회전 반 정도 되돌린다. 겨울에는 많이 여름에는 적게 되돌린다. 저속 니들 밸브(슬로우 니들 밸브)도 이와 같이 활용한다. 스로틀 밸브의 최저 위치의 조정은 저속 니들 밸브를 조정한 후 엔진 소리를 확인하면서 스로틀 밸브를 조여서 최저속에서 안정된 회전이 계속되는 위치로 설정한다.(108p 그림 참조)

⑦ 공기 청정기(에어 클리너)

엔진이 흡입하는 공기 중의 이물질(쓰레기 및 먼지)를 제거하는 것으로 습식, 건식, 유조식 등이 있다.

⑧ 습식 공기 청정기(Wet 필터)

여과재로써 여과지 및 스펀지 등에 오일을 흡수시킨 것을 사용한다. 주로 농업용 소형 엔진에서 사용된다.

⑨ 건식 공기 청정기(드라이 필터)

여과지와 부직포 등의 여과재를 적시지 않고 사용하는 것이다. 취급이 간단해서 자동차용 엔진을 비롯한 많은 엔진에 사용되고 있다.

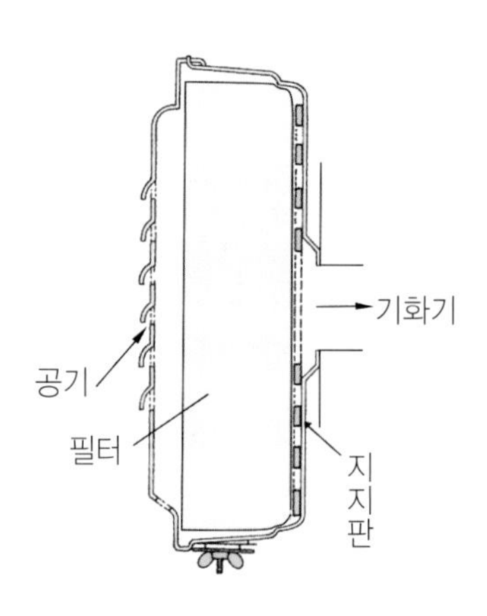

▶ 건식 공기 청정기

⑩ 유조식 공기 청정기

흡입 공기를 유면에 충돌시켜서 이물질을 흡착시킴과 동시에 오일(오일이 엔진내에 들어가도 엔진에 큰 영향을 주지 않기 때문)의 비말(날아 흩어지거나 튀어 오르는 물방울 형태)에 의해 여과재(메탄올을 사용)를 적시는 효과도 가진다.

⑪ 조속기

엔진에 걸리는 부하가 변동해도 스로틀 레버에서 정한 일정의 회전속도를 유지하기 위한 장치로 원심식과 공기식이 있다. 부하가 감소해서 엔진의 회전속도가 올라가면 기화기의 스로틀 밸브가 닫히고 반대로 부하가 커져서 회전속도가 내려가면 스로틀 밸브가 열리도록 되어있다.

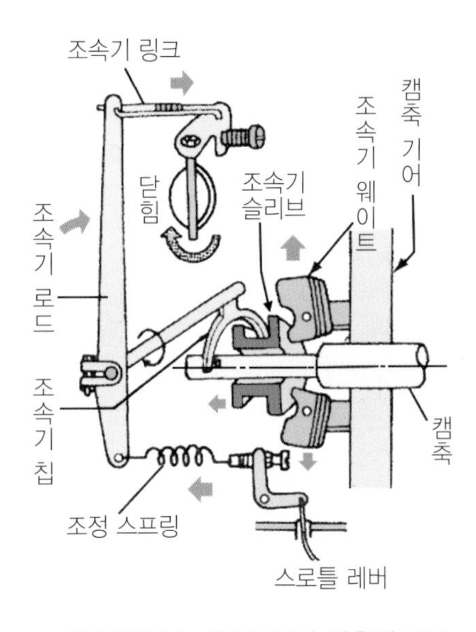

▶ 원심식 조속기의 구조와 작용의 구조

(주) 부하가 감소해서 엔진의 회전속도가 올라가면 캠 샤프트 상의 조속기 웨이트가 원심력에 의해 바깥쪽으로 벌어져서 조속기 슬리브를 화살표 방향으로 이동시켜 조속기 로드를 화살표 방향으로 기울어지게 한다. 그리고 조속기 링크에 의해 스로틀 밸브가 닫히지만, 조속 스프링의 힘과 조속기 웨이트의 원심력이 거의 같아졌을 때 스로틀 밸브가 닫히므로 일정의 회전속도로 유지된다. 반대로 부하가 커진 경우는 스로틀 밸브가 열리는 작동을 한다.

(3) 점화계통

① 점화 장치

전기 불꽃(스파크)에 의해 혼합가스를 점화하여 폭발시키는 장치다.

② 마그넷 발전기에 의한 점화장치

단기통 실린더 엔진에서는 마그넷 발전기에 의한 점화 장치(접점식)가 사용된다. 플라이휠이 회전하면 영구자석과 캠이 회전한다. 영구자석이 코일의 둘레를 회전하면 점화코일 안에서 전류가 발생한다.

점화코일의 발생 전류가 최대가 될 때 단속기의 접점이 캠에 의해 분리되면 자기유도한다. 1차 코일에 낮은 전압이 발생하고 2차 코일에서 고전압(약 1만V 이상)이 되어 점화 플러그에 보내진다. 점화코일 안에는 권수가 적은 1차 코일과 권수가 많은 2차 코일이 동일한 철심에 감겨있다.

콘덴서(축전기)는 1차 코일에 단속기와 병렬로 접속되어 단속기의 접점이 열리기 시작하는 순간과 닫히기 직전에 접점에 발생하는 불꽃 전류를 흡수하여 접점의 표면을 보호하는 역할을 한다.

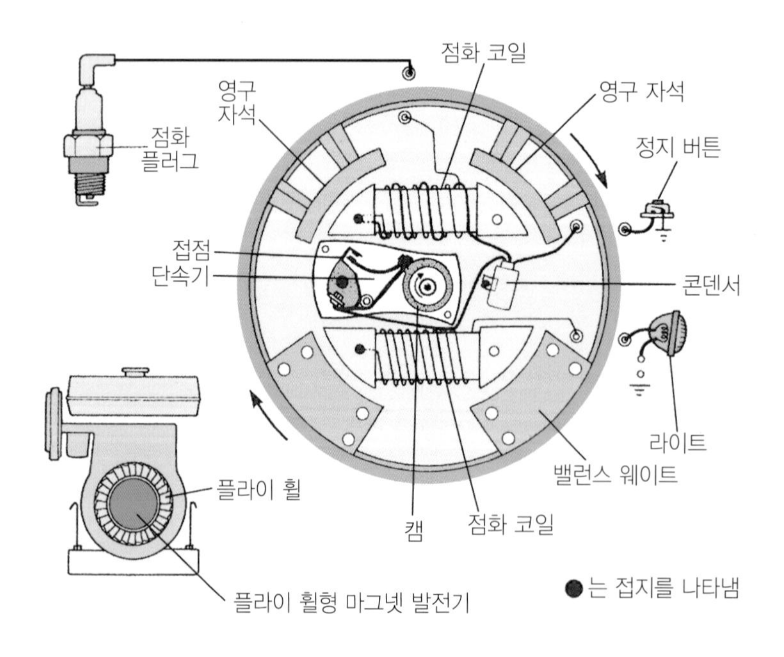

▶ 마그넷 발전기

③ 전자 점화 장치(무접점식)

최근에는 트랜지스터 및 다이오드, 사이리스터 등을 사용한 무접점식(트랜지스터식이라고도 한다. 전자식에는 이 밖에 단속적인 미약한 전류를 흘려서 트랜지스터에서 증폭시켜 큰 전류로 바꿔서 점화코일의 1차 측으로 보내는 세미 트랜지스터식도 있다.) 점화장치도 보급되고 있다. 이 방식은 접점의 간극 조정 등의 보수관리가 불필요하며 고장도 적어서 농업용 소형 경량 엔진에 사용된다.

④ 다기통 엔진의 점화 장치

배터리를 전원으로 하며 각 실린더의 점화 플러그에 고압 전류를 보내는 디스트리뷰터(배전기)를 장착한 점화장치가 사용되고 있다.

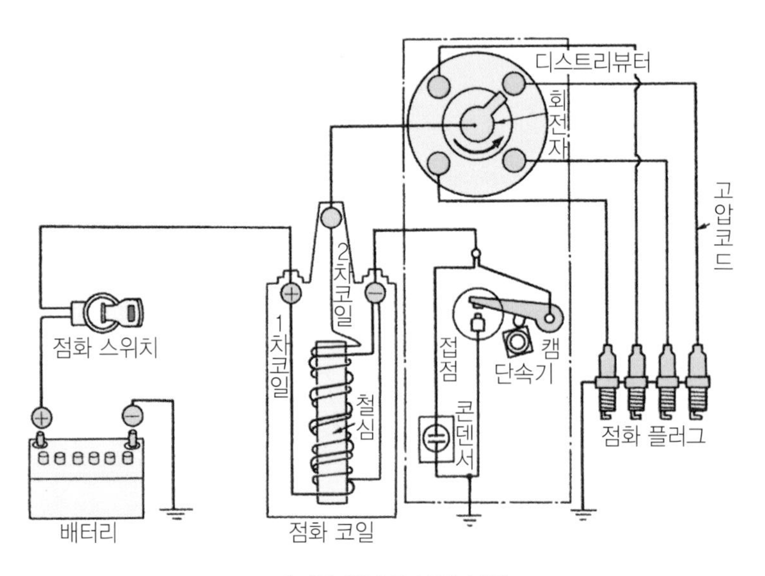

▶ 다기통 엔진의 점화 장치

- 점화 스위치를 넣으면 배터리의 전류가 1차 점화코일 쪽을 통해 단속기로 보내진다.
- 캠에 의해 단속기의 접점이 열려 1차 전류를 급격하게 차단한다.
- 순간 1차 코일에 큰 자기유도 전류가 발생한다.
- 동시에 2차 코일에 상호유도 작용으로 고압 전류가 발생해 디스트리뷰터의 회전자에서 점화순서에 따라 각 점화 플러그로 전류가 보내진다.

⑤ **점화 플러그**

점화코일에 의해 발생한 고압 전류는 점화 플러그에 의해 전기 불꽃을 튀겨 혼합기에 점화한다. 중심 전극과 접지 전극의 불꽃 간극의 크기는 점화 능력에 영향을 미치므로 최적 간격을(0.6~0.7mm) 유지할 필요가 있다.

점화 플러그는 연소에 의해 부착된 탄소를 태워버리는데 필요한 온도(자기 청정온도, 500℃ 전후)를 유지할 필요가 있다.

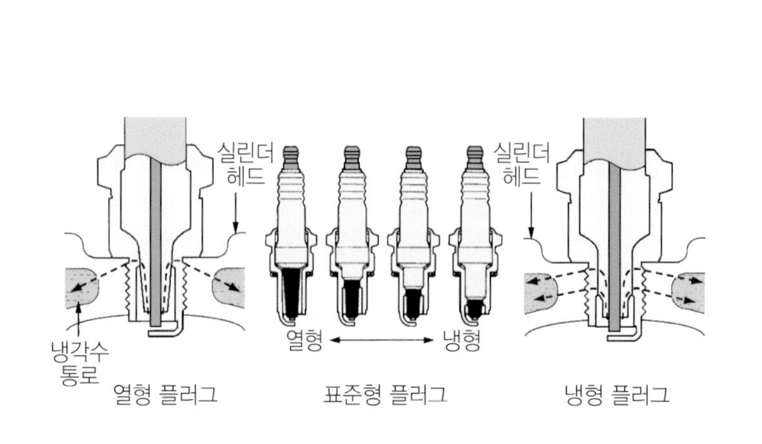

▶ 점화 플러그의 종류와 열 방출 방식

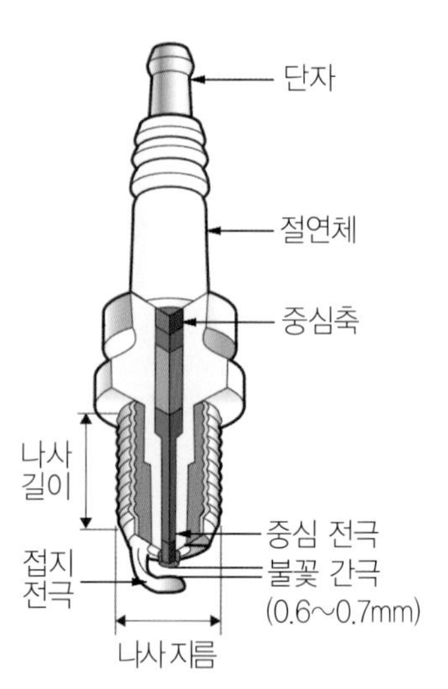

▶ 점화 플러그의 구조

⑥ **점화시기 조정장치**

피스톤이 상사점을 조금 지난 위치에서 최대 폭발 압력에 달하면 가장 유효하게 회전력을 얻게 된다. 하지만 혼합기에 점화한 후 최대 폭발 압력에 달하기까지 500분의 1초에서 600분의 1초가 걸리므로 고속회전일 때와 저속회전일 때에는 최대 폭발 압력에 달하는 위치가 빨라지거나 늦어진다.

이 때문에 회전속도에 맞춰 점화시기를 조정하는 자동 진각 조정장치가 장착되어 있다. 혼합기의 농도에 따라 점화시기를 조정하는 기능도 한다. 예를 들어 부하가 커져서 엔진의 회전속도가 내려갔을 때 조속기가 혼합기를 농후하게 하여 회전속도를 올리려고 한다. 혼합기가 농후하면 연소속도가 빨라지기 때문에 점화시기를 늦추도록 작동한다.

(4) 윤활계통

윤활계통은 큰 마찰 및 고온, 고압에 노출되는 부분의 마찰 감소 및 냉각을 함으로써 피스톤 링과 실린더가 열에 의해 금속이 녹아 눌어붙는 현상을 방지하는 것이다. 윤활 방식은 비산식, 펌프에 의한 강제 압송식 및 양자의 병행한 비산압송식 세 가지로 크게 나뉜다.

① 비산식(비산 윤활방식)

커넥팅 로드의 대단부에 장착된 오일 디퍼로 오일팬에 모아둔 엔진 오일을 튕겨 올려서 각 윤활 부위에 급유하는 방식이다. 구조는 간단하지만 성능에 한계가 있기 때문에 극히 한정된 소형 엔진에서 사용된다.

② 강제 압송식(강제 윤활식)

오일팬 내의 엔진 오일을 펌프에 의해 급유가 필요한 부분으로 강제 압송하는 방식이다.

(5) 냉각계통

실린더 내의 연소된 가스의 온도는 1,500~2,000℃까지 상승하게 된다. 금속을 녹일 수 있는 온도가 되므로 엔진이 정상적으로 구동하기 위해서는 냉각장치가 필요하다. 냉각장치는 엔진의 고착과 흡입한 혼합기의 조기점화를 예방하는 작용을 한다. 열을 방출시키는 매체로 공기를 사용하는 공냉식과 물을 사용하는 수냉식이 있다.

① 공냉식 냉각 장치

냉각 효과를 높이기 위해 실린더 헤드, 실린더 외벽에 다수의 냉각핀(지느러미)을 설치하고 여기에 플라이휠의 공냉 팬으로 강제적으로 보낸다. 엔진 주변에 냉각핀 사이를 통과한 바람에 의해 엔진의 온도를 낮추게 된다.

② 수냉식 냉각 장치

수냉식에는 호퍼식, 강제 순환식, 콘덴서식 등이 있다.

- **콘덴서식** : 콘덴서식은 고온이 된 냉각수에서 생기는 증기가 실린더의 상부에 있는 응축기에서 냉각되어 물로 변해 다시 실린더의 주위로 돌아가는 구조로 되어있다.

- **호퍼식** : 자연 증발식이라고도 하며 실린더 외측 상부에 흡입부를 가진 호퍼가 있어 이 안에 물을 넣어 냉각한다. 열을 흡수한 물은 온도가 상승하여 흡입부에서 대기 중으로 증발하기 때문에 100℃ 이상이 되지는 않는다. 구조는 간단하지만 가끔 물을 보충해야 하는 불편함이 있다.
- **강제 순환식** : 실린더 바깥 둘레에 워터 재킷과 방열기(라디에이터) 사이를 냉각수가 냉각수 펌프에 의해 강제적으로 순환되는 구조로 되어있다. 냉각팬은 방열기와 방열관 사이에 공기를 강제적으로 흘려 고온의 냉각수로부터의 방열 효과를 높인다.

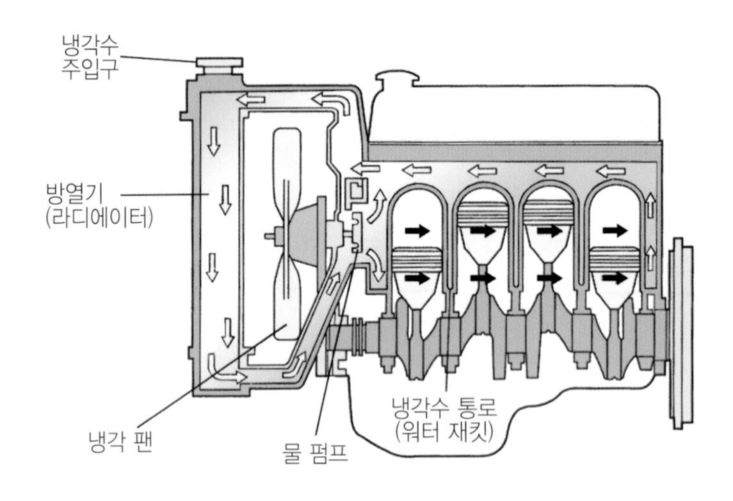

▶ 수냉식 냉각 장치(강제 순환식)

③ **소음기(머플러)**

배기가스는 고온, 고압이기 때문에 갑자기 대기 중에 방출하면 큰 폭발음이 발생한다. 이 소음을 감소시키기 위해 사용한다. 소음기는 운전 중 고온이 되므로 위험방지를 위해서 커버가 장착되어 있다. 커버는 엔진의 냉각팬에서 나오는 바람을 소음기로 골고루 유도하는 역할을 하므로 탈거해서는 안 된다.

3 2행정(사이클) 가솔린 엔진

1. 작동의 특징과 행정

2행정 가솔린 엔진은 흡기에서 배기까지의 모든 작동을 피스톤의 2행정(2스트로크, 1왕복)으로 완료되며 이를 반복하면서 동력을 발생시킨다. 크랭크축 1회전으로 1회의 연소를 하므로 회전이 원활하다.

실린더 체적(배기량)이 같은 4행정 가솔린 엔진과 비교해서 2배의 출력이 나와야 하지만 실제로는 충전 효율의 차(2행정 가솔린 엔진에서는 실린더 내에 연소된 가스가 남거나 새로 흡입된 가스가 압축 전에 실린더 바깥으로 배출되는 경우가 있어 그만큼 에너지 손실이 발생할 수 있다.)와 각부의 동력손실이 있어서 1.5~1.8배의 출력이 된다.

4행정 가솔린 엔진보다 훨씬 경량 소형화가 가능하므로 예취기 및 배부식 방제기에 많이 사용되고 있다. 연료 소비량은 4행정 엔진보다 25%정도 많다.

(1) 하강 행정 팽창

압축, 점화된 혼합기가 폭발에 의해 피스톤은 밀려 내려간다.

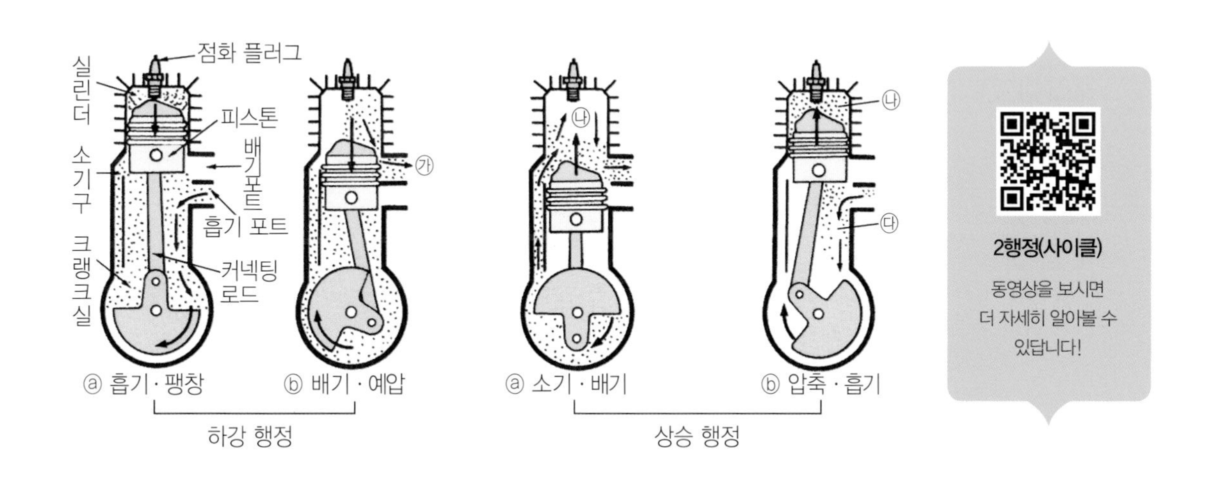

▶ 2행정 가솔린 엔진의 작동 행정

(2) 배기

피스톤 헤드가 배기 포트를 통과하면 연소가스는 자체 압력에 의해 배기 포트로 배출된다. 이때 밀려 내려간 피스톤에 의해 크랭크실 내의 혼합기가 압축된다. 피스톤이 더욱 하강하면 소기구가 열려 크랭크실 내의 새로운 혼합기가 소기구에서 실린더 내로 유입된다. 이때 실린더 내에 남아있던 연소가스를 배기구로 밀어낸다. 이것을 **배기 작용**이라고 한다.

(3) 상승 행정 압축

피스톤이 상승 중에 배기구를 막으면서 혼합기를 압축한다.

(4) 흡기

피스톤이 상승하면 밀봉되어 있는 크랭크실의 부압이 커진다. 피스톤이 실린더의 제일 위로 접근해 크랭크실의 부압이 최대가 된 시기에 새로운 혼합기가 흡기구에서 크랭크실로 유입된다. 크랭크실에 유입된 혼합기는 하강 행정 시 피스톤으로 압축되어 소기구가 열렸을 때 급속하게 실린더 내로 유입된다.

2. 구조의 특징

2행정 가솔린 엔진의 구조는 119페이지 그림과 같으며 4행정 엔진에 비하여 다음과 같은 차이점이 있다.

① 흡기 밸브, 배기 밸브가 없으므로 구조가 간단하다.

② 엔진 오일은 혼합기와 함께 크랭크실로 보내져서 윤활작용을 한다. 미리 엔진 오일을 혼합해 사용하는 혼합식과(연료와 엔진 오일을 20~25 : 1 정도의 비율로 혼합한다.) 엔진의 회전속도에 맞춰서 엔진 오일의 비율을 바꾸는 분리식이 있다. 분리식은 저속회전 시 혼합비율을 낮추므로 엔진 오일의 불필요한 소비가 없어진다.

③ 피스톤 헤드와 피스톤 스커트에 특별한 형상이 사용된다.

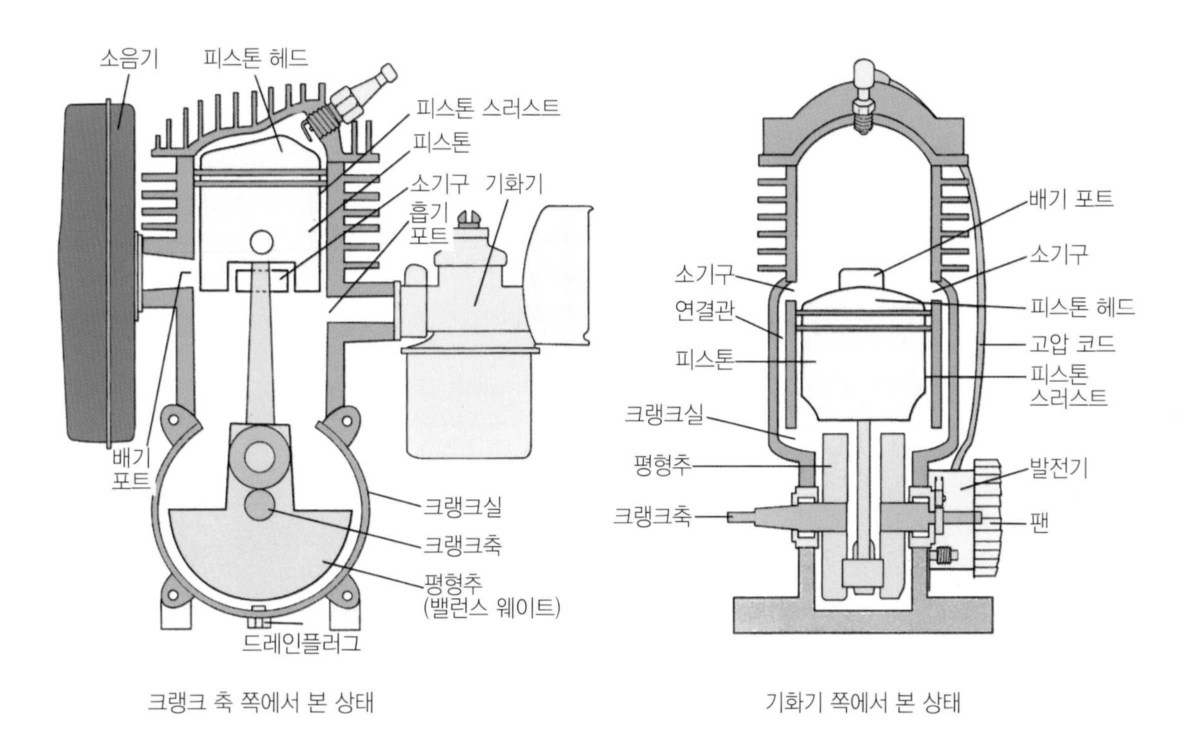

▶ 2행정 공냉 가솔린 엔진

로터리 엔진(회전 피스톤 엔진)

발명가의 이름을 따서 방켈 엔진이라고도 한다.
왕복동 엔진은 크랭크 기구가 필요 없고 피스톤에 해당하는 로터가 실린더를 대신하는 로터 하우징 안을 회전하면서 흡기, 압축, 팽창(폭발), 배기의 각 행정을 반복하는 구조다. 로터 하우징을 로터가 회전하면서 발생하는 틈이 연소실이 된다. 폭발에 의해 로터가 밀려서 엑센트릭 샤프트를 회전시킨다.
로터리 엔진은 왕복동 엔진과 비교하면 진동 및 소음도 적고 회전속도가 높아 소형일지라도 큰 출력을 얻을 수 있는 특징이 있다.

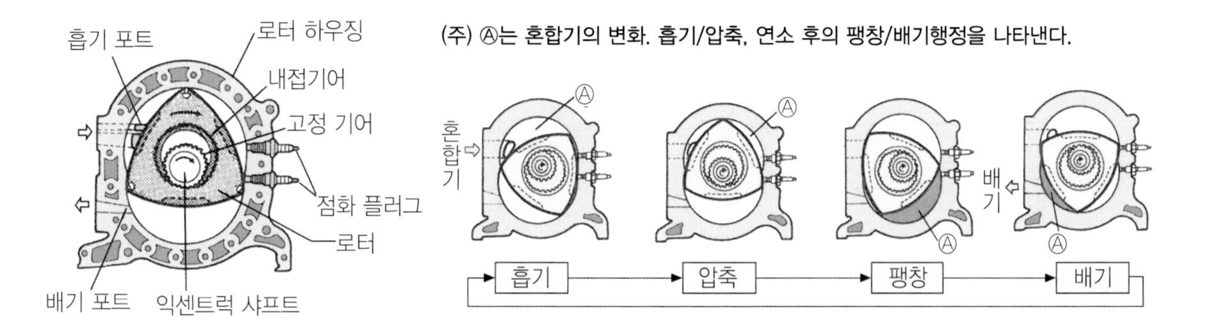

▶ 로터리 엔진의 구조

▶ 로터리 엔진의 작동행정

4 디젤 엔진 (압축 착화 엔진)

1. 작동의 특징과 행정

디젤 엔진의 착화는 흡입된 공기에 압축 압력을 피스톤으로 가하면 압축된 공기의 온도가 상승할때 일어난다. 압축 공기의 온도가 500~700℃ 정도로 상승하기 때문에 연료를 분사하면 착화가 되는 방식이다. 전기에 의한 점화 장치가 필요 없고 그 대신 정밀한 기구인 연료 분사 장치가 중요한 역할을 한다. 또 디젤 엔진은 압축비가 크고 압축 압력, 폭발 압력이 크기 때문에 전체적으로 견고하게 만들어져 있다.

(1) 흡기 행정

외부 공기가 공기 청정기를 통과하여 연소실로 흡입하는 행정이다.

(2) 압축 행정

흡입된 공기는 피스톤에 의해 고압(압축비 12~24 정도)이 되며 압축된 흡입 공기의 온도는 500~700℃이상이 된다.

(3) 팽창(폭발) 행정

압축 행정이 끝나기 직전(가솔린 기관과 같음)에 연료 분사 펌프 캠은 연료 분사 펌프의 플런저(주사기처럼 원통 속에 밀착한 플런저(피스톤)를 왕복시켜 연료를 고압으로 밀어내는 장치)를 밀어서 연료에 압력을 가한다.

레귤레이터에서 제어된 연료는 압력에 의해 송출 밸브에서 연료 분사 파이프를 통해 연료 분사 노즐로 보내져 연소실 내의 고온, 고압 공기를 향해 분사되어 착화, 연소된다.

(4) 배기 행정

불꽃 점화 4행정 가솔린 엔진과 같이, 피스톤 헤드가 배기 포트를 통과하면 연소가스는 자체 압력으로 배기구로 배출된다.

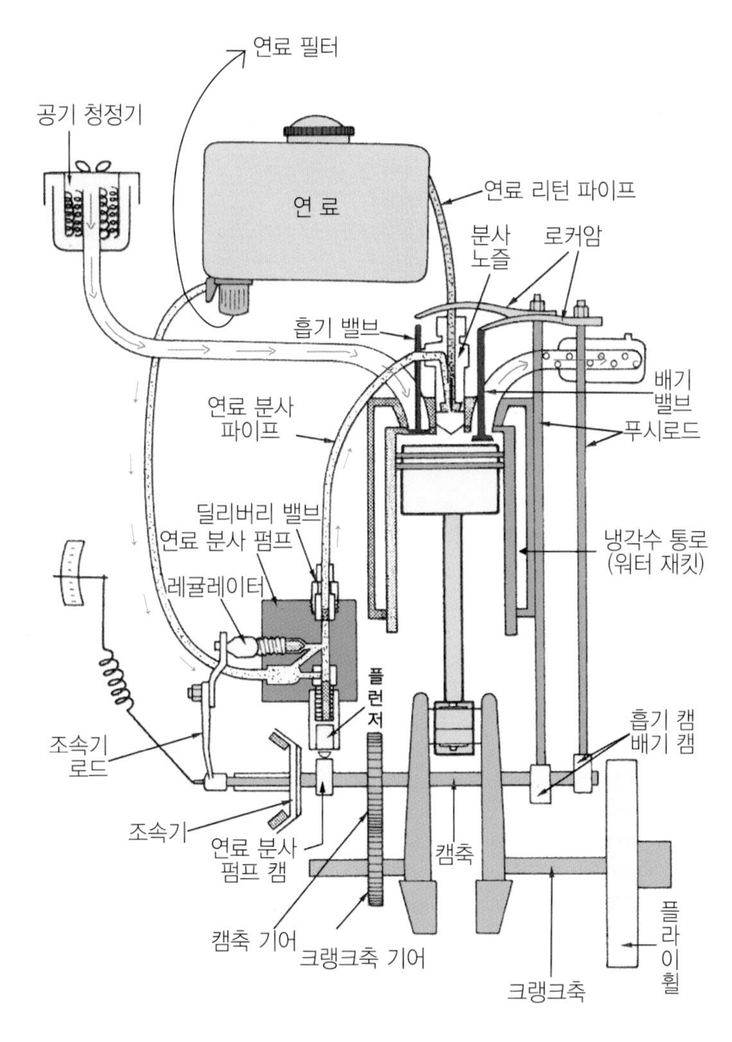

▶ 4행정 디젤 엔진의 구조도(수냉 디젤 엔진)

2. 구조의 특징

(1) 연소실

연소실을 부실의 유무와 그 형식에 따라 분류한다.

[표] 연소실의 분류

연소실	부실식	와류실식
		예연소실식
	단실식	직접분사식

(2) 직접분사식

연소실에 연료 분사 노즐이 직접 연료를 분사하는 방식이다. 구조가 간단해서 시동이 쉽고 연료 소비율도 낮으므로 대형 엔진이 사용되고 있다. 연료와 공기를 잘 혼합하기 위해서 분사 압력을 높게 하고 피스톤의 윗면에 홈이 파여 있는 것이 특징이다.

(3) 예연소실식

피스톤 윗면의 연소실과 연료 분사 노즐의 끝부분에 예연소실을 가진다. 예연소실의 끝은 1~3개의 통기 구멍으로 주연소실과 연결되어 연료의 분사가 가능하게 되어있다. 이 방식은 연료 분사 노즐에서 분사된 연료는 일단 예연소실 안에서 반 정도 연소하여 팽창하고 남은 연료가 주연소실로 분사되어 연소한다.

예연소실 방식은 분사 압력을 낮게 하는 것이 가능하여 실린더 내의 최고 연소 압력도 낮아지므로 조용한 운전이 가능하며 소형 디젤 엔진에 적합하다. 시동을 용이하게 하기 위해서 예연소실에 예열 플러그를 설치하는 것이 일반적이다. 구조가 복잡하기 때문에 실린더 헤드가 커져서 연료가 통기 구멍을 통과할 때 저항 때문에 연료 소비율이 높고, 시동이 곤란하다.

예연소실식

직접분사식

▶ 피스톤 헤드 형태

(4) 와류실식

압축행정에서 와류실로 유입된 공기가 와류실 내에서 강한 소용돌이(와류)를 일으킨 후 연소실 내에 연료가 분사되기 때문에 연료와 공기의 혼합이 좋고 고속회전 엔진에 적합하다. 예연소실식보다 연료 소비율은 낮지만, 시동성이 떨어지는 단점이 있다.

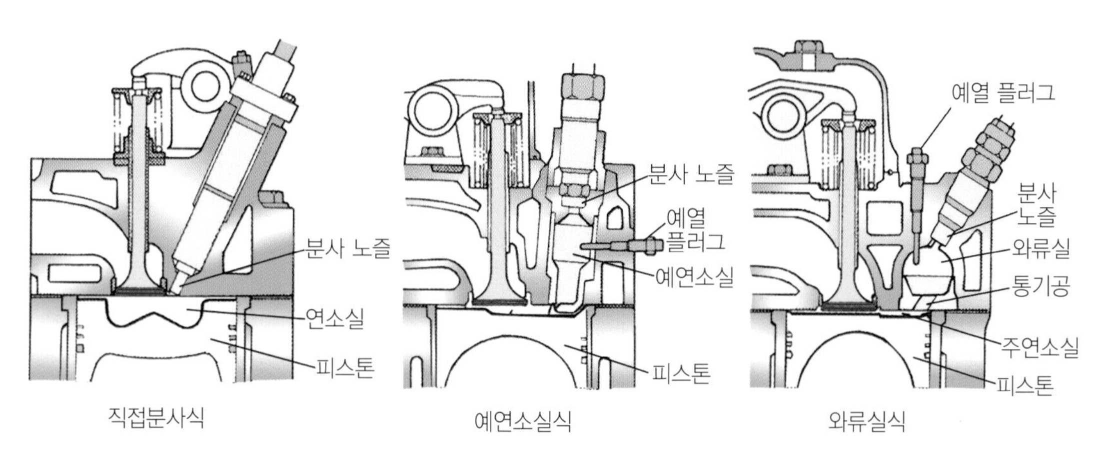

▶ 연소실의 구조

3. 연료 분사 장치

연료 분사 장치는 **연료 탱크**, **연료 공급 펌프**, **연료 필터**, **연료 분사 펌프**, **연료 분사 노즐**, **조속기구** 등으로 구성되어 있다.

단실린더(단기통) 엔진에는 딕켈형 연료 분사 펌프와 보쉬형 연료 분사 펌프가 사용된다. 다실린더(다기통) 엔진의 연료 분사 펌프에는 실린더 수와 같은 수의 플런저를 내장하는 열형과 하나의 플런저로 다수의 실린더에 연료를 공급하는 분배형이 있다.

(1) 딕켈형 연료 분사 펌프

플런저의 흡입 행정에서 흡인력에 의해 연료는 흡입구로부터 흡입되고 압축 행정에서 송출 밸브를 열어 연료 분사 파이프를 통해 연료 분사 노즐로 전달한다.

연료의 송출량은 레귤레이터 니들 밸브 상부에 있는 나선 회전에 의해 레귤레이터 니들 밸브의 끝부분 배출구의 연료 조절축은 조속기와 연동되어 있으므로 부하가 증가해서 회전속도가 내려갔을 때는 ⓐ의 방향으로 부하가 감소해서 회전속도가 올라갔을 때는 ⓒ의 방향으로 돌려져서 부하의 변동이 있어도 회전속도가 일정하게 유지된다.

간격을 가감해 연료의 배출량을 증감시켜 조절된다. 간격이 작아지면 배출구를 통해 피드백되는 연료량이 적어지므로 분사량이 증가한다. 반대로 간격이 커지면 분사량은 감소한다.

레귤레이터 니들 밸브는 부하의 변동과 관계없이 엔진의 회전속도를 일정하게 유지하기 위해 조속기에 연동되어 있다. 회전속도가 변화하면 조속기 웨이트가 원심력에 의해 개폐되어 조속기 로드가 이동해 레귤레이터 레버에 작동하여 레귤레이터 니들 밸브가 상하로 움직여 송유량을 조절하게 되어있다.

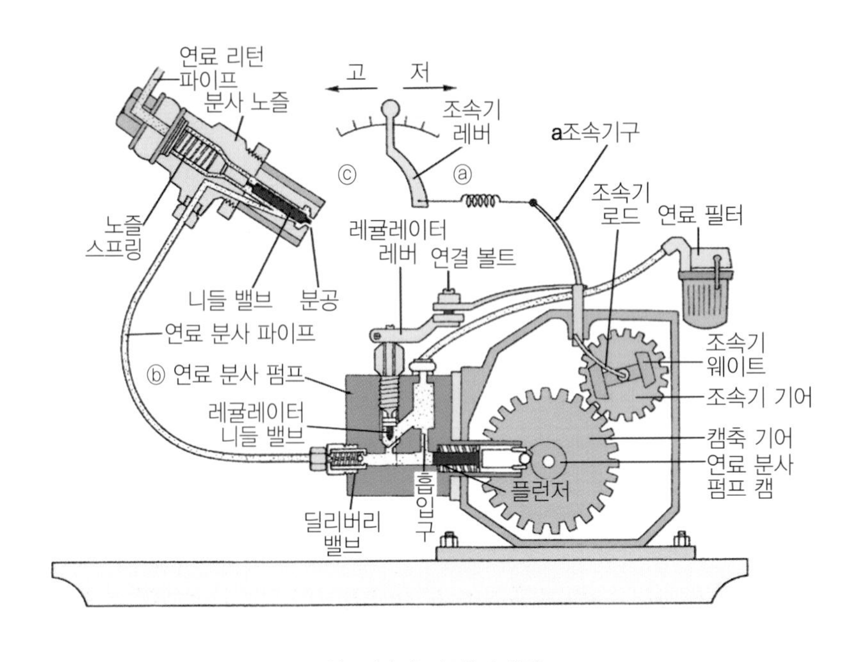

▶ 연료 분사 장치(딕켈형)

(2) 보쉬형 연료 분사 펌프

플런저의 왕복운동에 의해 송출되는 연료의 송출량은 연료 조절축에 의해 플런저 경사 홈의 위치를 바꿔 플런저가 플런저 배럴의 흡입구를 닫고 있는 거리(유효행정)를 변화시키는 것에 의해 조절된다.

펌프의 작동은 시동 및 최대 송출의 경우 아래 그림 [플런저 작동] ⓐ의 위치에서 연료가 플런저 배럴 안에 채워진다. 플런저가 상승하면 송출 밸브를 지나 연료 분사 노즐로 밀려 나간다. ⓑ의 위치까지 오면 경사 홈이 흡입구에 도달해서 중심구멍, 경사홈, 흡입구가 연결되므로 연료는 흡입구에서 리턴해서 분사가 완료된다.

회전속도를 낮추는 경우는 연료 조절축에 의해 ⓒ와 같이 플런저를 돌려서 경사홈이 흡입구와 연결되는 위치를 바꿔서 연료 분사량을 조절한다. ⓓ의 위치에 오면 ⓑ의 경우와 마찬가지로 연료는 리턴되고 분사가 완료된다. 또 경사 홈이 ⓔ의 상태가 되면 플런저가 어느 위치에 있어도 흡입구가 닫히는 것이 불가능하므로 무분사 상태가 되어 엔진은 정지한다.

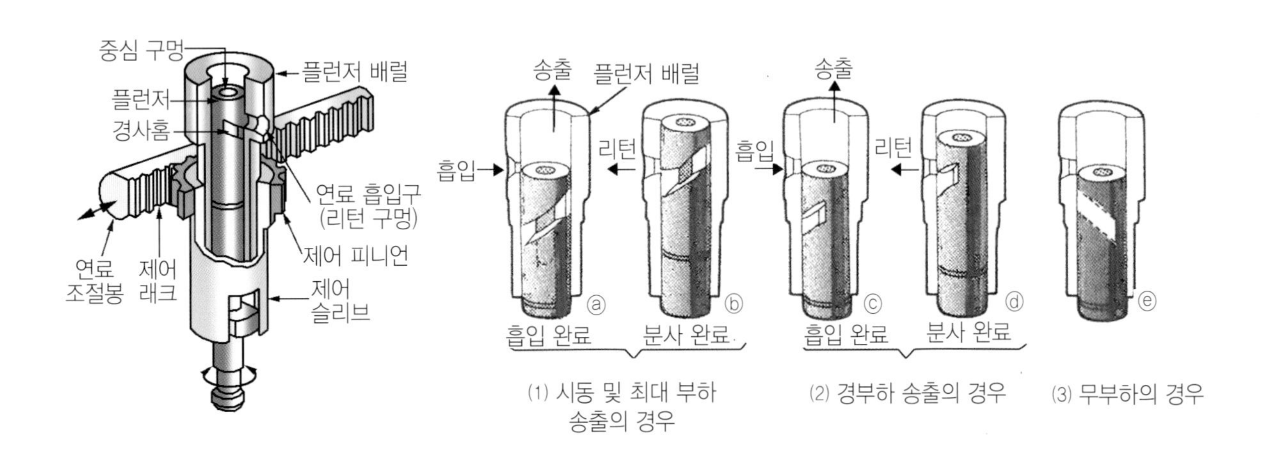

▶ 보쉬형 연료 분사 펌프의 플런저 작동

(3) 연료 분사 노즐

연료 분사 펌프에서 압송된 연료를 안개 상태로 연소실에 분사하는 노즐이다. 압송된 연료가 일정 압력이 되면 노즐의 니들 밸브가 밀려 올라가 분출구가 열리고 연료가 안개 상태가 되어 분사된다. 분사가 완료되면 압력이 약해져서 노즐 스프링의 힘으로 노즐의 니들 밸브가 닫힌다.

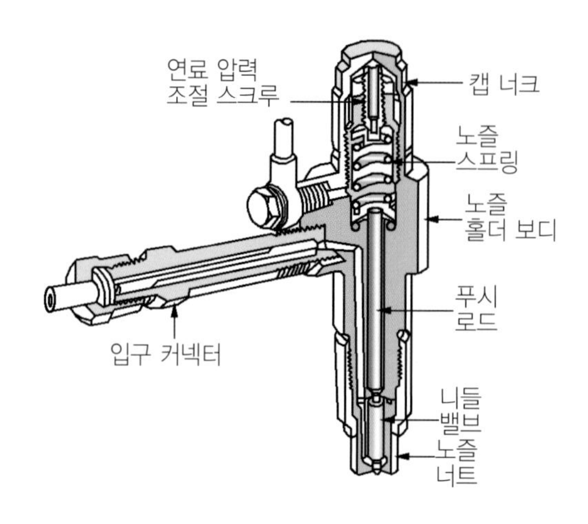

▶ 연료 분사 노즐의 구조

[표] 디젤 엔진과 가솔린 엔진의 비교

		디젤 엔진	가솔린 엔진
행정	흡기	공기만 흡입	공기+연료
	압축	압축비 압축압력 압축온도 : 높음	압축비 압축압력 압축온도 : 낮음
	점화	고온, 고압의 공기에 연료를 분사해서 착화 시킨다.	전기 불꽃을 튀겨서 압축가스에 점화해 폭발시킨다.
	배기	연소 가스를 배출한다.	연소 가스를 배출한다.
구조		기화기, 전기 점화 장치가 없고 연료 분사 펌프, 분사 노즐이 있으며 복잡하고 견고, 중량도 있다.	기화기, 점화 장치가 있지만 비교적 간단
조속기의 작용		조속기가 연료 분사 펌프의 레귤레이터 레버, 니들 밸브에 연결되어 연료의 공급량을 조절 한다.	조속기가 기화기의 스로틀 밸브에 연결되어 혼합기의 공급량을 조절 한다.
연료 소비량		경유, 중유(저가)를 사용, 소비량이 적다.	가솔린(고가)을 사용, 소비량이 많다.
열효율		높다.	낮다.

6 주요 농업기계

주요 농업기계

농업기계 다루는 법

경운기, 관리기, 트랙터에 대하여 함께 알아보자.

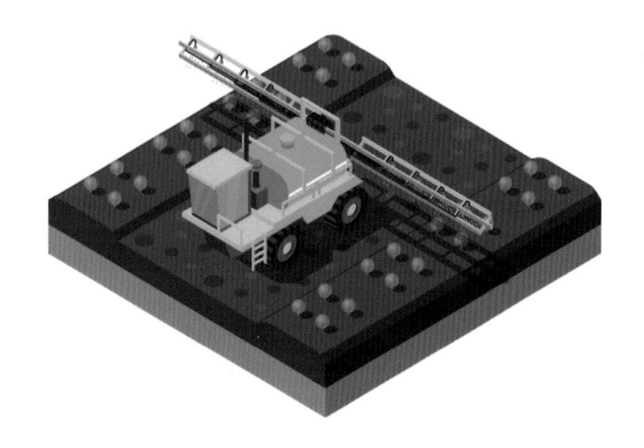

1 경운기

경운기는 1960년대부터 공급되어 경운 작업을 중심으로 방제 작업, 운반 작업이 대부분 경운기로 이루어졌지만, 트랙터의 활용에 의해 지속적으로 활용도가 감소하고 있다.

경운기는 엔진을 주로 사용하고, 사용 출력은 5~10마력의 소형 엔진을 사용한다. 소형 엔진은 4싸이클 수냉식 디젤엔진을 사용하고 있다. 밭농업용으로 관리기가 많이 사용되는데 분류상 경운기에 포함된다.

1. 동력 경운기의 구조

동력 경운기는 **엔진, 동력전달 장치, 주행 장치, 조향장치, 작업기 구동 장치, 견인 장치, 프레임 및 기타 부속 장치** 등으로 구성되어 있다.

동력 경운기는 견인력과 땅속을 파고들려는 힘의 반력이 작용하기 때문에 기체의 중량을 필요로 한다.

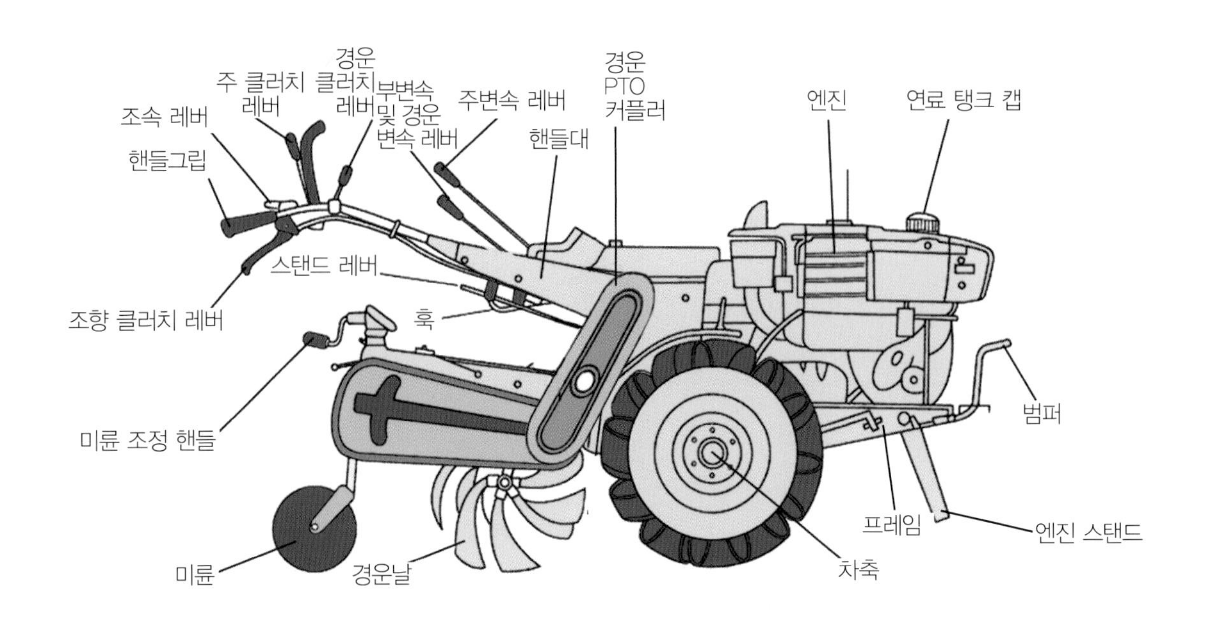

▶ 동력 경운기 각부의 명칭

(1) 동력전달 장치

동력 경운기의 동력전달 장치은 다양한 형태로 이루어진다.

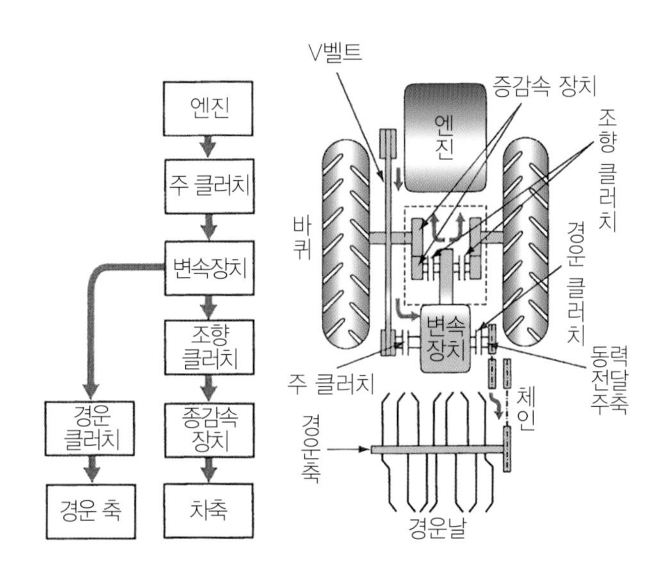

▶ 경운기 동력전달 경로 및 계통도

① **동력전달 장치의 종류**

엔진(원동기)으로부터 각 구동부까지 동력을 전달하는 전동기구는 V벨트나 체인, 그리고 기어 등을 사용한다. 동력전달 효율은 기어가 가장 높고 체인, 벨트의 순서로 효율이 낮아진다.

- **기어** : 사용 목적에 따라 여러 가지가 있지만 서로 맞물리는 기어 축의 상대 위치에 따라 구분하며, 다양한 종류가 있다.

① 평행축 기어(2축이 평행한 경우)

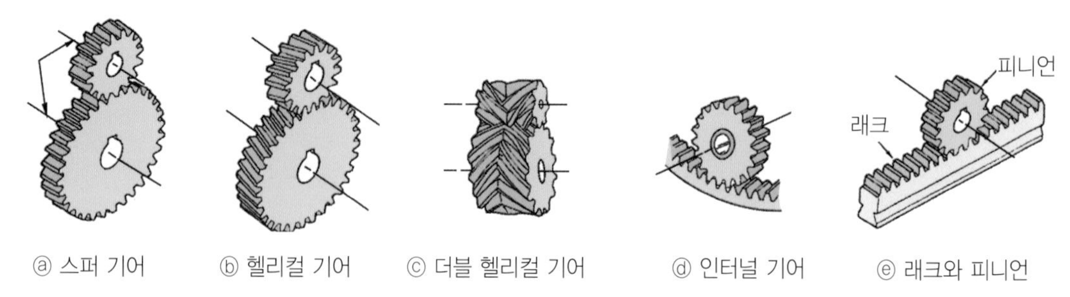

② 교차축 기어(2축이 교차하는 경우)

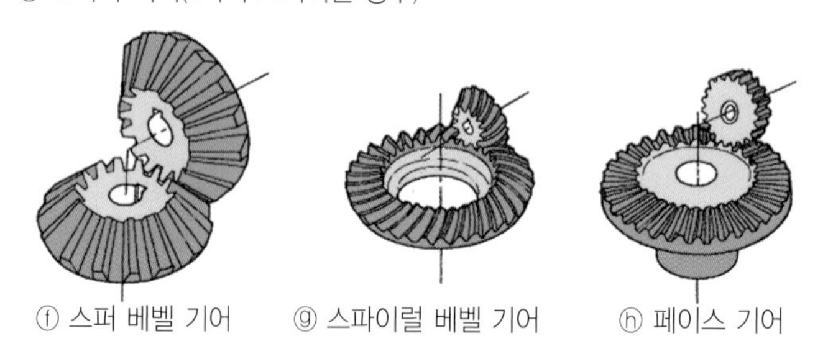

③ 엇갈림 축 기어(2축이 평행하지도 교차하지도 않는 경우)

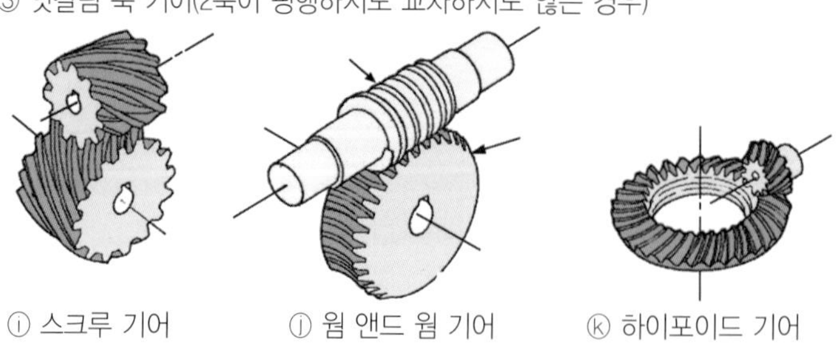

▶ 기어의 종류

– 체인 : 체인은 스프로켓에 맞물려 동력을 전달한다. 동력 전달용 체인으로는 롤러 체인이 널리 사용되고 있다. 롤러 체인은 회전에 동반하는 소음이 발생하며, 장기간 사용으로 피치가 늘어나면 소음 및 진동이 커진다. 소음과 진동이 발생하는 단점을 보완하기 위하여 사일런트 체인이 사용된다. 피치가 늘어나도 링크 플레이트가 스프로킷의 톱니 면에 밀착하는 구조로 되어 있다.

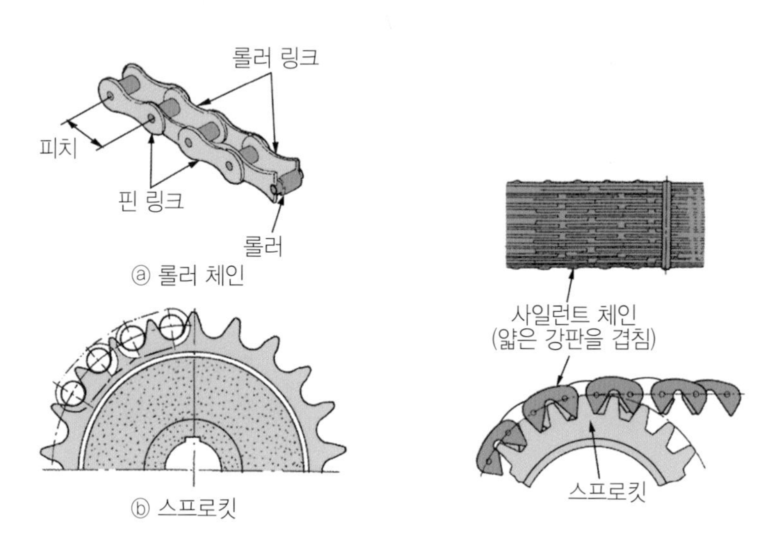

▶ 롤러 체인과 사일런트 체인

– 벨트 : 평벨트를 사용한 것과 V벨트 및 코그벨트 등이 사용되나 V벨트를 가장 많이 사용한다. V벨트는 단면이 사다리꼴인 V벨트와 V벨트의 단면과 거의 같은 단면의 홈을 가진 V벨트 풀리에 마찰에 의해 동력이 전달된다. 벨트가 홈에 파고들어 생기는 벨트와 홈의 양측면간의 마찰력으로 동력을 전달하므로 벨트가 마모되면 슬립이 생겨 전달의 효율이 떨어진다.

[표] 롤러 체인과 사일런트 체인

V벨트 형별	V벨트의 두께
M	5.5
A	9
B	11
C	14
D	19
E	25.5

- **코그 벨트** : 톱니 형상의 돌기가 있는 코그 벨트와 맞물리는 스프로킷에 의해 동력이 전달된다. 벨트와 스프로킷 사이에 슬립이 없으므로 회전을 확실하게 전달 할 수 있다.

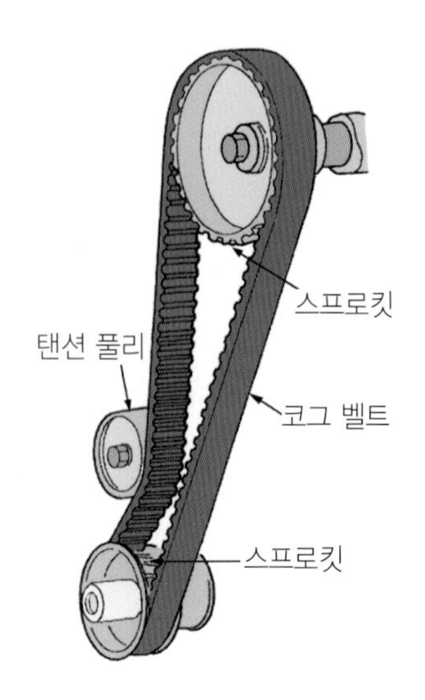

▶ 코그 벨트

② **클러치**

동력을 전달하는 대표적인 방법으로 클러치를 사용한다. 엔진의 동력전달과 단속 회전 변동의 흡수 기능을 갖는 장치를 클러치라고 한다. 무부하 상태에서 시동을 용이하게 하고, 작업 부하에 따라 속도와 토크를 조절할 때, 주행도중 정지할 때에는 엔진 본체와의 사이에 동력을 단속하는 기능을 한다.

경운기에 활용되는 클러치는 원판 마찰 클러치를 사용하며 마찰력을 향상시키기 위하여 여러 장의 마찰판을 활용하는 다판식 원판 마찰 클러치를 사용한다.

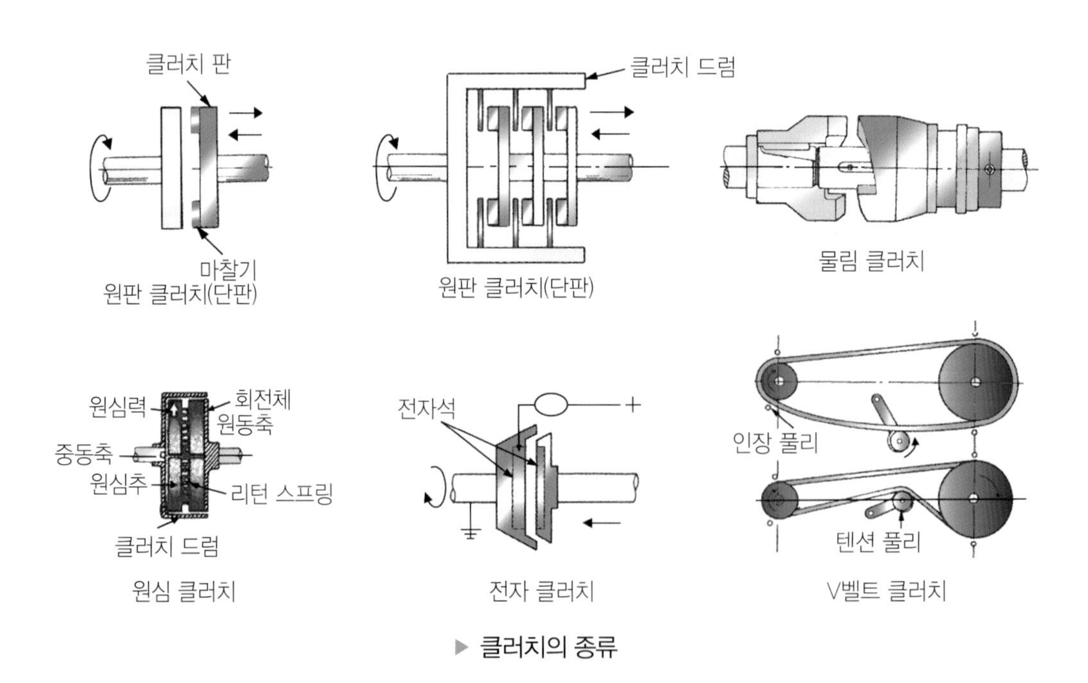

▶ 클러치의 종류

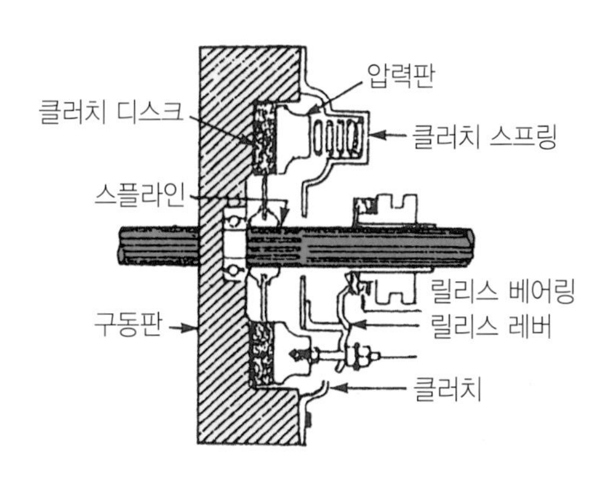

▶ 다원판 마찰 클러치

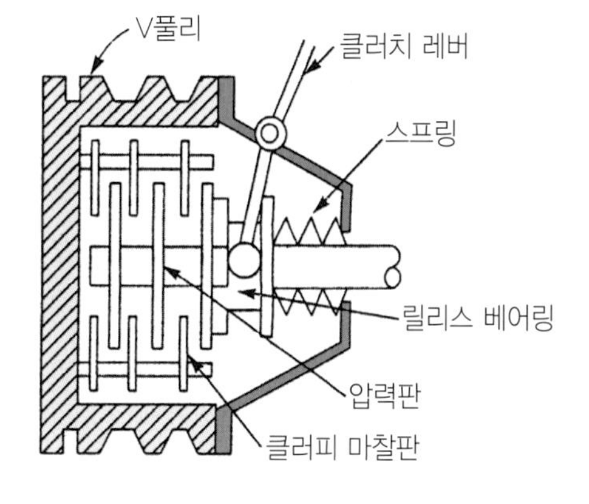

▶ 다 원판 클러치와 부품

③ 변속장치

엔진의 동력을 충분히 이용하여 농작업을 수행하기 위해 각 작업에 알맞은 주행속도와 회전력 및 회전 방향을 조절해야 작업을 할 수 있다. 변속기에서 치차(기어)를 변속 레버로 조정하여 사용한다. 회전속도가 빠르면 회전력(토크)이 감소하고 회전속도가 느리면 회전력(토크)이 증가하므로 큰 견인력이 필요할 때에는 저속으로 회전력을 크게 한다. 빠른 속도가 필요할 때에는 고속으로 조절하여 회전력은 작으나 속도를 빠르게 할 수 있다.

변속 레버는 **주변속기와 부변속기, PTO(동력 인출 장치)**가 있다.

- **주변속기** : 주행 또는 작업시 미세한 속도 조정을 위해 사용하는 변속 기어이다. 레버로 동작시키며, 경운기는 전진 3단과 후진 1단으로 되는 것이 일반적이다.
- **부변속기** : 저속과 고속을 설정할 수 있는 변속 기어이다. 레버를 밀어 넣으면 저속, 당기면 고속으로 변속이 된다. 주로 회전력을 결정할 때 사용한다. 부변속 기어는 상시 물림 기어 방식을 채택하여 활용한다.
- **PTO(동력 인출 장치)** : 경운기에 부착되는 대표적인 작업기는 로터리이다. 로터리를 구동시키기 위해 PTO에서 동력을 공급한다. PTO변속 기어가 작동하고 있을 때에

는 주변속 기어중 후진 변속이 안되며, 이는 후진 시 작업자가 넘어져 작동되면 큰 사고로 이어질 수 있기 때문에 안전 장치를 변속기 내부에 설치했기 때문이다.

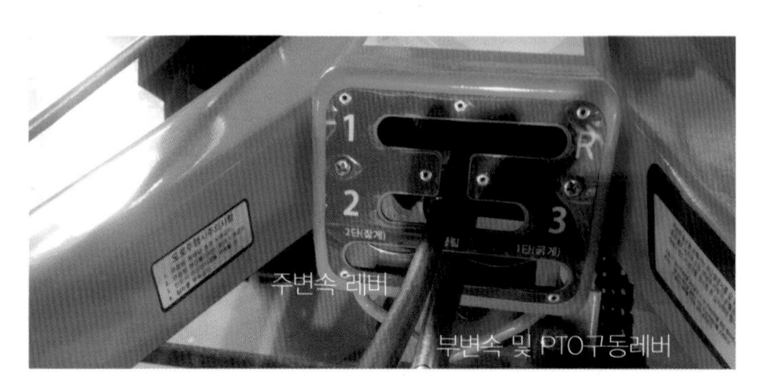

▶ 상단 레버 : 주변속 레버, 하단 레버 : 부변속 기어(PTO 구동레버)

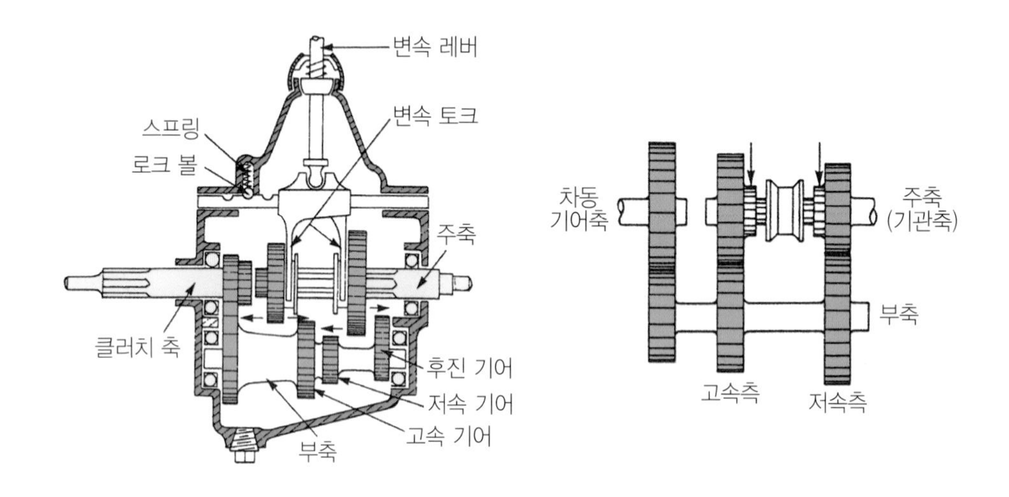

▶ 경운기 변속기 기어

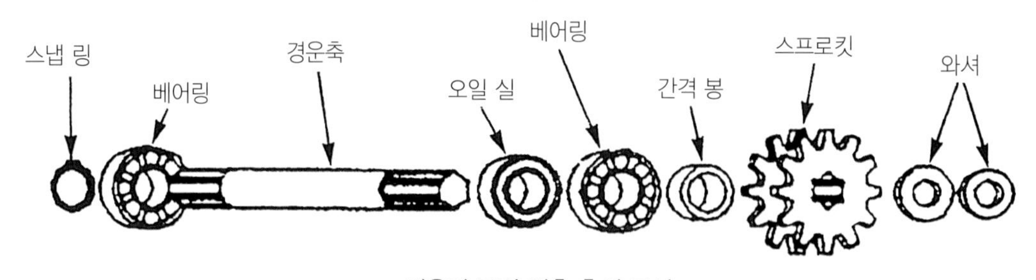

▶ 경운기 동력 인출 축의 구성

④ **종감속 장치**

견인력을 목적으로 하는 동력 경운기는 엔진축과 클러치축 사이의 V벨트와 변속 장치에서 감속시킨 후 다시 구동축에서 감속시켜 차륜에 큰 토크를 전달한다. 최종 차륜의 감속비는 엔진의 회전에 300:1로 감속하여 차륜을 회전한다. 이렇게 감속한 결과 경운기의 최고 속도는 15km/h이내가 된다.

⑤ **조향 장치**

동력 경운기는 작업 또는 주행 중 방향 전환을 위해 조향 클러치를 사용한다. 조향 클러치를 잡은쪽의 차륜에 동력이 차단되며 중립상태가 되면 조향 클러치를 잡은 반대쪽 차륜이 구동 차륜이 되어 회전하는 방식이다. 따라서 회전 반경을 작게하여 효율적으로 작업이 가능하다.

하지만 고속 주행 시 조향 클러치를 잡으면 급선회되어 위험하며, 내리막 길에서 조향 클러치를 잡으면 잡은쪽 차륜의 동력이 전달되고 내리막의 중력 가속도가 작용하여 동력을 차단한 쪽이 더 빠르게 회전하여 사고가 발생할 수 있으므로 주의해야 한다. 고속 주행 시에는 핸들에 힘을 주어 조향하고 내리막 길에서는 천천히 주행하며 급회전 구간에서는 클러치를 짧게 여러번 잡아 주위 환경에 맞춰 클러치를 조작해야 한다.

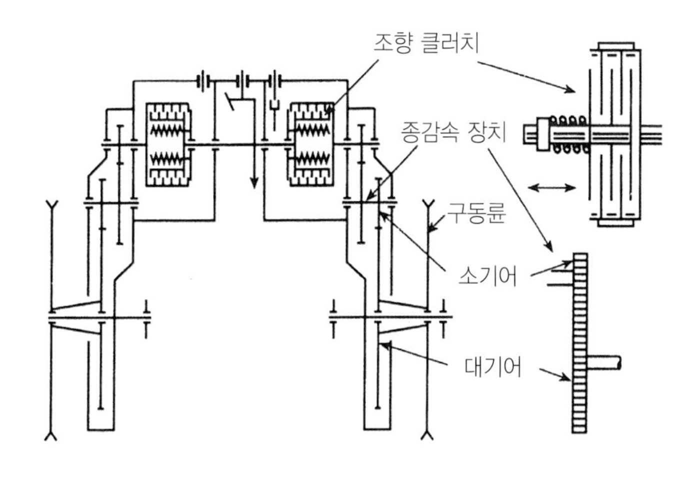

▶ 종감속 장치와 조향 장치

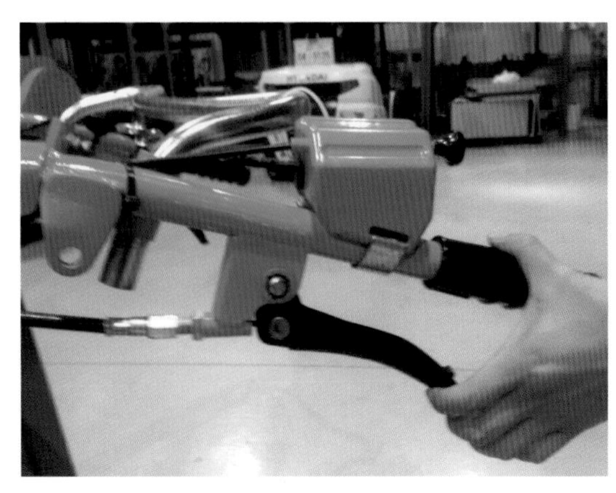
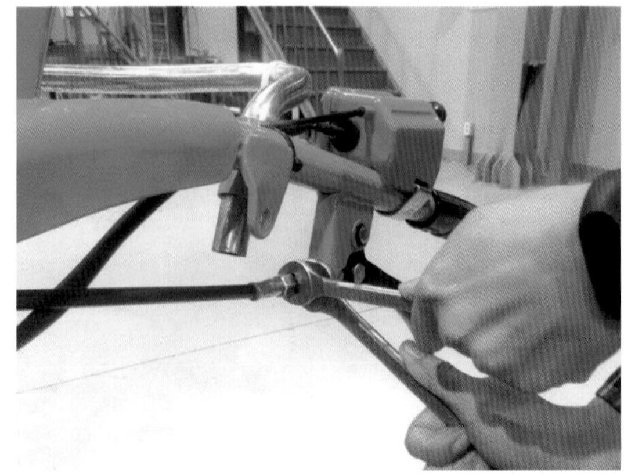

▶ 경운기 조향 핸들

⑥ 주행 장치

동력 경운기의 주행 장치는 차체를 안전하게 지면을 지지하면서 주행이나 작업시 엔진과 동력을 효율적으로 구동시키는 장치이다. 논밭의 주목적에 맞도록 견인력, 주행속도를 조정한다. 주행장치의 종류는 고무 차륜과 철 차륜으로 구분하지만 최근에는 궤도형도 사용된다.

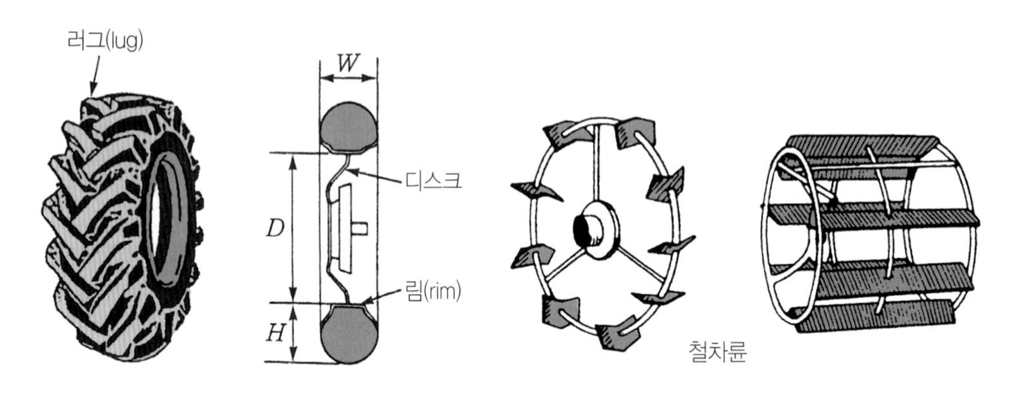

▶ 고무타이어, 철차륜

주행중 차륜의 폭이 좁은 상태에서 빠르게 주행하거나 경사지에서 동력 경운기가 전복될 수 있으므로 주의해야 한다. 차륜의 구조상 차륜의 디스크(림) 위치를 바꿔 윤거를 넓혀서 안전사고를 예방해야 한다.

⑦ 제동 장치

동력 경운기를 정지하거나 선회를 용이하게 하기 위해 브레이크가 필요하다. 주행 속도가 빠르거나 경사지를 내려가는 주행에서는 주클러치의 동력 차단만으로 정지되지 않는다. 그러므로 별도의 제동장치를 설치해야 한다. 주클러치 레버를 1단으로 당기면 클러치가 작동하여 동력전달을 차단하고 2단으로 당기면 브레이크가 작동된다.

브레이크는 습식, 내부 확장식 브레이크를 사용하며, 레버를 당기면 브레이크 캠이 링을 확장시켜 브레이크 드럼에 밀착되어 회전을 멈추게 한다. 브레이크 드럼 내부는 기름으로 채워져 작동을 원활하게 할 뿐만 아니라 마찰열을 흡수하는 기능도 한다.

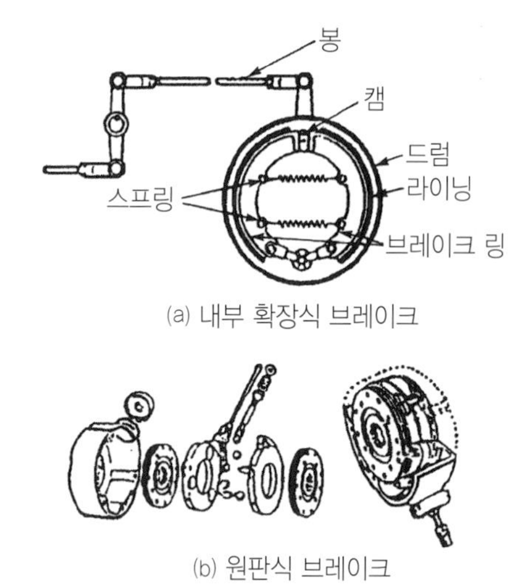

(a) 내부 확장식 브레이크

(b) 원판식 브레이크

▶ 동력 경운기의 제동 장치

⑧ 히치

동력 경운기에 작업기를 장착하는 기구를 히치라 한다.

⑨ 작업기 부착 장치

동력 경운기를 이용하여 로터리, 쟁기, 트레일러, 동력 분무기 등 다양한 작업기를 부착하여 사용할 수 있다. 부착 방법은 견인형, 견인 구동형, 구동형 등으로 구분할 수 있다.

- **견인형** : 동력 경운기의 견인력을 이용하는 형태로 히치에 작업기를 1개의 핀으로 연결하는 견인식과 2개의 핀으로 연결하여 작업기의 좌우 요동하는 것을 방지하는 고정식, 1개의 핀으로 연결되어 좌우로 조금만 유동하도록 되어 있는 요동식이 있다. 견인형은 트레일러를 부착할 때 활용하고 요동식은 쟁기를 부착하여 활용할 때 사용한다.

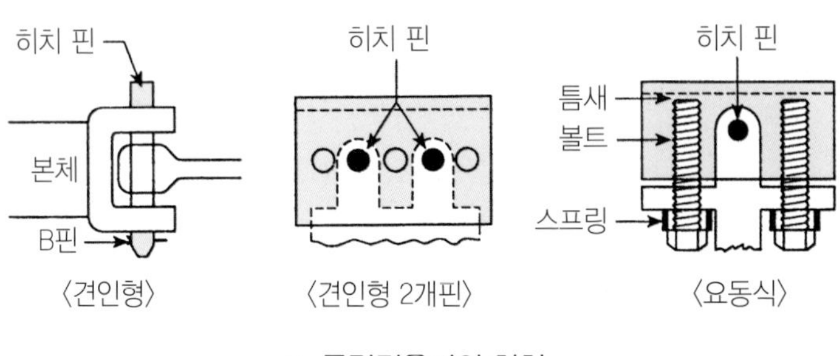

▶ 동력경운기의 히치

- 견인 구동형 : 동력 경운기 동력 인출 장치(PTO)의 회전운동과 견인을 동시에 해야 하는 형태이다. 동력을 전달 받기 위해서는 커플링, 체결 요소들과 PTO축(스플라인축)을 연결해야 한다. 우리나라의 경운기는 대부분 측방구 동형을 채택하여 사용한다.

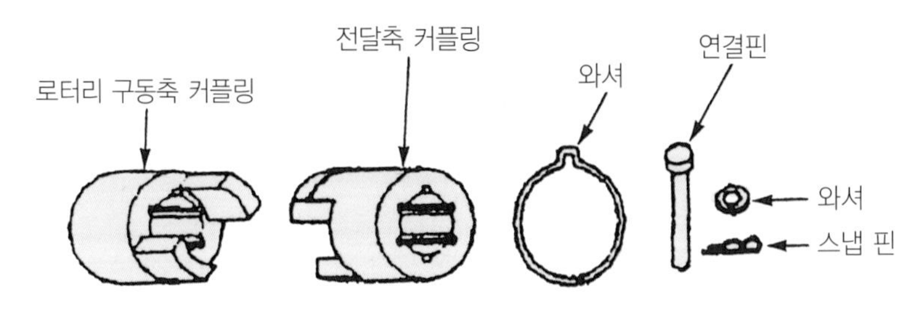

▶ 동력 경운기 로터리 구동용 커플링

– **구동형** : 회전력을 요구하는 작업기의 경우 동력 경운기 엔진축(플라이휠)에 평 풀리를 연결하여 사용한다. 탈곡 작업이나 양수 작업 등과 같은 정치 작업의 경우 작업기를 지면 또는 경운기 프레임에 장착, 고정시켜 평 벨트로 동력을 전달하고, 방제 작업과 같은 이동성 작업의 경우에는 PTO축에 풀리를 끼워 V벨트를 이용하여 동력 분무기를 활용하기도 한다.

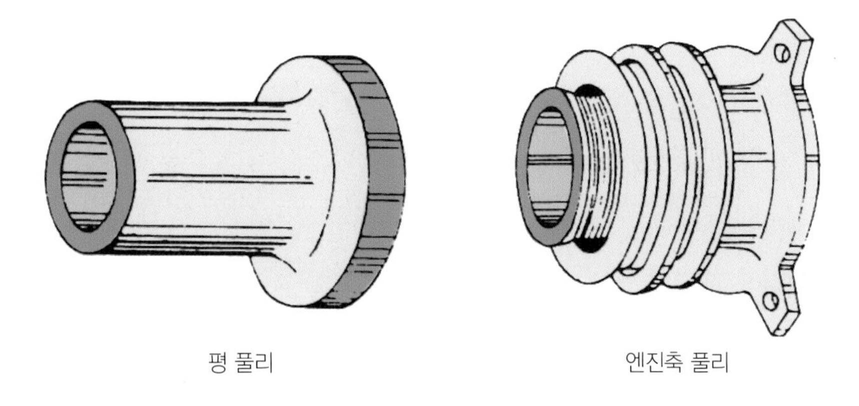

▶ 동력 경운기의 평 풀리와 V풀리

관리기

1. 관리기의 특징과 종류

관리기는 보행형 관리기와 승용형 관리기로 분류된다. 사용 용도에 따라 다목적 관리기, 관수용 관리기, 정원용 관리기로 분류하기도 한다.

(1) 보행형 관리기

보행형 관리기는 다양한 기능의 작업기를 교체 하여 장착이 가능하기 때문에 밭작물 재배에 필수적인 기계이다.

쟁기 및 중경 제초, 배토, 파종 작업 등 다양한 작업을 수행할 수 있으며 핸들을 360°회전시켜 작업의 종류에 따라 전진, 후진 작업을 병행하여 활용하기에 용이하다.

– **후진 작업** : 휴립 작업(두둑 성형), 비닐 피복 작업 등

중경 예취기

구굴기

복토기

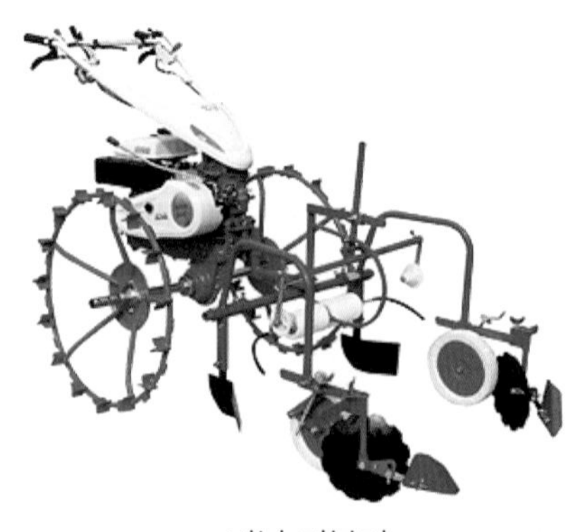

비닐 피복기

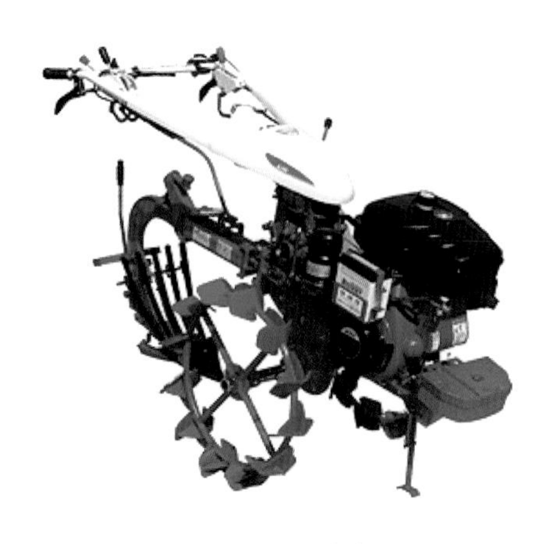

쟁기

휴립기

보행 관리기 휴립기

동영상을 보시면
더 자세히 알아볼 수
있답니다!

진동 배토기

옥수수 예취기

보행 구굴기 작업

비닐 피복기 작업

동영상을 보시면
더 자세히 알아볼 수
있답니다!

동력 예취기

▶ 보행 관리기에서 사용되는 부속 작업기의 예

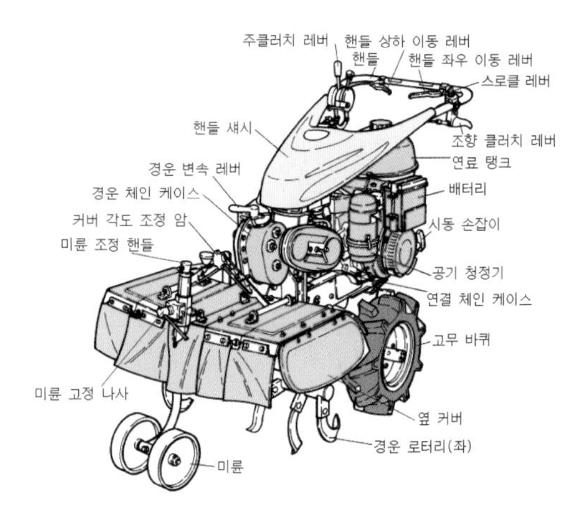

▶ 보행 관리기 각부 명칭

[표] 보행 관리기의 주행속도에 맞는 작업별 회전수 조절 방법

구분	주 클러치	체인 케이스	로터리 변속	사 용 작 업
정회전	저속	잘게	1단	중경 제초, 배토, 휴립, 깊은 구굴 작업 등
			2단	구굴, 복토 작업 등
		굵게	1단	중경 제초 작업
			2단	복토, 중경 제초 작업
역회전		잘게	1단	구굴, 배토 작업
		굵게	2단	중경 제초 작업

※ 주 클러치 고속으로 작업시 매우 위험하므로 절대 고속으로는 작업하지 않는다.

(2) 승용형 관리기

승용형 관리기는 트랙터와 비슷한 형태로 주목적은 작물이 심어진 후 관리하기 위한 기계로 작물의 이식시 차륜 폭을 조절하여 작물에 손상을 주지 않도록 할 수 있다. 주로 방제 작업과 부분 경운, 정지 작업 등에 용이하다.

▶ 승용 관리기

붐 스프레이

구굴기

정지기

휴립 피복기

비료 살포기

방제, 약제 살포기

무 수확기

▶ 승용 관리기에서 사용되는 부속 작업기의 예

승용 관리기
붐 스프에이

승용 관리기 피복작업

승용 관리기
비료 살포 작업

승용 관리기
구굴 작업

승용 관리기
정지 작업

동영상을 보시면
더 자세히 알아볼 수
있답니다!

1. 관리기의 구조와 정비

(1) 보행 관리기

① 엔진

관리기에 탑재되는 엔진은 가솔린 엔진이며 0.7~13.3kW(1~18ps)의 출력을 사용한다. 2.2~7kW(3~10ps)의 보행 관리기에는 일반적으로 V벨트 클러치가 많이 사용되고 있으며 벨트의 텐션(장력)에 의해 동력을 전달하고 끊는 역할을 한다.

② 동력전달

보행형 관리기는 일반적으로 엔진에서 구동 미션으로 동력의 전달은 V벨트를 이용한다. 구동 미션은 기어와 체인으로 바퀴를 구동시키며, 구동 미션에서 회전하는 힘을 체인 케이스(체인에 의한 동력전달)에 의해 로터리 미션으로 동력이 전달된다. 전달된 동력을 사용자가 원하는 기어로 변속하여 다양한 작업을 수행하게 된다.

승용형 관리기는 건식 클러치를 활용하여 주행(4륜구동)과 P·T·O에 동력을 전달하게 된다.

③ 주 클러치

보행 관리기(0.7~6.2kW(1~8.4ps))에는 일반적으로 V벨트 클러치(텐션 풀리식)가 사용된다. 승용 관리기(0.7~6.2kW(1~10ps))에는 페달식 클러치(단판식 원판 마찰 방식)를 활용하며 승용 트랙터와 같은 방식의 클러치를 활용한다.

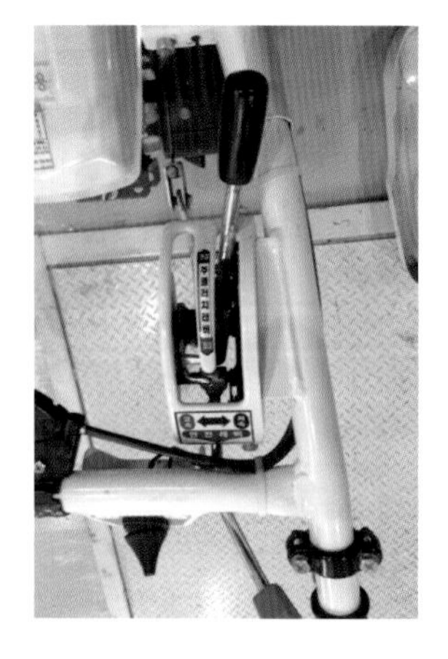

▶ 관리기 주 클러치 저속 연결

▶ 관리기 주 클러치 고속 연결

V벨트 중립

V벨트 저속 연결시 텐션 레버 작동

▶ 저속시 V벨트 클러치(텐션 풀리식)

V벨트 중립

V벨트 고속 연결시 텐션 레버 작동

▶ 고속시 V벨트 클러치(텐션 풀리식)

④ 변속 장치

– **보행 관리기** : 보행형 관리기는 다단 변속기구로 되어 있다.

▶ 관리기의 다단 변속장치

– 승용 관리기 : 승용형 관리기 또한 다단 변속기구로 되어 있으며 변속 장치는 섭동 기어식이 많으며, 일부에 상시 물림식이 사용되고 있다.

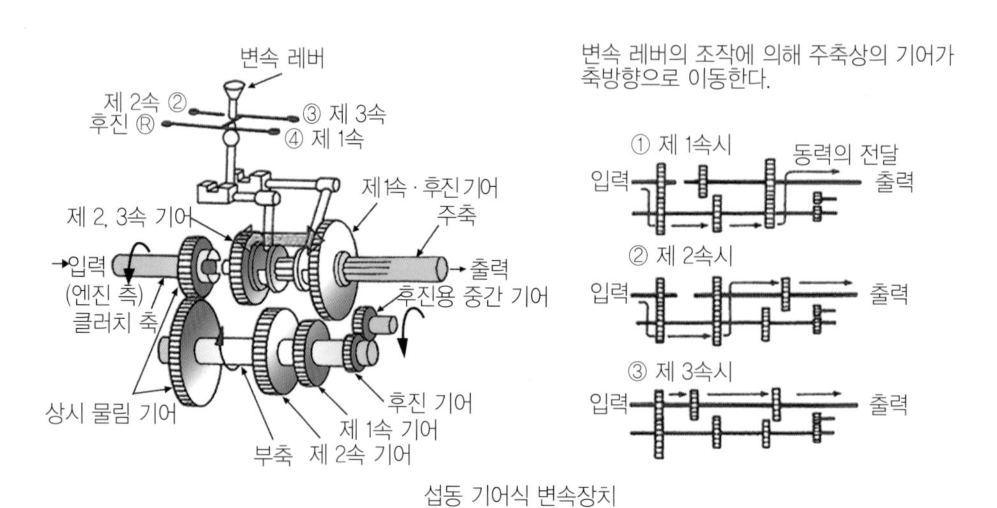

섭동 기어식 변속장치

▶ 승용 관리기의 상시 물림식 변속장치

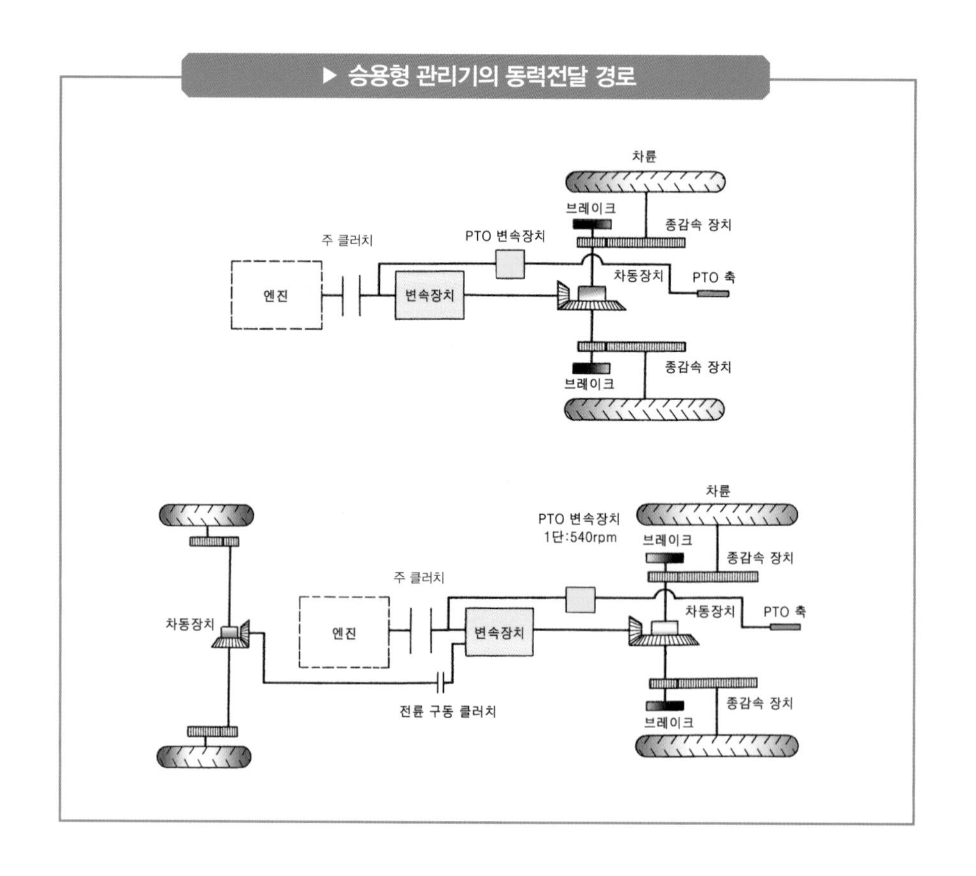

⑤ 조향 클러치(보행형 관리기)

관리기의 진행 방향을 바꾸기 위해 선회하고자 하는 방향의 조향 클러치 레버를 잡는다. 조향 클러치 레버는 와이어를 통해 차축으로 전달되어 동력을 차단함으로서 선회하고자 하는 방향으로 회전하게 된다. 내리막길의 경우 동력이 차단된 바퀴의 회전이 빨라지므로 경사도에 따라 조향 클러치를 사용하지 않고 핸들에 힘을 가하여 방향을 전환해야한다. 그러므로 내리막길, 고속 주행 시에는 조향 클러치를 되도록 사용하지 않는 것이 안전하다.

승용 관리기는 핸들(스티어링 휠)을 사용한다.

⑥ 제동 장치

보행형 관리기는 별도에 제동장치가 존재하지 않는다. 주 클러치를 끊었을 때 멈추는 방식이므로 경사지에서는 주의해야 한다. 엔진 회전수를 조속레버로 조절하는 엔진 브레이크를 사용하는 것도 한가지 방법이다.

승용형 관리기는 엔진에서 운동 에너지를 흡수해 주행속도를 낮추거나 주행을 정지할 때 사용하는 장치로 후륜 제동식이 대부분이다. 브레이크의 종류는 마찰 브레이크인 드럼 브레이크 및 디스크 브레이크가 많이 사용된다.

⑦ 주행 장치

보통 고무 타이어 및 철 바퀴가 사용되고 있다.

▶ 철 바퀴

▶ 고무 타이어

▶ 고무코팅 철바퀴

(2) 정비법

① 주 클러치의 조정

주 클러치 레버를 [연결] 상태로 하고 레버를 가볍게 당겨 [끊음] 직전에서 규정량(기종에 따라 다름)으로 클러치가 끊어지도록 와이어 길이를 조정한다.

② V벨트의 장력 조정

주 클러치 레버를 [연결] 상태와 [끊음]상태를 반복하여, 엔진부의 풀리와 텐션 롤러의 중앙부를 약 3~5mm 이동할 수 있도록 조정한다.

③ 조향 클러치 와이어의 조정

조향 클러치 레버를 쥐고 클러치가 끊어진 위치에서 레버와 핸들 그립의 간격이 규정 값이 되도록 조정 나사로 조정한다. 조정 후 조향 클러치 레버가 [연결] 상태에서 와이어의 유격(1mm)이 있는 것을 확인한다.

▶ 조향 클러치 유격 측정 및 유격 조정

(3) 조작과 안전 작업

① 운전법

운전 방법은 **시동, 출발, 선회, 변속, 정지** 등의 작업으로 나누어 구분할 수 있다. 출발시에는 주 클러치 레버를 천천히 연결한다. 변속 조작은 관리기가 멈춘 후 조작한다. 방향을 선회할 때에는 평지, 내리막, 오르막길에 따라 조향 성능이 다르므로 주의한다.

[표] 운전의 기본 조작

조작	내용
시동	1. 반드시 운행 전의 점검을 실시한다. 2. 주 클러치 레버[끊음], 변속 레버[중립], 경운 클러치 레버 [끊음]임을 확인한다. 3. 엔진을 시동하고 필요에 따라 난기 운전을 한다.
출발	1. 변속 레버를 원하는 위치에 넣는다. 2. 스로틀 레버를 당겨서 엔진의 회전을 올린다. 3. 주위의 안전을 확인하고 주 클러치 레버를 천천히 변속한다.
선회	1. 주행 시는 반드시 속도를 낮춘 후 회전한다. 2. 작업중 선회할 때는 스로틀 레버를 저속에 위치시키고 핸들을 가볍게 들어 올려 회전하는 방향의 조향 클러치 레버를 잡는다 . 3. 내리막 길의 경우, 조향 클러치를 반대로 잡아야 하므로 주의해야 한다.
변속	1. 스로틀 레버는 저속 위치. 주 클러치 레버를 끊어 일단 기체를 멈춘다. 2. 변속 레버를 원하는 위치로 바꿔 넣고 다시 기계를 출발시킨다.
작업	1. 작업중 선회할 때에는 로터리 회전축이 돌아가지 않도록 경운 클러치를 정지 상태에서 회전한다. 2. 작업의 종류에 따라 전진 작업, 후진이 정해져 있으므로 숙지하고 작업한다.
정지	1. 주 클러치 레버를 일찍 끊고 스로틀 레버를 저속 위치에 놓는다 2. 주, 부변속 레버를 [중립]에 놓고 냉기 운전을 하고 엔진을 정지한다

3 트랙터

트랙터는 **견인하는 기계**Traction Machine를 의미한다.

트랙터는 견인력을 통해 경운·정지, 쇄토, 수확, 운반 등 다양한 작업기를 부착하여 유용하게 활용할 수 있는 농업기계이다. 고출력과 무거운 무게를 활용하여 트랙터 견인력을 향상시키고, PTO(동력 인출 장치)를 이용해 부착된 작업기에 동력을 전달하여 원하는 작업을 수행하게 된다.

1. 트랙터의 특성

트랙터는 자동차에 비해 주행속도가 느리고 큰 회전력(토크)을 필요로 한다. 또한 작업장의 조건이 열악하기 때문에 이런 환경에서도 적응을 해야 한다.

대부분의 트랙터는 디젤엔진을 탑재하고 수냉식을 적용한 엔진을 활용한다. 디젤엔진은 진동 및 소음에 대한 대책이 필요할 것으로 보이며, 작업자 또한 소음에 대비한 안전 보호구, 진동에 대비한 적정한 휴식을 통해 작업을 진행해야 할 것이다.

▶ 대형 트랙터

2. 트랙터의 분류와 종류

트랙터는 용도와 주행 장치, 구동방식, 운전자의 작업 형태에 따라 다양한 작업을 할 수 있다. 우리나라에서 가장 많이 활용하고 있는 범용 트랙터는, 바퀴 폭을 조절할 수 있으며, 최저 지상고가 높다. 논과 밭 모두 작업이 가능하며 다용도로 활용이 가능한 형태이다.

[표] 트랙터의 분류, 종류

분류	종류	특징
용도	범용	바퀴의 폭을 조절할 수 있으며, 최저 지상고가 높다. 경운, 관리, 운반, 수확 등의 작업에 적합하다.(우리나라에서 적합한 형태)
	표준형	주로 견인 작업을 목적으로 사용하며, 대형 트랙터로 관리 작업에는 부적합 최저 지상고가 낮음
	과수원용	기계의 높이가 낮아, 수목에 손상을 주지 않으며, 기계의 돌출부가 가려져 있는 형태로 과수원 작업에 적합하다.
주행 장치	바퀴형	고무 타이어 바퀴 및 철제 바퀴를 장착해 사용되는 형태
	궤도형	궤도를 장착해 접지압이 낮고 견인 성능이 뛰어나 토지 개량 및 연약지에서의 작업에 적합하다.
	반궤도형	차륜 트랙터의 앞바퀴(조향륜)와 뒷바퀴에 궤도를 장착하여, 바퀴형과 궤도형의 중간적인 특징을 가진다.
구동방식	2륜 구동식	뒤바퀴에 구동축을 연결하여 주행하는 방식
	4륜 구동식	전·후륜 모두 구동하는 방식으로 연약지 및 경사지에서 견인력을 향상시킨다.
농기계 기준속도	운반차	최고 속도 15km/h 미만
	트랙터	최고 속도 50km/h 미만(2016년 60km/h 미만으로 상향 조정)
조종자의 작업 형태	승용	조종자가 승차해 운전 조작함
	보행용	조종자가 걸으면서 운전 조작함

(주) **윤거 거리** : 동일 차축 상의 좌우 바퀴의 접지면에서의 중심 거리를 말한다.
축거 거리 : 앞바퀴와 뒷바퀴의 사이의 거리를 말한다.

3. 트랙터의 효율적 운전

트랙터는 운전자가 가능한 전부하에서 운전이 되도록 엔진속도와 변속 기어를 선택하여 조작해야 한다. 액셀레이터 페달을 밟고 지속적으로 작업하기가 어려우므로 핸들 하단에 고정 조속레버를 활용하여 전부하 수준에 맞춰 작업해야 효율적인 작업이 가능하다.

낮은 견인 출력이 요구되는 작업에서는 엔진 속도를 낮추고, 대신 높은 변속 기어를 선택하면 연료를 절약할 수 있을 뿐만 아니라 엔진이 저속으로 회전함으로써 마모가 감소한다. 또한 엔진의 수명이 연장되어 감가상각비도 줄일 수 있게 된다.

트랙터 엔진의 출력은 견인 출력, PTO 출력, 유압 출력으로 나눌 수 있다.

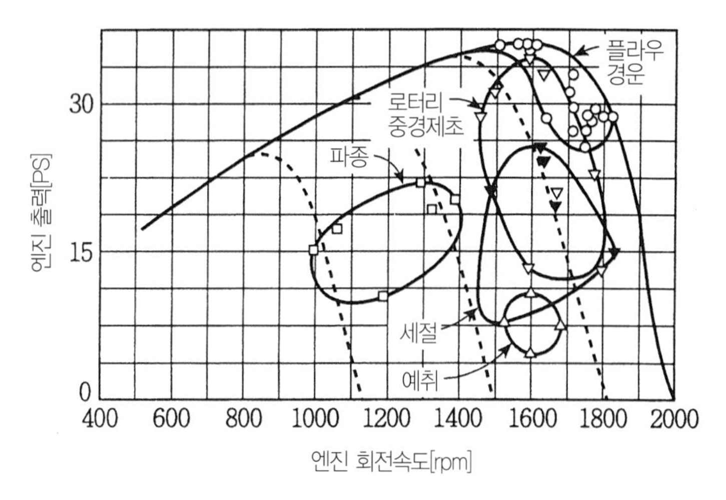

▶ 트랙터의 작업별 엔진 속도와 엔진 출력의 관계

4. 동력전달 장치

동력전달 장치는 트랙터에 탑재된 엔진으로부터 발생된 동력을 필요한 회전속도와 토크로 변환시켜 구동륜이나 PTO축에 전달하는 장치를 총칭한다.

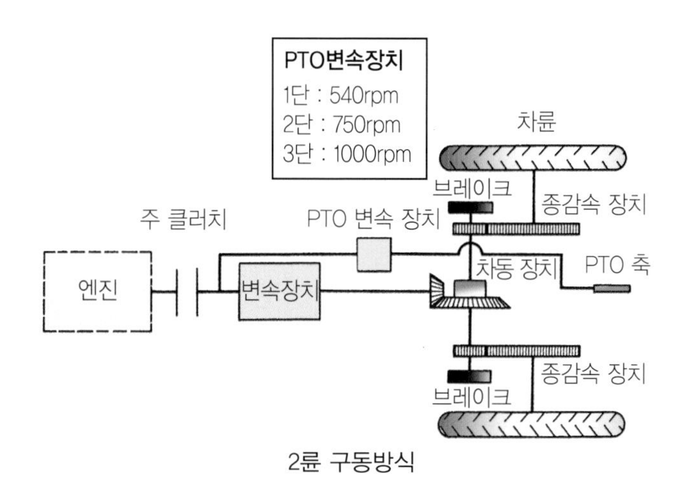

2륜 구동방식

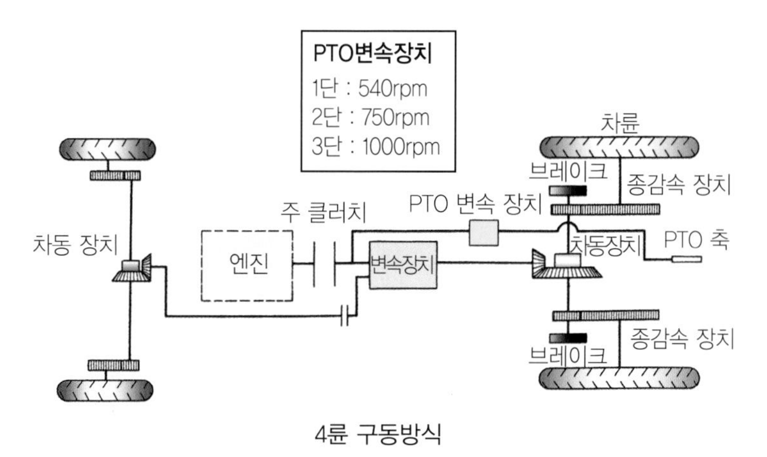

4륜 구동방식

▶ 동력전달 장치(동력전달 순서도)

(1) 클러치

클러치는 엔진에서 발생된 동력을 전달하거나 끊어주기 위한 장치이다. 엔진을 시동할 때, 엔진을 공회전 시키고자 할 때, 주행을 정지하거나 변속하는 경우에 주 클러치를 조작하여 동력을 끊을 때 사용한다.

트랙터는 건식 단판식 원판 클러치를 사용한다. 최근 신기종 트랙터중 중·대형에는 유압식 클러치를 활용하기도 한다.

클러치는 **단동 클러치, 복동 클러치, 유체 클러치**가 있다.

① 단동 클러치

주행 동력과 PTO축 동력을 1개의 클러치로 작동하는 형태이다. 대부분 이에 해당된다.

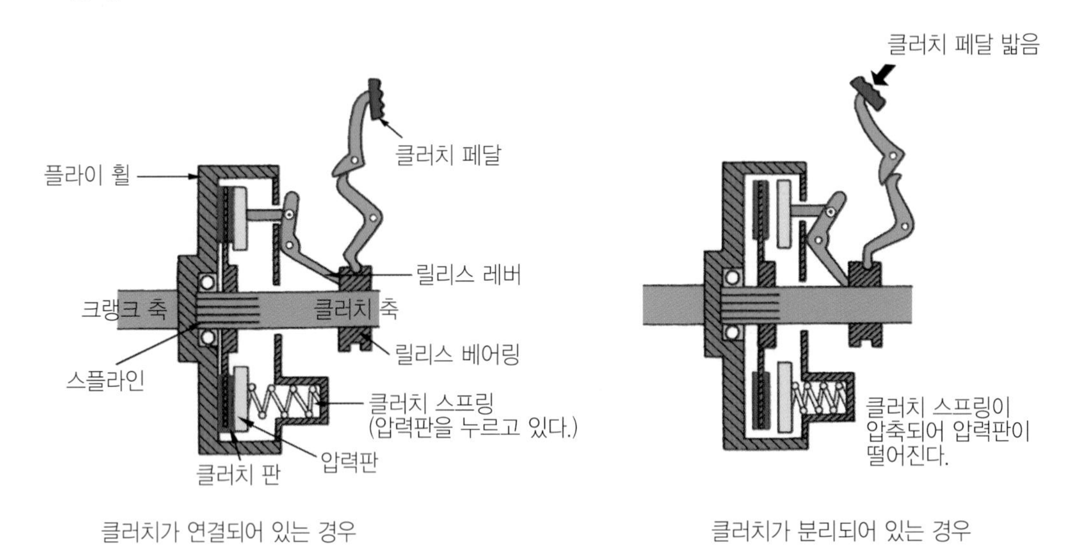

▶ 주 클러치의 기본 구조

② 복동 클러치

주행계통과 PTO계통의 동력이 별개의 클러치로 동작시키는 형태이다.

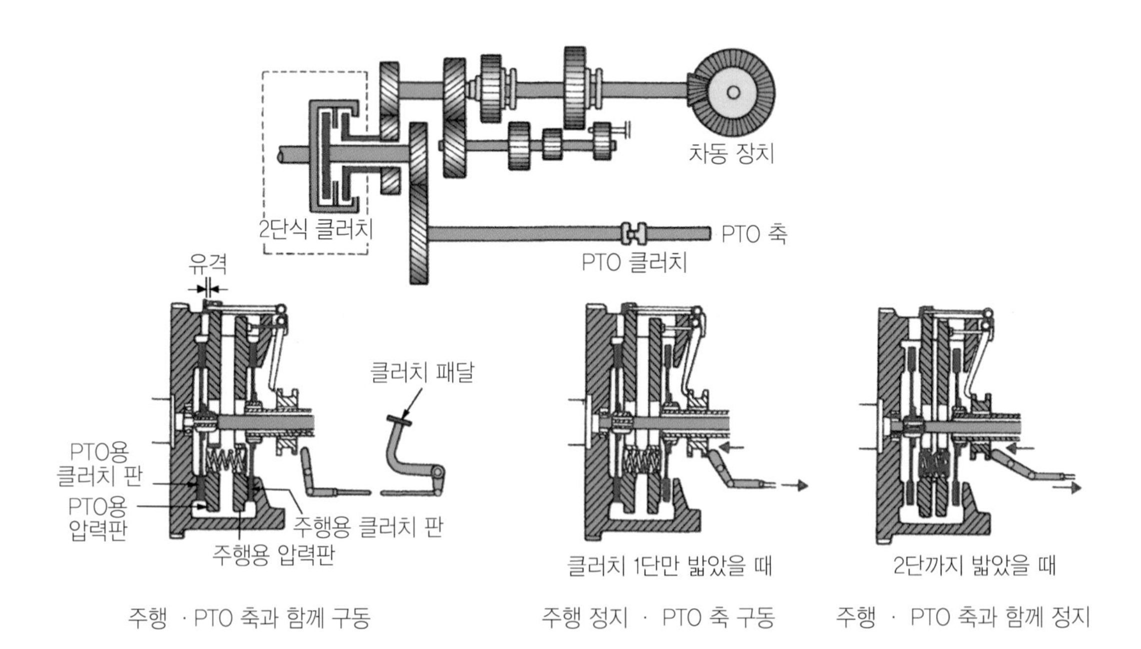

▶ 복동 클러치, 2단 클러치

③ 습식 클러치

중대형 트랙터에 활용되며, 습식 다판 클러치라고도 한다. 클러치는 오일 속에서 작동되기 때문에 전달 토크는 작고 열의 발산이 좋으며, 마모가 적다.

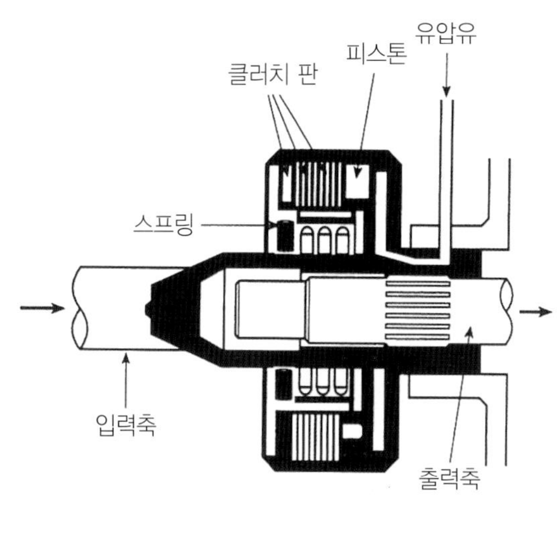

▶ 습식 클러치

(2) 변속 장치

엔진의 회전속도와 동력전달이 부드럽고 자연스럽게 될 때 주행 및 작업 상태에 적합하도록 **적정 토크로 변환**하는 장치다. 작업시 적정 토크가 발생될 수 있도록 엔진의 회전수를 조절해야 한다. 엔진의 토크 특성상 작업 시 **엔진의 회전수는 2,000~2,300rpm**이 적정하다.

트랙터의 후진 변속 시 엔진을 회전시키고 있는 상태에서 정지하고 중립으로 변속한다. 중립 후 후진으로 변속한다.

일반적으로 변속 장치는 기어식으로 섭동 기어식 및 상시 물림식이 있다. 또 동기 물림 기어식 및 유성 기어식이 일부 트랙터에 사용되고 있다. 이 밖에 유압식 토크 컨버터(유체의 운동 에너지를 이용해 동력을 전달하는 장치로 클러치와 변속기 양쪽의 작용을 한다. 승용차의 변속장치 및 캐터필러 트랙터 일부에 사용되고 있다.) 등도 있다.

① **섭동 기어식(sliding mesh)** : 변속 레버를 조작하면 주축의 기어가 축방향으로 이동해 부축에 고정되어 있는 기어와 물려 동력을 전달하는 형식의 변속 장치다. 트랙터의 부변속 기어가 이에 해당된다.

트랙터 변속기 종류 : ①전후진 변속, ②부변속기, ③주변속기

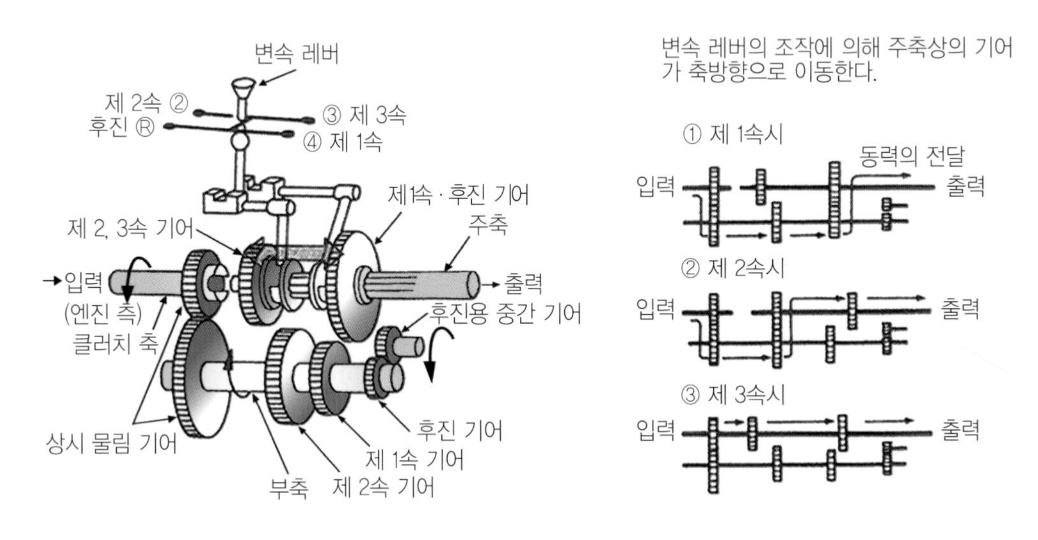

▶ 섭동 기어식 변속장치

② **상시 물림식(constant-mesh)** : 주축과 부축의 모든 기어는 항상 물려있는 상태로 있다. 주축의 기어는 부축의 회전을 받아서 회전하지만, 주축 기어는 공회전 하도록 되어 있다. 변속할 때는 기어 클러치를 주축의 기어와 물리도록 한다.

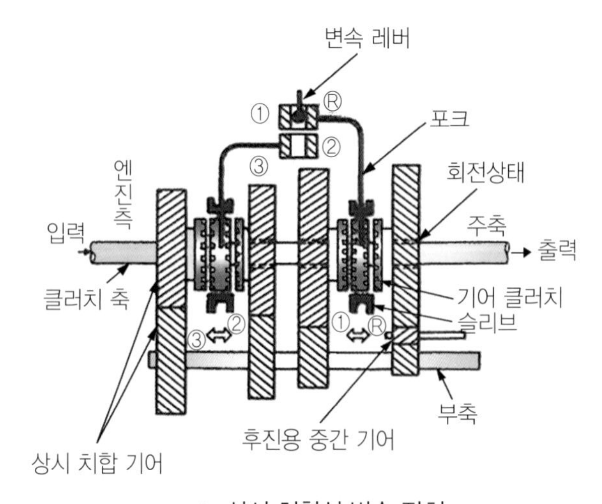

▶ 상시 치합식 변속 장치

③ **동기 물림식(synchromesh)** : 물려있는 기어의 속도를 일치시키기 직전에 같은 속도로 만들어(동기 작용) 기어를 물리기 쉽게 만든 것이다. 회전 중에도 기어의 손상 없이 원활한 변속이 가능하다. 트랙터의 주변속 기어가 이에 해당된다.

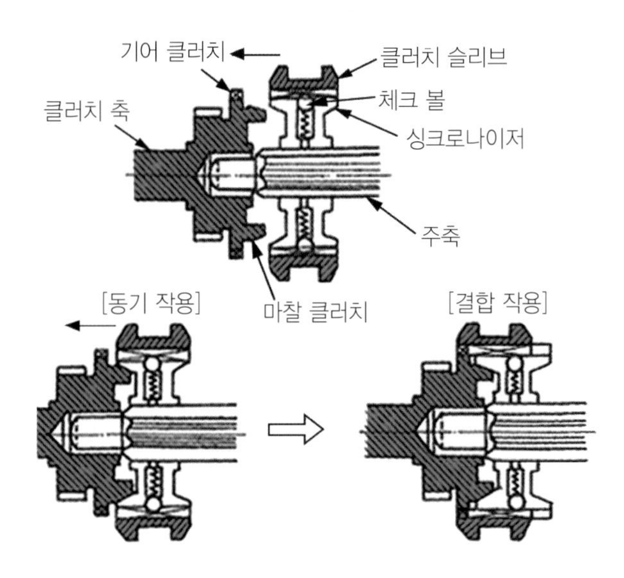

▶ 동기 치합식 변속 장치

④ **차동 장치와 차동 잠금 장치**

트랙터의 좌·우 바퀴를 다른 속도로 회전할 때 차륜의 슬립을 없애기 위한 장치다. 차동 장치는 차동 기어와 차동 기어 박스로 되어 있으며 큰 베벨 기어에 붙어있다. 하지만, 주행 및 쟁기 작업과 같은 경우, 좌우 바퀴에 걸리는 저항에 차이가 생기기 때문에 그대로는 차동 기어가 작동해 직진이 불가능해 진다. 이런 상태를 방지하기 위해서 **차동 잠금 장치**differential locking device가 붙어있다. 이것은 차동 기어를 고정하여 좌우 바퀴의 회전속도를 동일하게 하는 것으로 연약지, 부정지(지면이 일정하지 못한 토지) 등에서 한쪽 바퀴가 공회전해서 주행이 어려울 때도 사용된다.

① 직진 시

좌·우 바퀴에 같은 저항이 걸리므로 차동 기어는 회전하지 않고 사이드 기어와 차동 기어 박스가 하나가 되어 회전한다.

② 선회 시

선회하는 쪽의 차륜에 저항이 걸리면 차동 기어가 작동하고 한 쪽의 차동 큰 베벨기어의 회전이 느려져 다른 쪽 사이드 기어의 회전이 빨라진다. 따라서 선회 시에는 좌우 바퀴에 회전 속도의 차이가 생겨서 바깥 쪽 바퀴의 회전이 빨라져 선회가 쉬워진다.

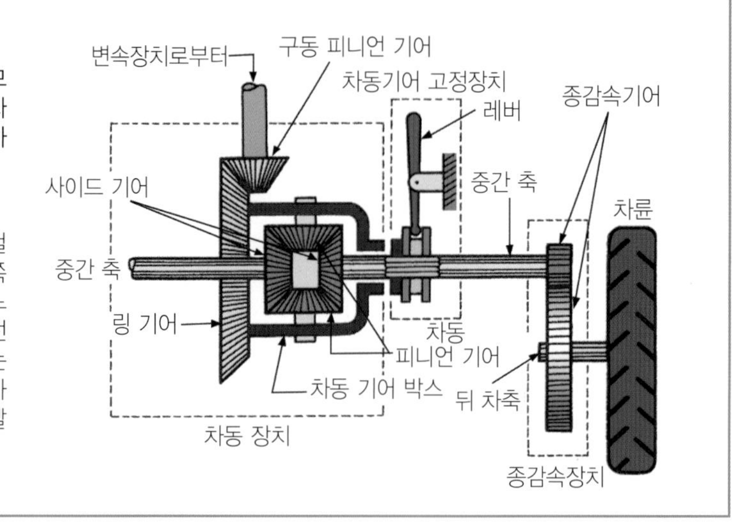

(3) 종감속 장치

변속 장치와 차동 장치의 베벨기어에서 감속된 회전속도를 더욱 감속해 차축의 구동력을 보다 크게 하기 위한 트랙터 특유의 장치다. 종감속 장치는 대, 소 두 개의 기어를 조합한 것으로 트랙터의 견인력을 증가시켜 작업에 필요한 저속 주행을 할 수 있게 한다.

① **뒷차축** : 뒷차축은 구동축이며 전달된 동력을 차륜에 전달한다. 또 차체를 지탱하는 역할도 하고 있다.

5. 주행 및 조향 장치

(1) 주행 장치

주행 장치는 앞뒤 차축과 바퀴, 앞 차축과 일체화된 조향 장치 및 브레이크 장치로 구성되어 있다.

① 앞 차축

앞 차축은 센터 피봇 지지 방식(차체 제일 앞부분의 하부를 피봇 축의 중앙에 핀으로 장착한 것)이 가장 많다. 이 방식은 지면의 요철에 따라 차축이 좌우로 기울어지기 때문에 운전이 용이하다.

(2) 앞바퀴 정렬

앞바퀴는 트랙터 앞부분을 지탱함과 동시에 조향 기능도 지니고 있다. 앞바퀴는 핸들 조작을 쉽게하고 주행시 안정을 유지하기 위하여 경사지게 차축에 장착되어 있다. 이것을 **앞바퀴 정렬**front wheel alignment이라고 한다.

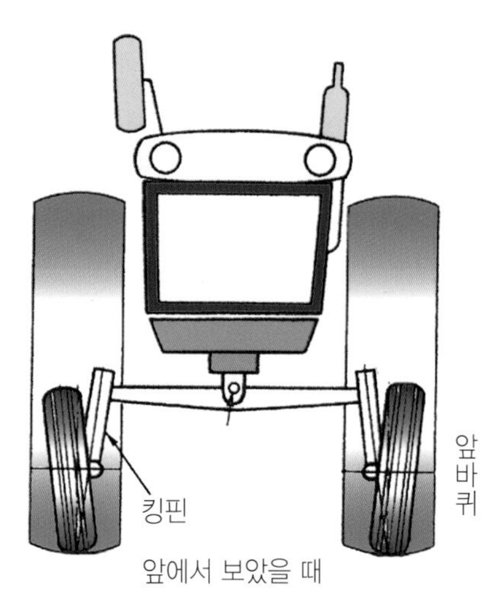

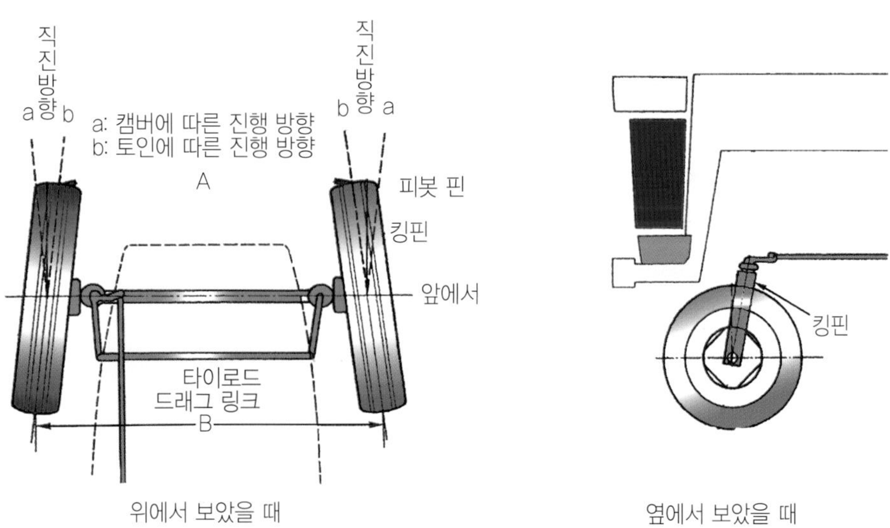

▶ 앞바퀴 정렬(front wheel alignment)

① 캠버각(Camber angle)

앞바퀴를 정면에서 보았을 때 수직선에 대하여 앞바퀴의 윗부분이 1~4° 바깥쪽으로 벌어진 각도를 캠버각이라고 한다. 이것은 차체 하중 및 노면으로부터의 충격에 의해 바퀴가 아래쪽으로 벌어지는 것을 방지하여 핸들 조작을 가볍게 한다.

② 킹핀 경사각(King pin)

앞 바퀴를 정면에서 보았을 때 수직선에 대한 킹핀의 경사각도를 말한다. 킹핀 경사각은 5~11°로 이 경사각과 캠버각에 의해 주행 저항에 따른 킹핀 주변의 모멘트가 작아져 조향시 경쾌함과 동시에 핸들을 직진 방향으로 되돌리기 위한 복원력이 주어진다.

③ 토인(Toe-in)

양쪽의 앞바퀴를 위에서 보면 뒷부분보다 앞부분의 간격이 좁다. 이 차이를 토인이라고 한다. 토인은 캠버각의 영향과 노면으로부터의 마찰저항 때문에 주행 중에 앞바퀴의 앞부분이 넓어지려고 하는 성질을 방지하기 위한 것이다. 이것은 주행을 안정시킴과 동시에 타이어의 이상 마모를 방지하는데도 도움이 된다. 토인의 양은 2~10mm다.

④ 캐스터각(Caster)

캐스터각은 킹핀을 옆에서 보았을 때 수직선에 대하여 뒤로 기울어져 있는 각도로 3°정도다. 이것은 주행 중 앞바퀴를 항상 직진방향으로 똑바로 유지해 직진 시 바퀴의 방향을 안정시킴과 동시에 선회 시 바퀴를 직진방향으로 복원시키는 것에 도움이 된다.

(3) 조향 장치

바퀴형 트랙터의 조향 장치 구조는 일반 자동차와 같다. 선회할 때 앞뒤 바퀴의 사이드슬립을 방지하기 위해 좌·우 앞바퀴의 중심선과 뒷차축의 연장선이 선회의 중심 한점에서 교차하는 애커먼 방식을 활용한다.

※ 궤도형 트랙터의 경우는 선회하려고 하는 쪽의 조향 클러치로 동력을 차단하여 선회한다.

용어 설명

토아웃이란?

트랙터의 주행 시 안정적인 선회를 위해 안쪽 바퀴의 조향각(α)을 바깥쪽 차륜의 조향각(β)보다 크게 하는 방식을 말한다.

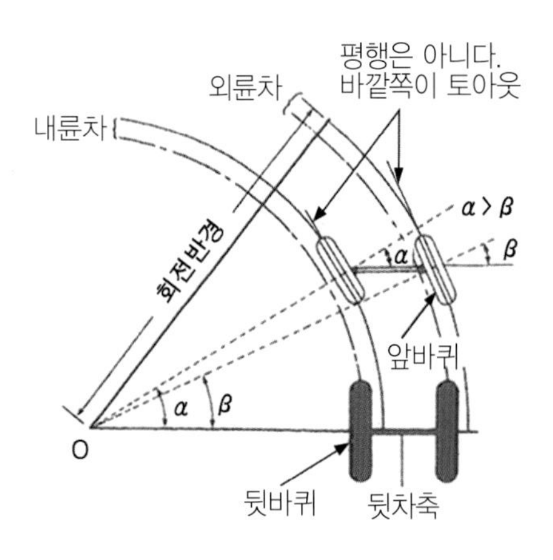

▶ 애커먼식 조향장치

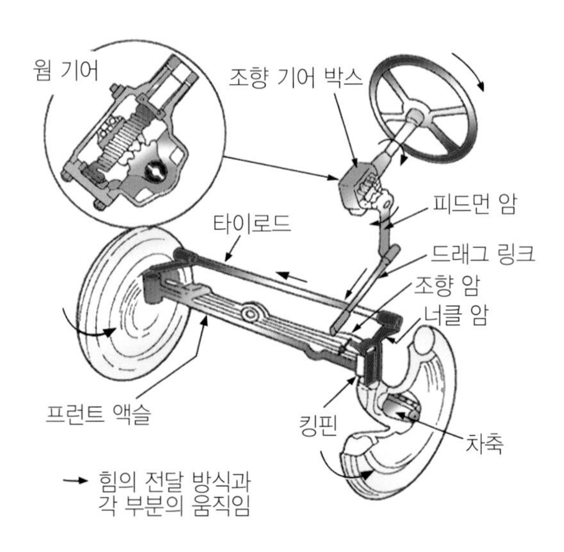

▶ 조향 장치의 구조

(주) 대형 트랙터의 경우 핸들 조작이 대단히 무겁기 때문에 유압 장치를 사용해 작은 힘으로 움직일 수 있도록 한 파워 스티어링이 장착되어 있다.

(4) 바퀴와 타이어

고무 타이어의 크기는 타이어 폭, 림의 직경(타이어 내경)등으로 표시한다. 예를 들어 「11-36-6PR」이라고 표시된 타이어는 타이어 폭 (W, 11×25.4mm=279.4mm, 림의 직경 (D, 36×25.4mm=914.4mm로 (25.4mm = 1인치), 6플라이(카커스의 고무가 6층으로 되어 있는 구조를 나타낸다.)로 풀이 할 수 있다. 철제 바퀴와 비교해 바닥과의 충격을 완화하고 주행 저항이 적다. 고무 타이어에는 미끄러짐을 방지하는 돌기(러그, 트레드)가 배열되어 있다.

써레작업 및 연약지의 작업에서는 미끄러짐과 바퀴의 침하를 방지하기 위해 철제 바퀴를 장착하거나 고무 타이어의 바깥쪽에 플로우트 철차륜을 장착한다. 또 견인력을 증가시키기 위한 무게추를 추가로 장착하는 경우도 있다.

바퀴의 폭은 작물의 작부양식 및 이랑 폭에 맞춰서 앞바퀴, 뒷바퀴를 함께 조절해 사용한다.

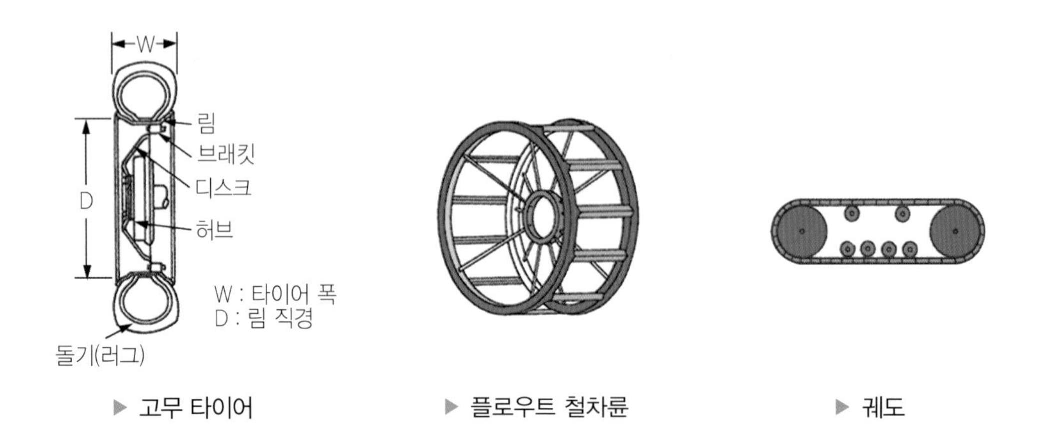

▶ 고무 타이어　▶ 플로우트 철차륜　▶ 궤도

(5) 브레이크(제동) 장치

브레이크는 페달 또는 레버에 힘을 가해 마찰로 주행속도를 낮추거나 주행을 정지할 때 사용하는 장치로 후륜 제동식이 대부분이다. 브레이크의 종류는 마찰 브레이크인 드럼 브레이크 및 디스크 브레이크가 많이 사용된다.

[표] 마찰 브레이크의 종류와 용도

종류	밴드 브레이크	블록 브레이크	드럼 브레이크	디스크 브레이크
용도	자동차(주차용) 산업기계 농업기계	윈치 크레인 철도차량	자동차 철도차량 산업기계 농업기계	자동차 철도차량(전차) 항공기 농업기계

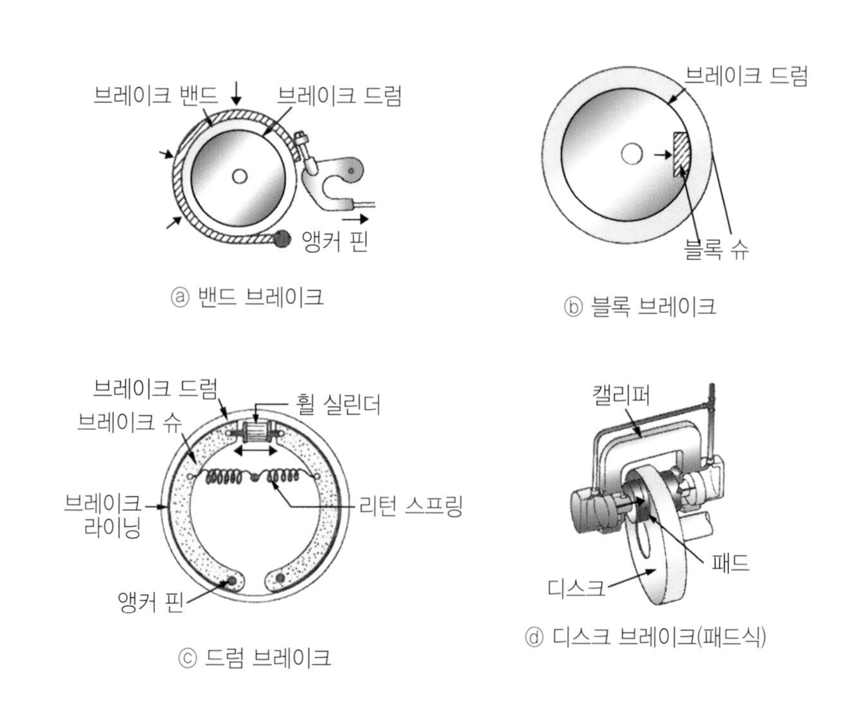

▶ 마찰 브레이크

6. 작업기 부착 방식

(1) 작업기의 부착 방식

트랙터에 작업기를 장착하는 방법에는 견인식, 직접 장착식, 반직접 장착식의 3가지 방법이 있다.

① 견인식

견인식 장치에는 연결점을 좌·우로 이동 가능한 스윙 드로우바 및 하부 링크에 장착해서 작업기를 트랙터의 중심선에서 비켜서 장착 가능한 링크 드로우바(다공형 횡봉), 운전석에서 유압 조작으로 연결 후크에 작업기를 장착 가능한 오토 히치 등이 있다.

② 직접 장착식

트랙터에 작업기를 직접 연결하는 방식으로 P.T.O 축에서 트랙터의 동력을 작업기에 전달, 구동하거나 유압 장치에 의해 작업기의 위치를 상·하 조절 가능한 방식으로 현재 가장 널리 사용되고 있다. 3점 링크 장치(3점 링크)는 상부 링크 한 개 , 하부 링크 두 개로 작업기를 지지하도록 되어 있으며, 하부 링크는 리프트 로드와 리프트 암을 통해 유압 장치에 연결되어 있다. 유압에 의해 작업기의 상하 조절 등 각종 장치들을 조작한다.

③ 반직접 장착식

견인식과 직접 장착식의 중간 형태로 작업기의 전체 무게를 작업기에 장착된 바퀴와 트랙터의 히치로 나누어 지지하는 방식으로 히치점의 분포 중량은 작업기에 따라 다르다.

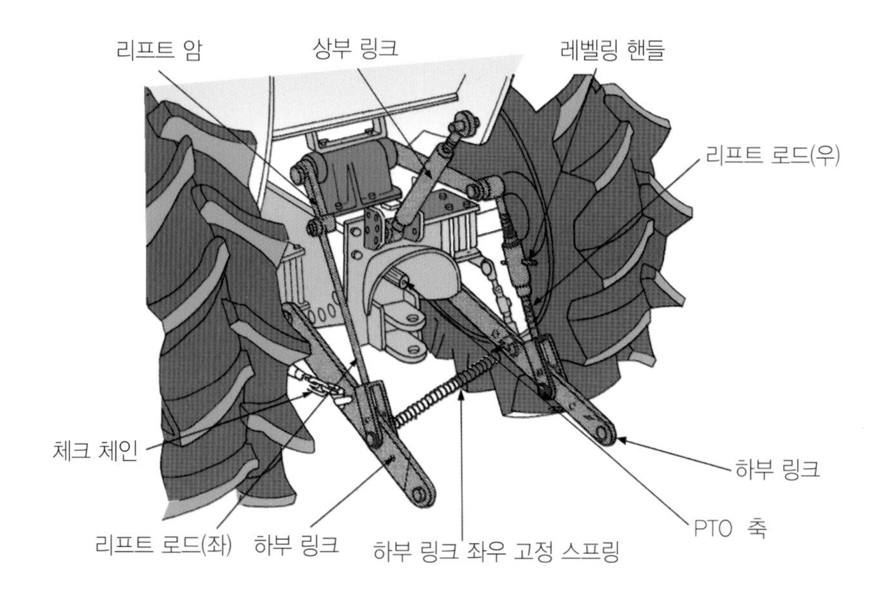

▶ 3점 링크 장치

3점 (링크)지지 장치에 의한 자동제어의 구조

유압 장치에는 레버 조작으로 작업기의 상 · 하 조절만 하는 것과 작업기의 견인 저항 및 위치 관계에 맞추어 적절한 작업 조건을 일정하게 유지하는 자동제어가 가능한 것이 있다. 3점 링크 장치에 사용되는 유압 장치는 파워 스티어링, 브레이크 장치, PTO 클러치 등의 조작 및 프런트 로더 및 덤프 트레일러 등의 작업기를 동작시키는 경우에도 사용된다. 즉 유압 펌프 하나에서 다양한 형태로 유압을 공통으로 활용할 수 있는 것이다.

(2) 위치 제어

위치 제어 레버(포지션 컨트롤 레버)는 작업기의 위치를 희망하는 높이로 설정하면 작업기에 걸리는 견인 저항이 변화해도 일정의 위치에 자동적으로 유지하는 제어 기능을 한다. 작업기를 상승시킬 때는 하부 링크를 유압으로 상승시키며, 하강시에는 작업기의 자중에 의해 내려간다. 하강 속도는 나사처럼 되어 있는 볼트(유량 조절 밸브)를 이용하여 유량을 조절한다.

→ **상승 작용**
컨트롤 레버를 [상승] 위치에 놓으면 오른쪽 그림과 같이 작동유가 유압 실린더로 유입되어 하부 링크를 들어올린다.

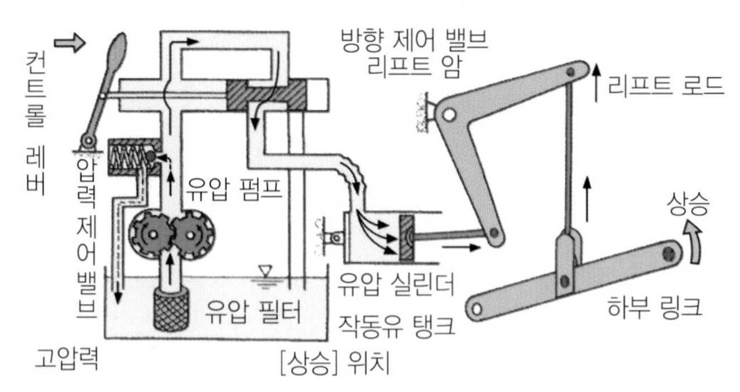

→ **중립 작용**
컨트롤 레버를 [중립] 위치에 놓으면 압송된 작동유는 탱크로 돌아오기 때문에 작업기는 상승도 하강도 하지 않고 정지한다.

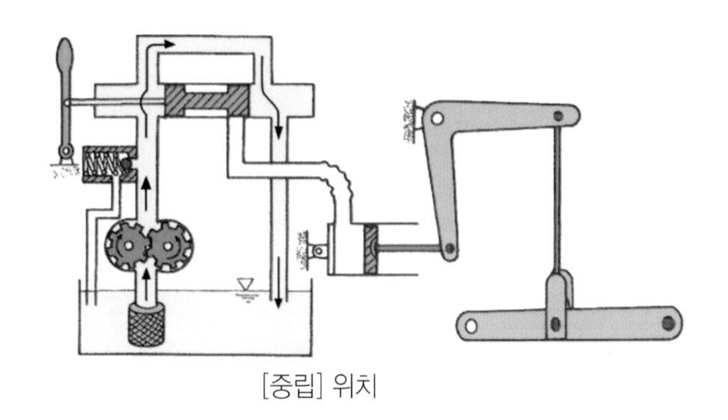

→ **하강 작용**
컨트롤 레버를 [하강] 위치에 놓으면 압송된 작동유는 그대로 탱크로 돌아가고 유압 실린더 내의 작동유도 작업기의 자체 무게에 의해 압력이 가해져 작동유 탱크로 되돌아 가서 작업기는 하강한다.

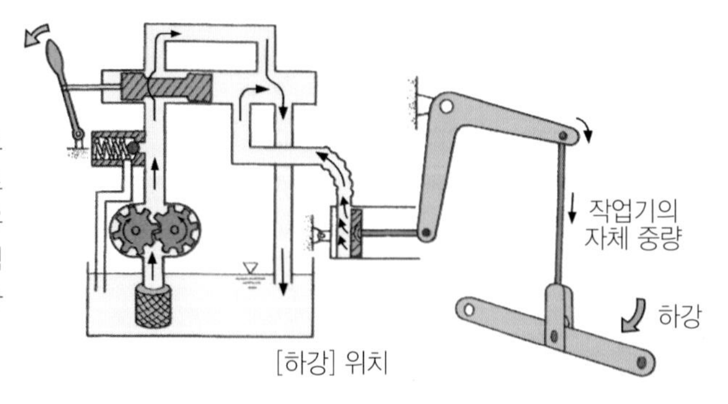

▶ 유압장치의 작동

▶ 포지션 컨트롤 기구의 작동

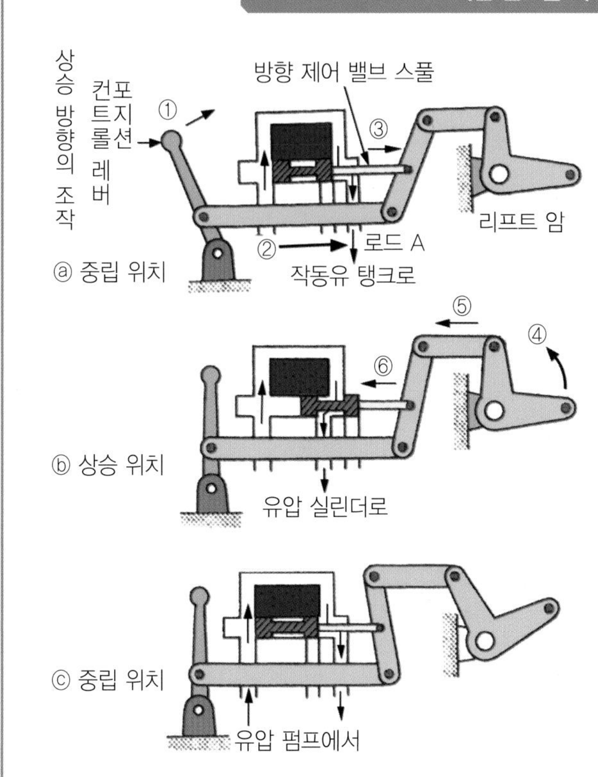

ⓐ의 상태에서 상승 방향으로 조작하는 경우

① 컨트롤 레버를 어느 정도의 각도만 [상승]방향으로 조작 → ② 로드A가 오른쪽으로 움직인다. → ③ 방향 제어 밸브의 스풀이 오른쪽으로 이동한다.

그 결과 ⓑ의 상태가 된다.

방향 제어 밸브가 상승(이 경우 오른쪽)으로 움직였기 때문에 ④ 리프트 암이 상승해 설정한 위치까지 오면 → ⑤, ⑥ 방향 제어 밸브를 [중립]의 위치로 되돌리 듯 작동해 → ⓒ와 같이 리프트 암을 목적한 위치에서 정지시킨다.

(3) 하중 전이

작업기에 작용하는 저항이 커졌을 때 그에 맞추어 트랙터의 하중이 증가하면서 견인력을 증가 시킨다. 이를 **하중 전이** 또는 **중량 전이(웨이스트 트랜스퍼)**라고 한다.

① 쟁기에 토양 저항이 생기면 → ② 뒷부분이 들려서 → ③ 상부 링크의 압축력이 하부 링크에는 당기는 힘이 각각 작용해 → ④ 그림과 같이 구동륜의 접지면에 대한 수직력이 커져서 그 결과 견인력이 커진다.

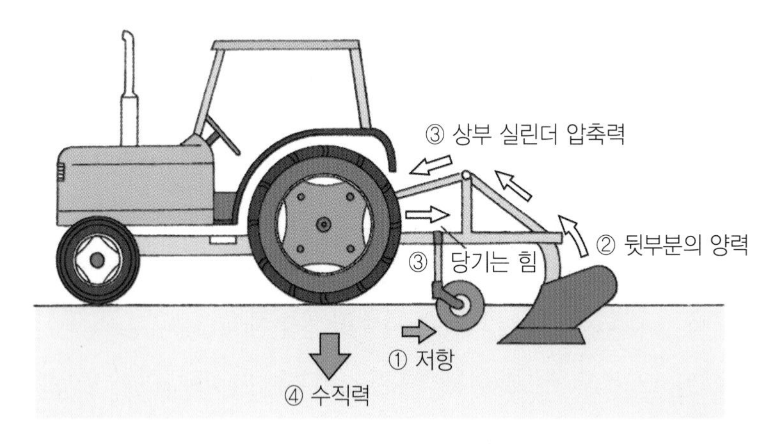

▶ 중량 전이

(4) 견인 제어

작업 중 작업기에 작용하는 견인 저항이 일정하도록 제어하는 장치이다. 예를 들어 작업기에 설정값 이상의 견인 저항이 작용하면 상부 링크에 압축력이 가해져 방향 제어 밸브 작동을 통해 작업기가 상승하여 견인 저항을 감소시킨다.

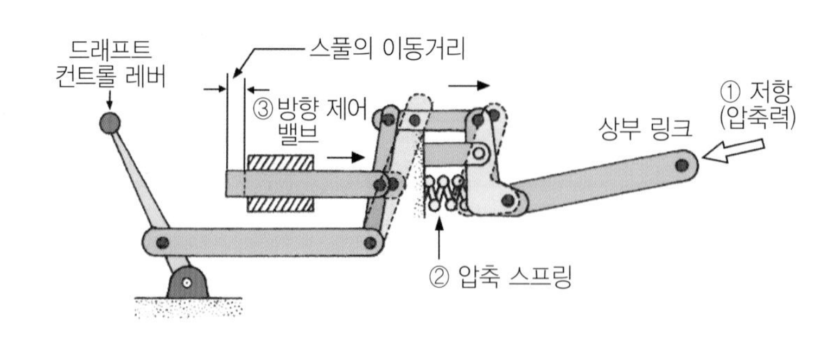

▶ 드래프트 컨트롤 장치의 작동

① 작동 원리

작업기에 필요 이상의 저항이 발생하면 그 힘이 상부 링크를 통해서 → ② 압축 스프링을 눌러서 압축시킨다. 이 스프링의 길이 변화는 → ③ 각 로드를 통해서 방향 제어 밸브를 동작시켜 작업기를 상승시키므로 작업기에 걸리는 저항이 작아진다.

견인 저항의 크기는 컨트롤 레버의 위치에 의해 정해진다. 위치 제어 레버의 좌측에 위치하는것이 대부분이다.

7. 트랙터의 전기 장치

(1) 배터리(축전지)

배터리는 전기를 화학적 에너지로 저장해 두었다가(충전) 시동, 점화, 등화 장치 등의 전원이 되어 다시 전기 에너지로 꺼내어(방전이라고 함) 사용하는 것이 가능하다. 방전하면 단자 전압이 저하되어 전해액의 비중이 낮아지지만, 발전기 등으로 충전하면 전해액의 비중이 원래로 회복한다. 온도 20℃에서의 완전 방전 시에는 비중 1.13 정도이며, 완전 충전 시 비중 1.26~1.28이다. 방전, 충전 시의 화학 변화가 나타난다.

배터리의 용량은 완전 충전에서 방전 종지 전압까지의 총 전기량을 말하며 방전 전류와 방전 시간의 곱으로 나타내며 Ah(암페어시) 단위로 표시된다.

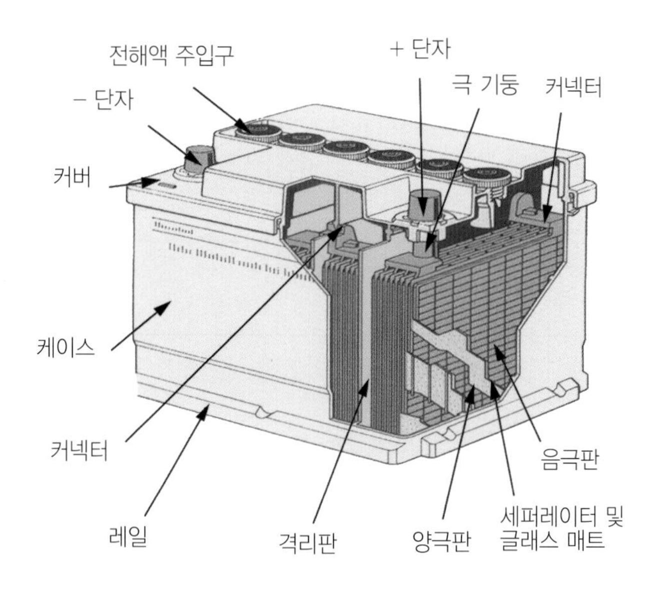

▶ 배터리와 구조

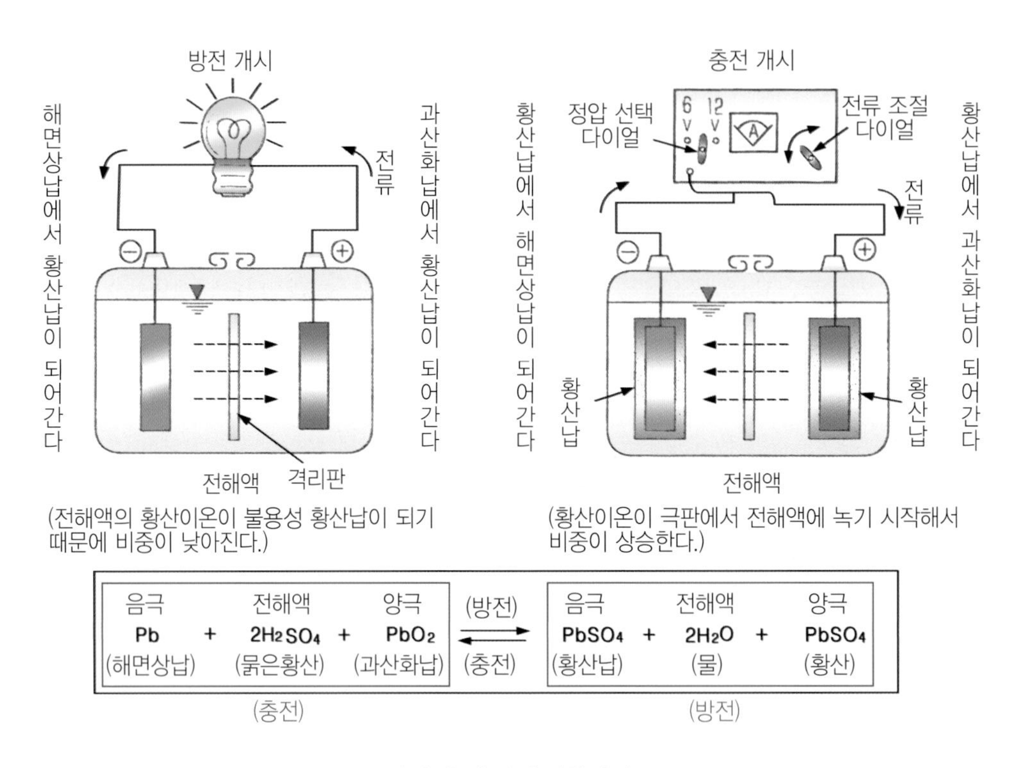
방전 개시
해면상납에서 황산납이 되어간다
전류
과산화납에서 황산납이 되어간다
전해액
격리판
(전해액의 황산이온이 불용성 황산납이 되기 때문에 비중이 낮아진다.)
충전 개시
정압 선택 다이얼
전류 조절 다이얼
황산납에서 해면상납이 되어간다
전류
황산납에서 과산화납이 되어간다
황산납
황산납
전해액
(황산이온이 극판에서 전해액에 녹기 시작해서 비중이 상승한다.)
음극 전해액 양극
Pb + 2H2SO4 + PbO2
(해면상납) (묽은황산) (과산화납)
(방전)
(충전)
음극 전해액 양극
PbSO4 + 2H2O + PbSO4
(황산납) (물) (황산)
(충전)
(방전)

▶ 방전, 충전 시의 화학변화

(2) 배터리의 정비

전해액은 극판 위 10~13mm정도로 맞추고, 감소한 전해액의 양은 증류수로 보충한다. 전해액이 부족한 경우는 묽은황산을 보충하되 비중이 1.26~1.28정도(기준온도 20℃)로 해야 한다. 전해액을 보충할 때에는 배터리 용량의 약 $\frac{1}{10}$의 전류를 시간에 맞게 충전한다. 급속 충전 시에는 큰 전류를 단시간에 흘려서 충전하므로 배터리 용량의 $\frac{1\sim2}{5}$의 전류를 흐르게 하는 것이 좋다. 단, 대용량 배터리라도 50A 이상으로 충전하지 않는다.

배터리의 충전 중에는 아래와 같은 점을 주의할 필요가 있다.

① 액 주입구 뚜껑(캡)을 분리해 가스의 확산을 좋게 한다.(수소가스가 발생함)

② 수소가스가 발생하므로 화기 주변에 접근하지 않도록 필히 주의한다.

③ 전해액 온도가 45℃ 이상이 되지 않도록 한다.

④ 트랙터에 탑재한 상태에서 충전하는 경우는 마이너스(–) 터미널(단자)을 분리한다.

(3) 발전기

발전기에는 직류 발전기(다이나모)와 교류 발전기(알터네이터)가 있으나, 근래의 트랙터는 전기 소비량이 많아져 저속 회전에서도 발전량이 많은 교류 발전기가 사용되고 있다. 교류 발전기는 V벨트로 구동하여 3상 교류를 발생시키는 발전기다. 소형, 경량으로 고속회전에서도 안정된 성능을 발휘한다.

▶ 발전기

(4) 레귤레이터

교류 발전기의 발생 전압은 회전자(로터)의 회전 속도와 필드 코일(스테이터 코일)에 흐르는 전류에 의해 정해진다.

발생 전압이 너무 높으면 극판을 손상시키기 때문에 레귤레이터에 의해 필드 코일에 흐르는 전류를 제어하여 발생 전압을 조정한다.

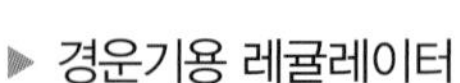

▶ 경운기용 레귤레이터

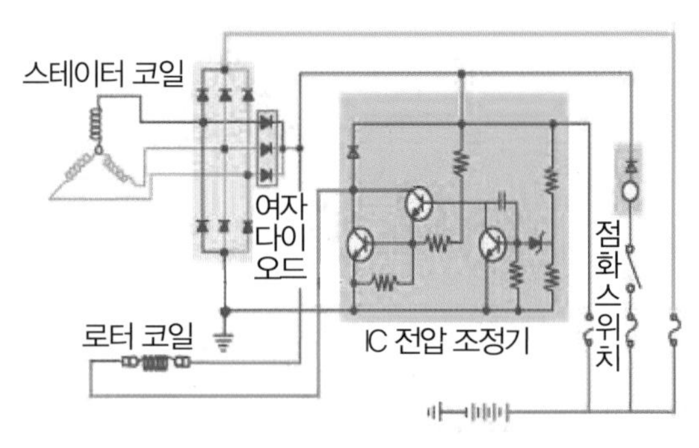

▶ 브릿지 회로

(5) 시동 전동기(스타트 모터)

최근 경운기, 관리기에도 엔진 시동을 위해 배터리를 전원으로 하는 시동 전동기를 사용하여 시동한다. 이 시동 전동기에는 일반적으로 마그네틱 스위치식의 직류 직권식 전동기가 사용되고 있다.

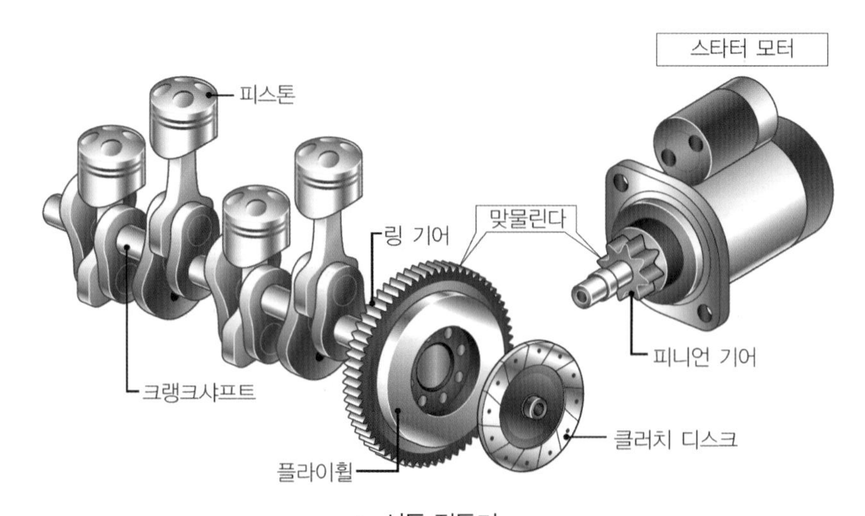

▶ 시동 전동기

(6) 예열 장치

디젤 엔진은 시동 환경이 저온일 경우 시동이 곤란하다. 그러므로 보통 예연소실을 가지는 엔진은 예열 플러그에 전류를 흘려서 미리 예연소실 또는 연소실, 공기 흡입부에 공기를 가열하여 시동하기 쉽게 하는 예열 장치를 장착한다.

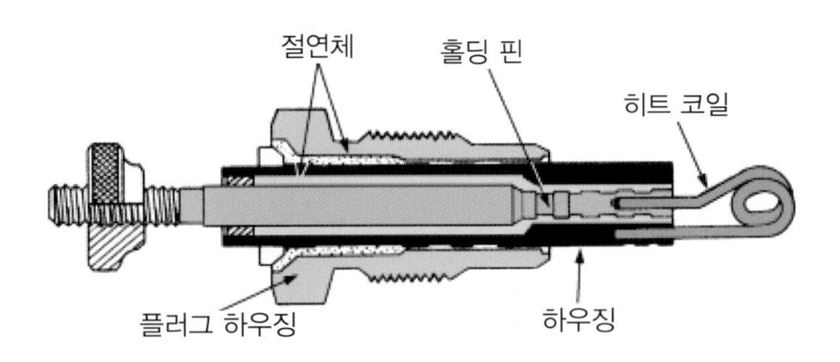

▶ 코일형 예열 플러그

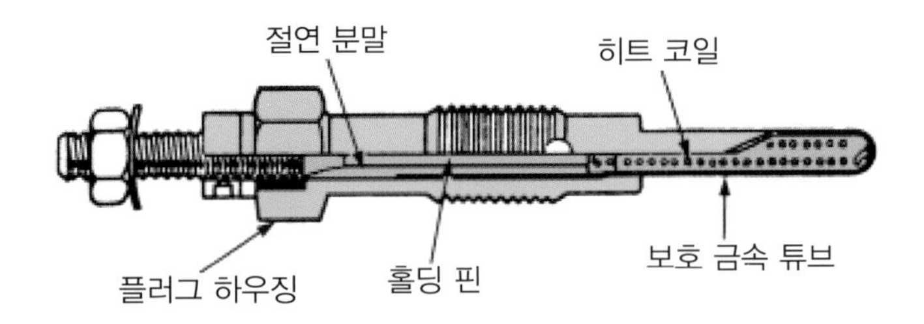

▶ 실드형 예열 플러그

8. 트랙터의 조작과 운행

(1) 조작의 기본

① 운행 전의 점검(작업 점검)

트랙터의 고장 및 이상 유무에 의한 사고를 방지하여 안전하고 효율적으로 이용해야 한다. 이를 위해서는 운행 전의 점검(일상 점검)을 필히 수행해야 한다.

② 운전의 기본 조작

농업기계를 운전하기 전에는 각부 명칭, 동작 원리, 취급 요령 등에 대해 숙지하여 기본 조작을 몸에 익혀야 한다. 운전의 기본 조작은 시동, 운전, 작업기 조작, 발진 등에 대한 취급 및 조작에 대한 것이다. 도로를 주행할 때에는 독립 브레이크 페달이 연결되었는지를 필히 확인한다. 클러치 페달은 천천히 떼고 부변속 기어를 변속할 때에는 반드시 일시 정지한 후에 변속 레버를 조작해야 하며, 주변속 기어는 동기 물림식이므로 주행중 클러치를 밟고 변속하여 조작한다.

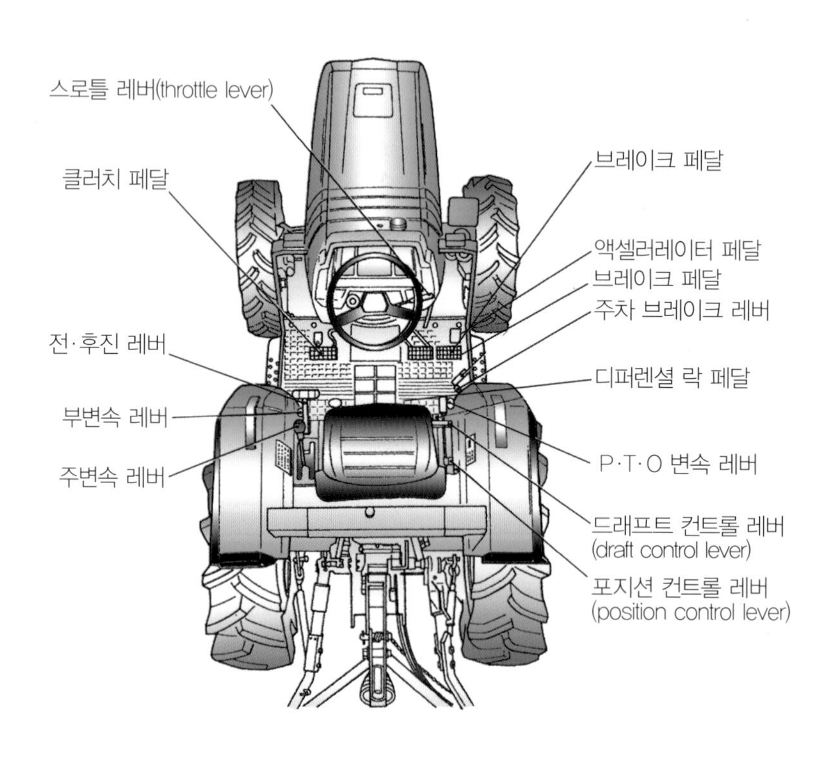

▶ 레버, 페달류의 각부명칭

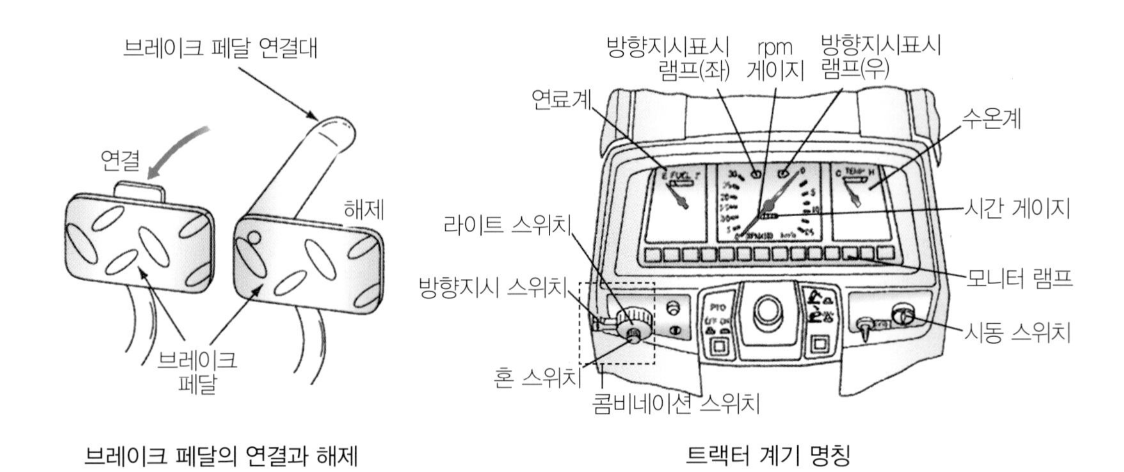

브레이크 페달의 연결과 해제

트랙터 계기 명칭

※ 농업기계와 건설기계에서는 미터계를 이동거리가 아닌 시간으로 측정하여 표시되고 있다.

▶ 트랙터 계기 사진과 설명

[표] 운전의 기본 조작

조작	내용
승차 운전자세	1. 트랙터의 주변 및 후방의 안전을 확인한다. 2. 요동부분 및 회전부분, 소음기 등을 손으로 잡지 않도록 하며 트랙터의 좌측으로 승차한다. 3. 좌석을 운전하기 편한 위치로 조절한다. 4. 좌석에 깊게 앉아 편안한 자세에서 안전벨트를 맨다.(캐빈이 없는 트랙터로 도로 주행시에는 안전벨트를 매야하지만 작업 시 포장 조건이 열악할 경우 안전벨트를 매지 않아야 할 때도 있다.) 5. 전진 시에는 상체를 똑바로 펴서 전방을 주시한다. 6. 후진 시에는 상반신을 90° 왼쪽 또는 오른쪽으로 돌려 후방의 시야를 넓게 확보한다. 7. 선회할 때는 반드시 후방을 확인한다.
시동과 출발	1. 클러치 페달을 끝까지 밟는다. 2. 주차 브레이크를 건 상태로 각 변속 레버 및 P·T·O, 유압 조작 레버, 그 밖의 각종 레버를 [중립]에 놓고 좌·우 브레이크 페달의 연결을 확인한다. 3. 스로틀 레버를 조금 당기고 시동 스위치를 돌려서 엔진을 시동한다. 엔진이 차가울 경우는 예열운전을 한다. 날씨가 추울 때는 시동 스위치를 [예열]의 위치로 돌려 표시등이 붉게 될 때까지 예열한다. 전자식일 경우는 예열코일 등이 꺼지면 사용한다. 4. 변속 레버를 주변속, 부변속, 전·후진의 순으로 주행속도에 맞춰 위치에 넣는다. 레버 조작은 한손으로 하고 다른 한손은 핸들을 잡고 있는다. 5. 스로틀 레버를 당겨 엔진의 회전을 올린다.(급하게 엔진의 속도를 올리면 과급기 및 엔진의 이상이 발생할 수 있으므로 주의해야 한다.) 6. 주차 브레이크를 해제한다. 7. 전·후, 좌·우의 안전을 확인하여 출발 신호를 하고 클러치 페달을 천천히 떼어 출발한다.

[표] 운전의 기본조작

조작	내용
일시정지	1. 클러치 페달을 밟고 브레이크 페달을 부드럽게 밟는다(급정지 하지 않는다). 2. 변속 레버를 [중립]으로 놓고 스로틀 레버를 최저속으로 한다. 3. 클러치 페달을 떼면서 브레이크 페달을 뗀다. 4. 트랙터에서 하차할 때는 반드시, 엔진을 정지하고 주차 브레이크를 잡아 놓는다. 5. 급정지시에는 클러치 페달과 브레이크 페달을 동시에 밟아 위급상황에 대비해야 한다.
변속	부변속 기어를 변속할 때에는 반드시 트랙터를 일시정지한 후 클러치 페달을 끝까지 밟고 변속 레버를 조정 한다. 주변속 기어는 주행 중 클러치 페달을 끝까지 밟고 변속하고자 하는 위치에 넣고 클러치 페달을 서서히 떼면서 출발한다.
후진	1. 클러치 페달을 밟고 브레이크 페달을 부드럽게 밟는다. 2. 트랙터가 멈춘 후 변속 레버를 [후진]에 넣는다. 3. 후방의 안전(전방도 주의)을 확인하고 후진한다. 4. 후진 중에는 언제라도 정지 가능한 상태로 유지한다.
선회	1. 선회 및 급커브의 주행 시에는 반드시 속도를 낮추고 회전한다. 2. 논밭에서 급선회할 때는 회전반경을 작게 하기 위해 회전방향의 안쪽 브레이크를 밟고 핸들을 선회하고자 하는 방향으로 핸들 조작을 한다.(트랙터 브레이크는 독립 브레이크이므로 작업시 좌·우 브레이크를 활용하면 더욱 효율적인 작업을 할 수 있다.)
경사지와 비탈길 주행	등판 도중의 변속은 위험하므로 사전에 변속 레버를 안전한 위치에 넣어 저속으로 주행한다. 비탈길을 내려갈 때는 변속 레버를 경사에 알맞은 위치에 두고 엔진 브레이크를 병행하여 활용하고 브레이크 페달을 조정하면서 주행한다.
정지	1. 스로틀 레버를 최저속으로 하여 엔진의 회전을 낮춘다. 2. 후방의 안전을 확인하고 클러치 페달을 밟고 브레이크 페달을 부드럽게 밟는다. 3. 변속 레버를 [중립]에 두고 이어서 클러치 페달을 뗀다. 4. 주차 브레이크를 걸고 브레이크 페달을 뗀다.(주차 브레이크는 자동차처럼 레버를 당겨 조작하는 것도 있지만, 대부분 브레이크 페달을 밟아 고정시키는 형태도 많이 사용된다.) 5. 시동 스위치를 끊어 엔진을 정지시킨다.
하차	1. 안전벨트를 푼다. 2. 전·후방의 안전을 확인한다. 3. 지면의 상태를 보고 트랙터의 좌측으로 하차한다.

(2) 트랙터 작업의 기본

① 작업기의 부착

트랙터에 작업기의 장착은 평탄한 장소에서 실시하며 안전사고에 주의해야 한다. 작업기의 부착 방법에 따라 조금씩은 차이가 있으나 3점 링크장치를 가장 많이 활용하고 있다.

② 3점 링크 장치에 의한 직접 장착하는 방법

- 트랙터의 하부 링크를 최대한 내려 작업기를 부착할 수 있도록 준비한다.
- 체크 체인의 고정 핀을 제거하여 조절할 수 있도록 한다.
- 작업기를 지면에 두고 작업기의 중심선과 트랙터의 중심선을 맞추면서 트랙터를 후진한다. 다소의 전·후 조절은 트랙터의 뒷바퀴를 손으로 흔들어 움직이도록 하고 작업기의 왼쪽 하부 링크부터 장착한다.
- 오른쪽 하부 링크의 위치를 레벨링 핸들로 조정하여 작업기의 오른쪽 링크를 장착한다.
- 상부 링크를 조절하여 작업기의 상부에 장착한다. 트랙터 상부 링크의 장착 구멍 위치는 작업 상태에서 상부 링크의 연장선이 트랙터의 앞바퀴축을 향하도록 선택하면 된다.
- 유니버셜 조인트를 작업기의 입력축 먼저 부착하고 트랙터의 PTO축에 장착한다.
- 체크 체인의 고정핀을 작업기가 흔들리지 않도록 팽팽하게 하여 하부 링크가 뒷바퀴에 접촉하지 않도록 조절한다. 로터리, 예취기, 반전 집초기, 쟁기, 써레, 땅속작물 수확기, 심토 파쇄기 등의 작업기는 차체에 닿지 않는 범위에서 옆쪽 좌·우 5~6cm 움직일 정도로 한다. 탈거 시에는 부착했던 동작을 역순서로 한다.

굴절(크랭크) 주행 시의 내륜차

트랙터의 굴절 주행은 내륜차(전륜 조향식 4륜차로 회전할 때 전 · 후 내륜의 바퀴 자국선은 동일 곡선상을 지나지 않는데 이때 반경방향 차이)에 주의해야 한다.

① 오른쪽 그림과 같이 사전에 트랙터 앞바퀴를 꺾으려고 하는 안쪽의 연석에서 1m 정도 떨어트려 앞차축이 A선에 도달하면 차속에 맞춰서 핸들을 왼쪽으로 최대한 돌려 꺾는다.

② 앞바퀴가 B선에 도달하면 핸들을 오른쪽으로 되돌려 연석과 평행하게 주행한다. 이처럼 트랙터 앞바퀴의 안쪽 연석에서 1m 정도 떨어트리는 것은 최대 내륜차와 안전거리를 확보하기 위한 것이다. 예를 들어 최대 내륜차는 대략 축간 거리의 $\frac{1}{3}$ 이므로 축간거리가 2.1m의 트랙터는 최대 내륜차가 0.7m가 되고 안전거리를 0.3m라고 예상하면 1m가 된다.

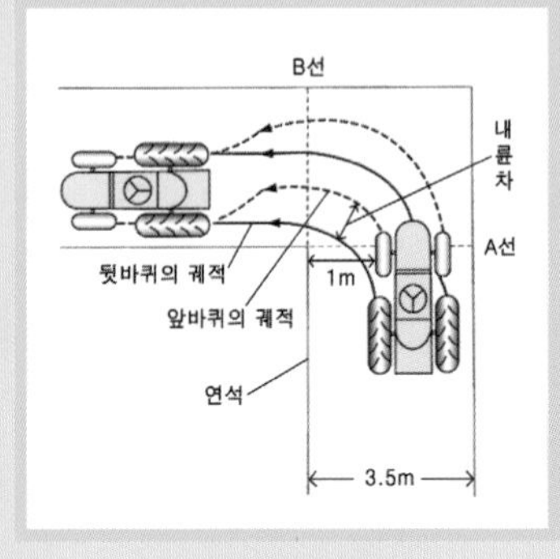

◈ 굴절 주행의 예

③ 유니버셜 조인트(P·T·O 구동축)의 장착법

유니버셜 조인트는 트랙터 또는 작업기에 맞는 전용을 사용한다. 그 길이는 작업기의 크기 및 기종에 따라 다르지만 트랙터의 장착, 작업기를 위·아래로 움직였을 때 최대로 늘어났을 때는 내축과 외축의 겹침부 길이가 일정 이상 되고 최소(15~20cm)로 줄었을 때는 내축과 외축의 간격이 일정(5cm) 이상되어야 한다. 트랙터측과 작업기축의 고정핀이 완전히 고정되어 있는지 필히 확인해야 한다. 때때로 조인트 부분의 점검, 청소를 하고 그리스를 급유해준다.

※ 트랙터의 PTO 변속을 중립으로 하고 유니버셜 조인트를 PTO축에 끼울때에는 구부러지는 부위가 상하가 아닌 좌우로 움직이는 조건에서 실시해야 안전하다.

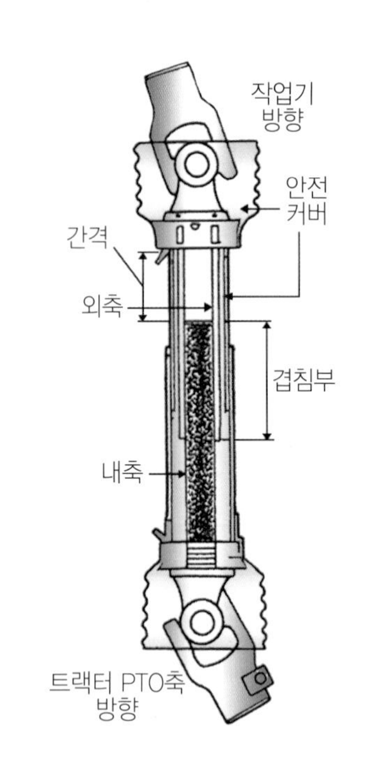

▶ 유니버셜 조인트(P·T·O 구동축)

④ 견인식 작업기의 장착법

- 평탄한 장소에서 작업기 쪽의 히치부를 잭(유압잭, 받침대)으로 올려 트랙터 쪽의 히치부와 같은 높이로 만든다.
- 트랙터의 중심선이 작업기의 히치를 향하도록 유도하면서 트랙터를 후진시킨다.
- 핀을 꽂아서 연결하고 핀이 주행 중 뽑히지 않도록 핀 하단에 R핀 또는 고정핀을 사용하여 고정한다.
- 브레이크 호스, 전기 코드, 유압 호스의 조인트를 각각 접속한다.
- 잭(유압잭, 받침대)을 제거한 후 운반을 시작한다.

⑤ 트랙터 작업 방법

– 직진법

직진성은 작업 능률 및 작업 정밀도와 관계가 있다. 직진을 유지하기 위해서는 먼 전방(50~200m)에 있는 적당한 대상을 지정하고 트랙터의 본넷 선단 중앙부의 마커와 일치하도록 하면서 주행한다.

– 견인 운전의 굴절 주행

트레일러 등의 견인운전을 하는 경우는 트랙터 본체와 트레일러를 연결하기 때문에 전장이 길어진다. 전장이 길어짐에 따라 내륜차가 커지므로 운전 시 주의해야 한다.

회전반경이 커지므로 폭이 좁은 도로에서 주행할 때에는 회전하고자 하는 방향의 반대쪽으로 최대한 붙여 회전반경을 크게 하여 주행하는 것이 안전하다.

예를 들어 좌회전하는 경우는 코너의 직전에 반대쪽(오른쪽)으로 핸들을 돌려서 트랙터를 오른쪽으로 가까이 한 뒤 핸들을 왼쪽으로 회전한다.

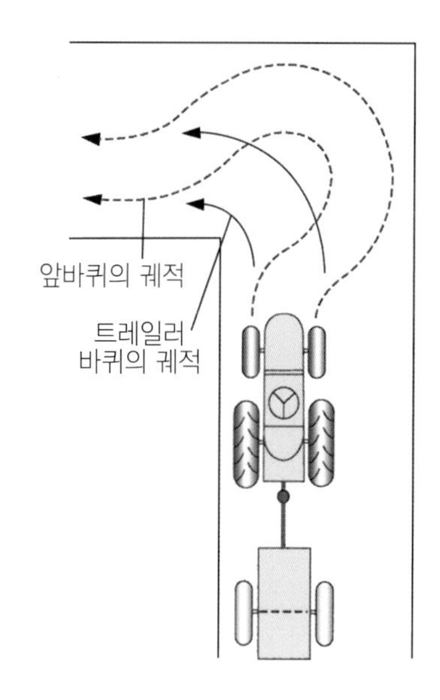

▶ 견인 운전의 굴절 주행법

트레일러 부착

트랙터에 트레일러를 부착할 때에는 히치 드로우바의 길이를 짧게 하기 보다는 표준 또는 길게하여 전 · 후진시 트레일러 축이 뒷바퀴에 접촉하지 않도록 해야 한다. 또한 트레일러를 부착하였을 때에 3점 링크의 하부 링크를 최대한 올려 트레일러 축에 접촉하지 않도록 해야 한다.

– 작업 속도

작업 속도는 **작업의 종류, 작업기의 형식, 논밭의 조건** 등에 따라 다르다. 따라서 그 작업기에 가장 적절한 속도로 주행하는 것이 중요하다. 작업 능률을 높이기 위해 주행속도를 너무 올리면 기계의 부하 뿐만 아니라 작업 정밀도가 떨어진다.

작업 시에는 작업기의 크기에 알맞은 트랙터를 사용하고, 작업 내용에 알맞은 변속을 선택해야 한다. 또 작업기가 필요로 하는 엔진의 회전속도와 PTO의 회전속도를 적절히 조절한다.

* 적합한 작업을 위해서는 적절한 변속에 의한 속도, 엔진의 회전속도, PTO의 회전속도가 모두 적정 수준으로 조절해야 한다.

[표] 바퀴형 트랙터의 작업 종류와 작업 속도

속도(km/h)	작업 종류
최저속 (0.5~3.0)	로터리 경운, 구동식에 의한 시비, 파종, 이식, 심토 파쇄, 암거 파기, 도랑 파기
저속 (3.0~5.0)	써레질/쇄토, 이랑세우기, 중경, 논의 쟁기질, 감자 수확, 사료 작물 베기
중속 (5.0~8.0)	밭의 쟁기질, 써레에 의한 정지, 비료 살포, 진압, 약제 살포, 제초, 목초 적재/포장, 목초 베기, 목초 뒤집기/집초
약간 고속 (8.0~12.0)	목초 뒤집기
고속 (12.0이상)	도로주행, 트레일러 견인

– 쟁기 작업과 기본 운행법

플라우(쟁기) 작업에서는 안쪽으로 뒤집기 작업, 바깥으로 뒤집기 작업의 전에 포장의 시작점에서 작업 진행 방향을 계획, 설정 해야 한다.

쟁기 작업의 내경법은 도랑에서 흙은 바깥쪽으로 뒤집어서 작업 행정에서의 작업 개시와 종료의 위치를 맞춤과 동시에 작업을 용이하게 하여 경심을 빨리 일정하게 경운작업을 하기 위해서이다.

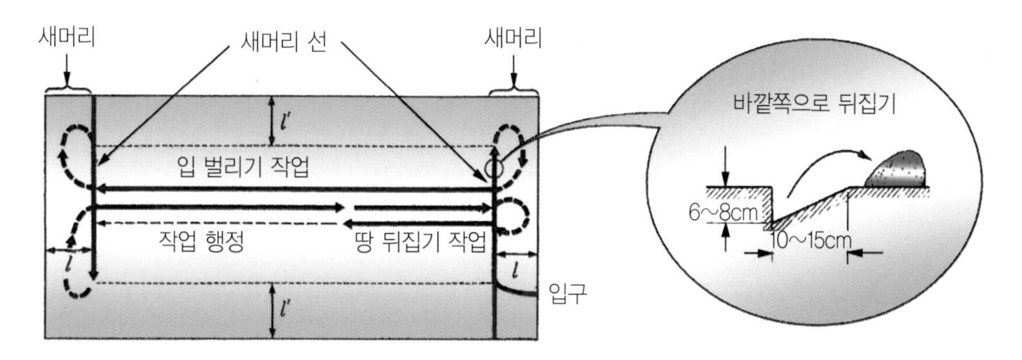

경운 작업 폭

트랙터 제일 앞부분에서 작업기 후단부까지의 길이×1.5배. 1 = 1'로 하면 나중에 미 경운지의 처리가 쉬워진다.

▶ 경운 작업의 설정과 운행법

– 경운 작업 선회의 종류와 방법

경운 작업에서의 선회 방법에는 아래 그림과 같은 각종 방법이 있다. 직접 장착식 작업기는 작업기의 일부를 흙 속에 둔 채로 급선회하면 하부 링크와 작업기가 손상되므로 반드시 지면에서 올려 선회한다. 단, 써레 작업에서는 작업기를 내린 상태로 완만하게 선회하는 경우도 있다.

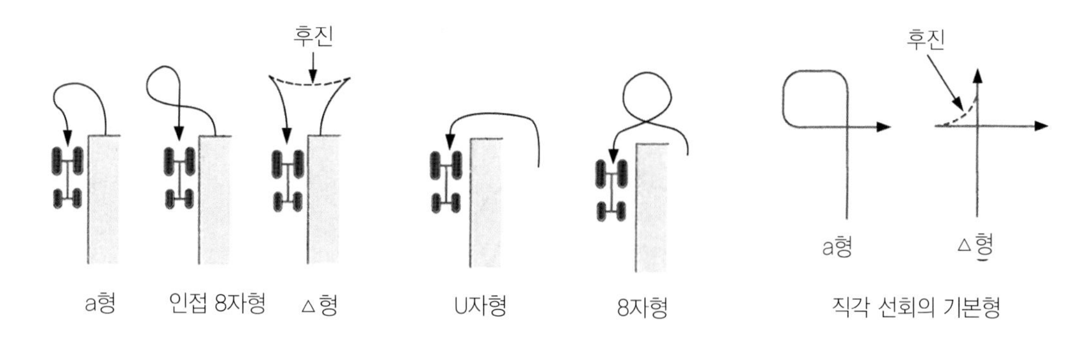

▶ 경운 작업에서의 선회 방법

– 각종 작업의 운행법

· **작업 행정의 운행법** : 트랙터 작업의 기본적인 운행법에는 왕복 경법往復耕法, 회전 경법 등 여러 가지가 있다. 작업내용 및 논밭의 형상, 토양의 상태 등을 고려해 운행법을 선택해야 효율적인 작업을 할 수 있다.

· **직진과 작업 폭** : 운전은 직진으로 하며, 작업 폭은 일정하게 하는 것이 중요하다. 조수(줄수)가 적은 작업기는 좌·우의 앞바퀴를 기준으로 하여 작업 흔적 및 바퀴 자국과의 거리를 측정하여 작업하는 방법이 많이 쓰인다. 다조식(2조 이상) 작업기는 정확한 작업을 하기 위해 작업기에 장착된 마커를 이용한다.

· **경운 작업법** : 경운 작업은 처리 방법에 따라 작업시간 및 작물의 생육에 영향을 미친다.

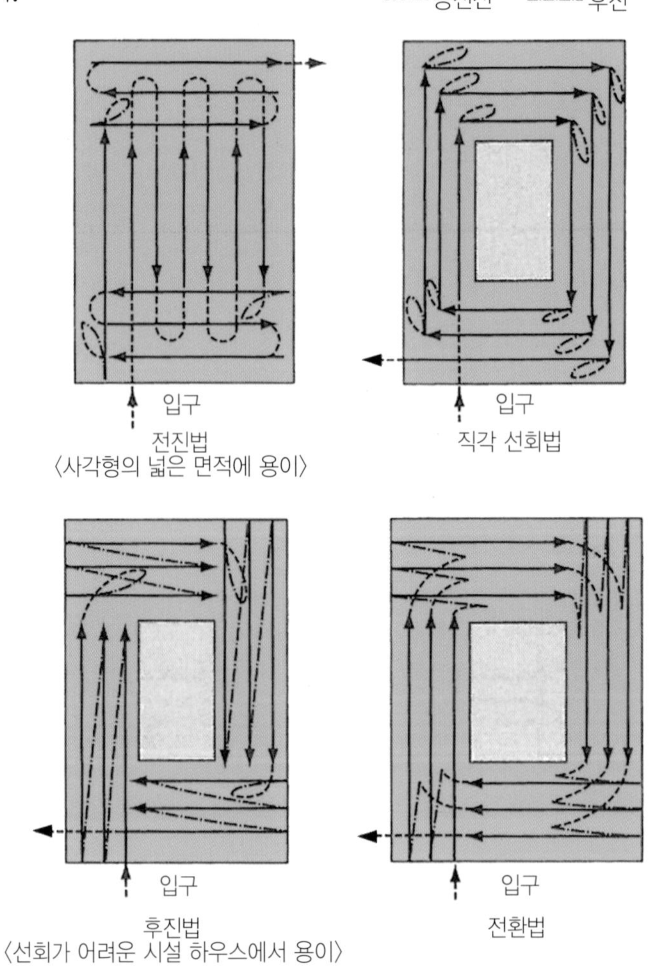

▶ 경운 작업법

9. 트랙터의 안전 작업

(1) 승용 트랙터의 특성과 주의점

트랙터는 논·밭 및 도로에서의 이탈, **전복**사고가 많이 발생한다. 승용 트랙터에는 구조상 다음과 같은 특성이 있으므로 잘 익혀 두어야 한다.

① 무게 중심이 높다. (상하의 무게 중심은 운전석에 앉았을 때 발목과 무릎 사이이다.)

② 무게 중심이 뒷 차축에 치우쳐 있다. (전후 무게 중심은 앞 차륜에서 70% 지점이므로 엔진 앞쪽에 무게추를 달아 사용하거나 로더를 부착하는 것이 일반적이다.)

③ 구동바퀴는 뒷바퀴이다.

④ 앞 차축은 피봇 핀 한 점으로 지탱하고 있어 균형적으로 삼륜차와 같은 상태다.

⑤ 작업기의 종류 및 장착 방법에 따라 무게 중심이 이동한다. 뒤에 부착하는 작업기의 하중이 높을 경우 조향을 해야하는 앞바퀴가 접지압이 낮아지거나 앞바퀴가 들리는 현상을 일으킬 수 있으므로 주의 해야 한다.

(2) 안전 대책

① 작업 전에 점검을 실시한다.

② 농로에서 논·밭으로의 출입은 가능한, 높이차가 없는 곳을 선택하여 농업용 도로에서 수직방향으로 전진한다. 올라갈 때는 후진으로 가능한 천천히 진행하며 도중에 기어 변속은 하지 않는다. 뒷바퀴 타이어 직경 이상의 높이차(경사도 15°)가 있는 곳은 위험하므로 피하거나 사다리를 이용한다.(전도 방지를 위함)

③ 로터리 작업기를 장착해 논두렁, 밭두렁이 있는 곳을 넘을 때에는 작업기를 정지하고 작업기를 지상 10cm 정도의 위치까지 내린 후 앞바퀴(전진 시) 또는 뒷바퀴(후진 시)가 두렁과 직각방향이 되도록 하여 넘어가야 전도 사고를 예방할 수 있다.

※ 작업기를 견인할 경우는 견인점을 낮게 하고 적당한 무게추를 사용해서 앞, 뒷바퀴의 접지압을 조정하여 트랙터의 무게 중심을 낮게 한다. 견인점이 너무 높으면 작업 중에 앞바퀴가 들려서 사고가 발생할 수 있다.

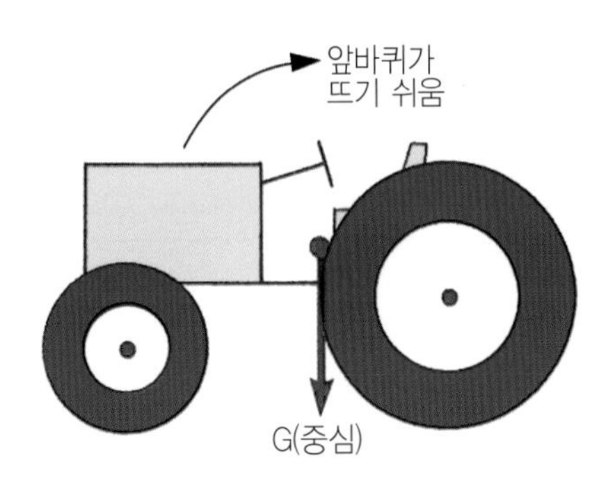

ⓐ 무게 중심이 뒤차축에 쥐움침

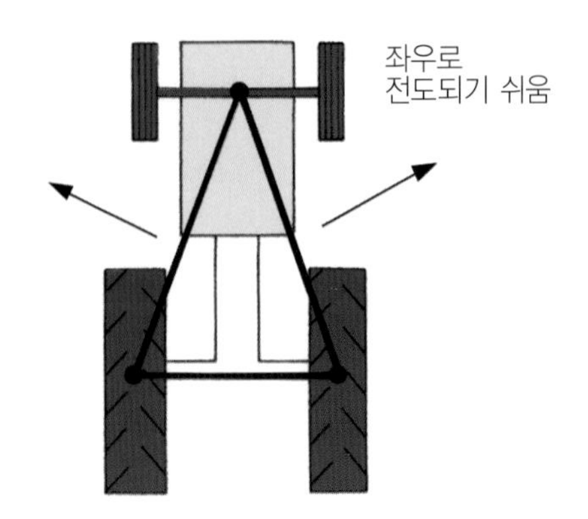

ⓑ 4륜이지만 밸런스는 삼륜차

▶ 트랙터의 무게 중심과 차륜 구조

④ 경사지 작업은 6°정도가 안전의 한계다. 가능한 등고선과 직각이 되는 운행방향으로 작업 한다.

※ 옆으로 주행하면서 작업한다면 전도의 위험이 있음

⑤ 도로주행 시에는 반드시 좌·우의 브레이크 페달을 잠그고(독립 브레이크 연결), 선회할 때는 직선부분에서 속도를 낮추고 천천히 선회한다(고속선회 시 원심력에 의해 전도 사고가 발생할 수 있음).

⑥ 고속주행, 급출발, 급가속, 급제동, 급선회는 절대로 하지 않는다.

※ 무거운 작업기를 트랙터 뒷부분에 장착하여 이동하는 경우는 핸들의 저항이 가벼워져 있으므로 무리하게 핸들을 꺾지 않는다. 이와 같은 상태에서 도로를 고속으로 주행하면 노면의 아주 작은 요철에도 균형이 무너져 후방으로 전도될 수 있다.

⑦ 작업기는 일반적으로 무거운 것이 많아서 탈착 중에 부상을 당하기 쉬우므로 장갑이나 안전화를 착용하고 무리한 작업을 하지 않는다.

(3) 작업 중의 주의

① 써레 작업 후 또는 연약지에서 바퀴 침몰에서의 무리한 탈출, 와이어를 이용해 나무나 돌 등을 견인할 때 높은 견인점에서의 작업은 후방으로 **전도**하기 쉬우므로 주의한다. 되도록 견인점은 히치 또는 견인 고리를 이용하는 것이 안전하다.

② 운전중 점검, 조정, 수리를 필요로 할 때는 엔진을 정지하는 것이 원칙이다.

③ 두렁 및 농로 등을 넘을 경우는 주의하여 직각 방향으로 부드럽게 주행한다.

④ 주행속도는 엔진 및 변속기에 무리가 되지 않는 범위 내에서 실시한다.

⑤ P·T·O 구동식 작업기를 장착한 채 후진할 때는 반드시 작업기를 상승 시키고 P·T·O 레버를 [중립] 위치에 둔다. 주행 중에는 작업기에 사람을 태우지 않도록 하고 작업 전·후의 점검을 확실히 실시하는 것도 잊지 않도록 한다.

⑥ P·T·O 축에서 동력을 이용하여 작업기를 구동시키는 경우, 회전부에 옷이나 수건 등이 말려 들어가지 않도록 주의한다.

용어 설명

전도란?

엎어져 넘어지는 것

전복이란?

뒤집어지는 것

10. 트랙터의 주행과 현장 실무

트랙터가 주행함에 있어 각 주요 부위별 기능과 형태에 대해서 알아보았다. 하지만 실제로 활용하기란 쉽지 않은 것이 사실이다. 대부분의 농업인들 또한 농업기계의 운전을 체계적으로 알려주고 배울 곳이 많지 않은 실정이다.

이 교재는 기종별 특성을 이론적으로 설명하고 현재 사용함에 있어 활용하는 방법들을 기술하고자 한다.

(1) 트랙터의 시동 방법

① 트랙터에 승차하여 운전석에 앉아 트랙터에 맞는 키를 키홈에 끼운다.

② 부변속 기어를 중립, 주변속 기어를 중립, 전후진 레버를 중립에 위치시킨다.

※ 기종에 따라 중립 위치로 되어 있지 않을 경우 시동이 안될 수도 있다. 또한 P·T·O의 스위치가 ON으로 되어 있을 경우에도 시동이 되지 않는다.

③ 트랙터는 안전 시동 스위치가 대부분이 부착이 되어 있으며 이는 클러치와 연계되어 있으므로 클러치를 깊게 밟아 안전 시동 스위치가 동작되어야 시동이 된다.

④ PTO 스위치가 ON일 경우 시동이 안되므로 OFF 상태를 확인한다.

※ 안전사고를 항상 대비하기 위하여 브레이크 페달도 밟고 시동한다.

⑤ 위 동작을 모두 수행한 후 시동키를 돌려 시동한다.

▶ 각 페달의 위치

(2) 트랙터의 주행 방법

① 시동이 되어 있는 상태에서 조금의 예열을 실시하고, 작업을 바로 시작해야 할 경우에는 클러치를 밟고 부변속 기어를 저속 또는 중속으로 변속한다. 빠른 속도로 주행을 실시할 경우에는 고속으로 변속한다. 기종별, 크기별로 변속 레버의 위치가 다르므로 레버의 위치를 확인하고 변속해야 한다.

※ 트랙터마다 부변속, 주변속 레버의 위치는 모두 상이하므로 주행 전 위치를 명확히 파악한 후 변속을 실시한다. 부변속 기어는 동기물림식이 아니므로 변속 시 필히 멈춘 상태에서 변속해야 한다.

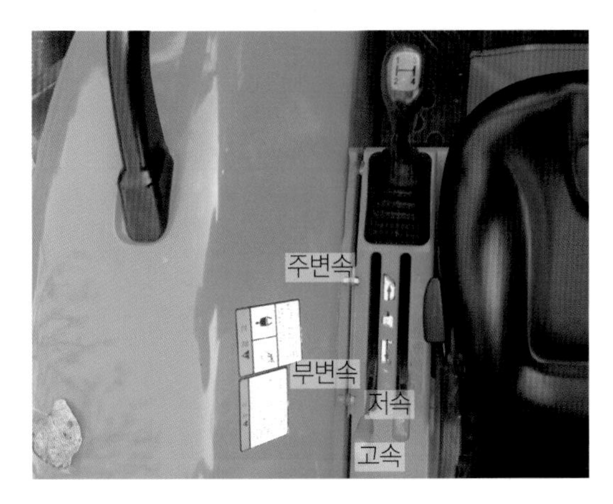

대동48마력 부, 주변속 레버
(운전석 왼쪽)

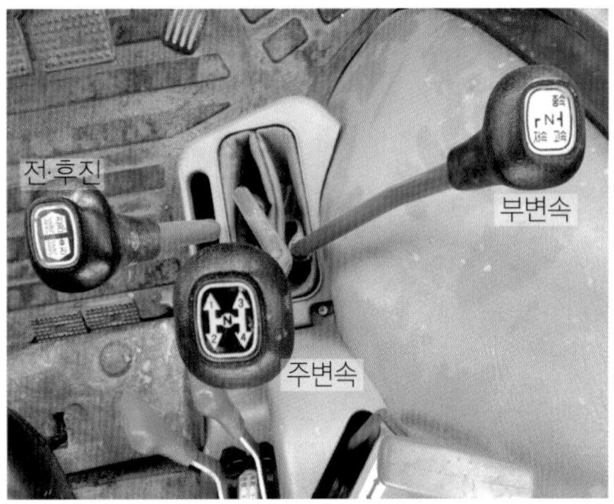

대동85마력 부, 주변속 레버
(운전석 오른쪽)

② 클러치 페달을 밟고 주변속 레버를 1, 2, 3, 4단 중 작업 또는 주행 속도에 맞도록 변속한다.

※ 변속 시 저단에서 고단으로 변속하여 주행한다. 주변속 레버는 동기물림(Synchromesh) 형태이므로 주행 중에 변속이 가능하다.

③ 클러치 페달을 밟고 전·후진 레버를 조작하여 원하는 방향으로 변속한다.

※ 전진에서 후진으로 변속 또는 후진에서 전진으로 변속 시 반드시 멈춘 후 변속한다.

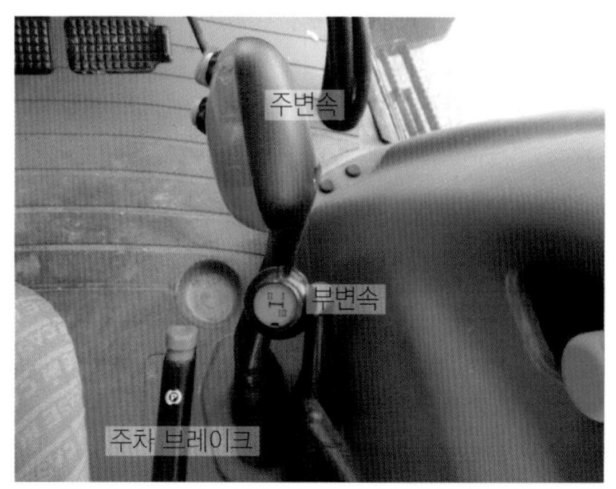

동양 90마력 부, 주변속 레버 (운전석 오른쪽)

▶ 부변속 레버와 주변속 레버

대동 48마력 전, 후진 변속 레버

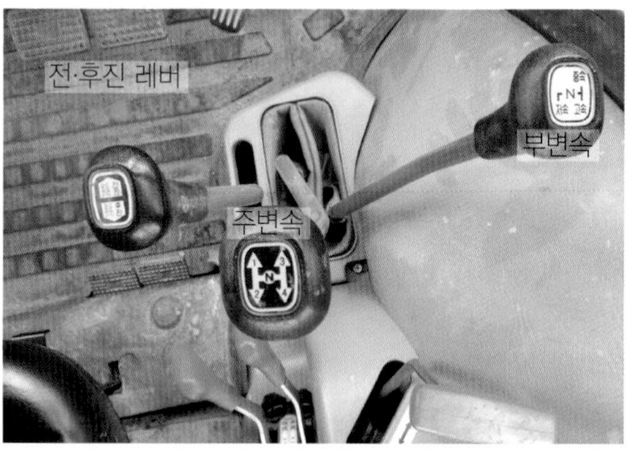

대동 85마력 전, 후진 변속 레버

동양 90마력 전, 후진 레버

▶ 전, 후진 변속 레버

④ 브레이크 페달에서 발을 떼고, 클러치 페달에서 발을 서서히 떼어내면 설정한 속도에 맞춰 주행을 한다.

※ 정지상태에서 부변속 레버를 고속에 주변속 레버를 3단 또는 4단으로 하고 출발하려고 할 때 시동이 꺼질 수가 있으니 주의해야 한다. 출발 시 부변속 레버를 고속에 넣고 출발할 때에는 주변속 레버를 1단으로 출발하여 한 단계씩 변속을 상향 조정해야 한다.
변속 시에도 클러치를 밟고 변속해야 한다. 또한 트랙터는 독립 브레이크를 사용하기 때문에 고속 주행 시 독립 브레이크의 연결 상태를 확인하고 주행해야 한다.
독립 브레이크를 연결하지 않은 상태에서 주행하게 되면 브레이크 작동 시 한쪽 바퀴만 제동이 되기 때문에 전도 또는 대형 사고로 이어질 수 있다.

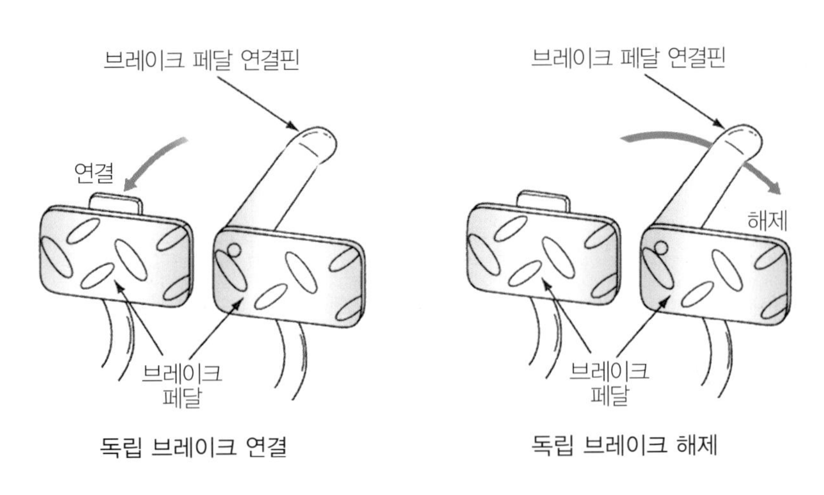

▶ 트랙터의 독립 브레이크

(3) 트랙터에 작업기 탈부착 방법

트랙터에는 다양한 작업기가 있으며, 부착 방법은 견인식, 직접 장착식, 반직접 장착식이 있다.

① 견인식

트레일러, 퇴비 살포기 등이 대표적인 작업기로 트랙터 후미에 히치핀을 연결하여 견인하는 방식으로 짐을 옮기거나 운반을 주목적으로 한다.

- 트랙터를 작업기가 고정되어 있는 곳으로 이동한다.

  ※ 트랙터와 작업기를 장기 주차 또는 장기 보관 시 비가림 시설이 되어 있는 평평한 장소에서 실시한다.

- 트랙터는 작업기가 있는 곳으로 천천히 후진을 하면서 작업기의 높이를 조정하여 히치와 드로우바를 연결하는 핀을 끼울 수 있도록 조정한다.

- 히치와 드로우바를 연결하기 위해 트랙터의 시동을 끄고 주차 브레이크를 작동 시킨 후 내려 히치핀을 끼운다.

- 히치핀의 하단에 R핀을 끼워 작업 중 히치핀이 빠지지 않게 한다.

- 작업기의 받침대가 내려가 있거나, 고임목을 받쳐 놓았을 경우 받침대는 올리고 고임목은 제거한다.

  ※ 작업기의 이상 유무를 확인한다. 작업기에 유압 또는 PTO를 활용해야 하는 경우 유압 포트를 정상적으로 끼우고, PTO에는 유니버셜 조인트를 끼운다. 유니버셜 조인트를 끼울때에는 스플라인 기어 축의 홈과 유니버셜 조인트의 키가 맞았는지 확인해야 한다.

① 평탄한 곳에 위치

② 히치와 히치링을 일치시킴

③ 핀을 끼워 고정함(하단 R핀으로 핀 빠짐 방지)

▶ 트랙터와 트레일러의 연결

트레일러 받침대 내림

트레일러 받침대 올림

▶ 트레일러 받침대

※ 견인식 작업기의 후진 요령

트랙터에 트레일러 등 견인식 작업기를 부착할 때에는 핸들(스티어링 휠)의 방향이 반대로 조작하여야 한다.

② **직접 장착식**

트랙터에 작업기를 직접 연결해 PTO축에서 트랙터의 동력을 작업기에 전달, 구동하거나 유압 장치에 의해 작업기의 위치를 상하 조절이 가능한 방식으로 현재 가장 널리 사용되고 있다.

▶ 직접 장착식 (3점 링크 장치)

- 트랙터 하부 링크의 좌·우 체크 체인을 풀고, 하부 링크를 최하단으로 내린다.
- 하부 링크와 작업기가 중심부의 일치하도록 트랙터를 천천히 후진한다.
- 좌측 하부 링크를 작업기 연결부에 먼저 연결한다.

  ※ 위치 제어 레버를 조작하기 보다는 좌측 하부 링크를 손으로 들어 올려 연결하는 것이 좋으나 힘이 부족할 경우에는 위치 제어 레버를 이용할 수도 있다. 단 우측 하부 링크를 좌측 하부 링크보다 낮게 하여 작업기의 연결부에 접촉하지 않도록 하는 것이 안전하다.

✔ 최근 트랙터 하부 링크의 좌·우 높이를 모두 조절을 할 수 있기 때문에 아무곳이나 먼저 끼워도 가능하지만 그렇지 않은 트랙터는 좌측 하부 링크를 먼저 끼우고 우측을 끼워야 한다. (대부분의 트랙터는 우측 하부 링크의 높이를 조절할 수 있다.)

– 우측 하부 링크를 작업기 연결부에 연결한다.

– 상부 링크의 길이를 조절하여 연결한다.

– P·T·O를 회전해야 하는 로터 베이터, 땅속 작물 수확기, 중경 예취기 등의 작업기는 유니버셜 조인트를 연결한다.

– 좌·우 체크 체인을 작업기가 흔들리지 않도록 고정한다.

– 작업기의 좌·우 수평을 조절하여 고정한다.

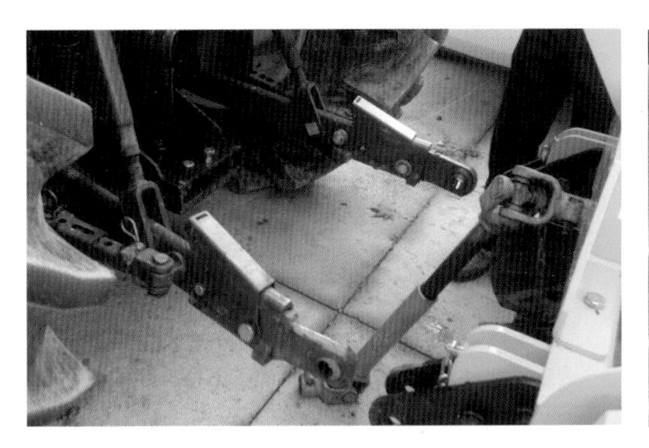

① 평탄한 곳에 위치

② 트랙터 후진하여 하부 링크에 맞춤

③ 하부 링크에 연결한다.

④ 상부 링크와 유니버셜 조인트 연결

▶ 작업기 연결하기

11. 트랙터를 이용한 토양 관리 기계의 종류

작물을 재배함에 있어 무엇보다 작물에 적정한 양분을 공급하여 최적의 상태로 관리하는 것이 중요하다. 광합성에 의해 작물이 성장하지만 대부분의 양분은 뿌리에서 흡수한다.

그러므로 작물별로 뿌리의 생육을 활성화하기 위한 방법이 다양하지만 화학적이고 유기적인 것도 중요하다. 하지만 근본적으로 토양의 물리적인 특성을 해결한 후 양분을 공급해야 더욱 효과가 좋다.

(1) 토양 관리를 위한 트랙터 부착형 기계

① 쟁기 작업

쟁기 작업은 쟁기 또는 플라우를 사용하여 굳어진 흙을 절삭, 뒤집기, 파괴하여 큰 덩어리로 뒤집기 하는 작업을 말하며, 경기 작업이라고도 한다. 또한 쟁기 작업은 경운 작업 중 가장 먼저 수행하는 작업이기 때문에 1차 경이라고도 한다.

※ 1차경의 경심 : 20~45cm(45cm의 경심은 심경 쟁기를 활용해야 한다.)

※ 쟁기 1련당 소모되는 마력은 몰드보드 플라우와 경심에 따라 다르지만 소형 쟁기는 1련당 10마력, 심경 쟁기의 경우에는 1련당 20~30마력 정도가 소요되므로 작업기를 구입 계획시 참고해야 할 것이다.

② 쇄토 작업

로터리, 로터 베이터, 써래, 해로우 등을 사용하여 1차 경으로 경기된 흙을 다시 작은 덩어리로 파쇄하는 작업을 말하며, 2차 경이라고도 한다.

※ 2차경의 경심 : 10~20cm정도(20cm의 경심은 심경 로터리를 활용해야 한다.)

③ 심토 파쇄 작업

지속적인 1차경과 2차경을 반복하면 토양 속의 경운 작업 경계층은 딱딱해지므로써 배수와 하우스의 경우에는 염류 집적 현상이 발생하게 된다. 이를 예방하기 위한 방법으로 토양의 경반층(딱딱해진 토양층)을 파쇄시키는 작업을 심토 파쇄 작업이라고 한다. 토양 깊이 보습을 삽입하여 진동을 주어 경반층을 파쇄하게 된다.

※ 심토 파쇄의 경심 : 최대 70cm

▶ 트랙터를 이용한 1차경, 2차경

1차 경 쟁기작업

동영상을 보시면
더 자세히 알아볼 수
있답니다!

트랙터를 이용한 돌수집기 활용

동영상을 보시면
더 자세히 알아볼 수
있답니다!

7

농업 기계화 체계

농업기계 다루는 법

농업 기계화 체계

기계화 영농 계획, 생력화에 대하여 함께 알아보자.

1 기계화 영농 계획

수확을 어떤 것으로 할지 결정하고 영농 계획을 수립하라.

대부분 어떤 일이든 “준비, 계획, 시행, 결과” 순서로 진행을 할 것이다. 하지만 순서를 조금 바꿔보는 것도 좋을 것 같다. 결과를 생각하고 준비하여 다시 계획하고 시행한다면 조금 더 시행 착오를 줄일 수 있지 않을까 싶다. 감자 재배를 예로 들어보자.

1. 관행 영농 설계

감자를 재배하는 순서는 먼저 토양을 경운·정지 작업을 하고 휴립(이랑을 만드는 작업)을 한다. 비닐 멀칭 후 감자를 파종한다. 그리고 “수확은 어떻게 할 것인가?”를 고민하는 분들이 많다. 관행으로 하는 영농 설계의 방법을 조금 바꿔 보면 어떨까?

▶ 관행 감자 재배 방법

경운·정지 작업 → 휴립 작업 → 비닐 피복 → 파종(감자) → 재배(방제, 관수 등) → 수확

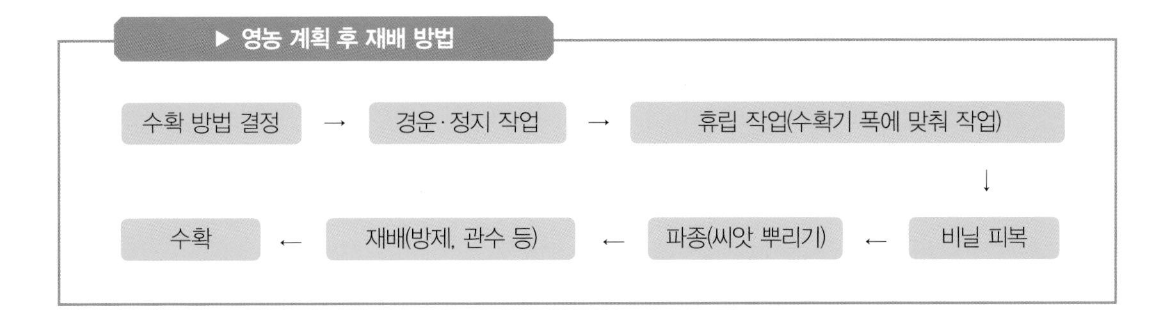

2. 기계화 영농 설계

먼저 수확을 어떤 기계로 할 것인가를 고민해보자. **인력, 경운기, 트랙터, 굴삭기** 등이 있을 것이다.

(1) 경운기로의 수확

경운기로 감자를 수확하는 것이 가능하다. 작은 면적을 고가의 트랙터로 수확하기보다는 경우에 따라 경운기로 감자를 수확하는 것이 더 용이할 수도 있을 것이다. 땅속 작물 수확기를 활용하는 것이다.

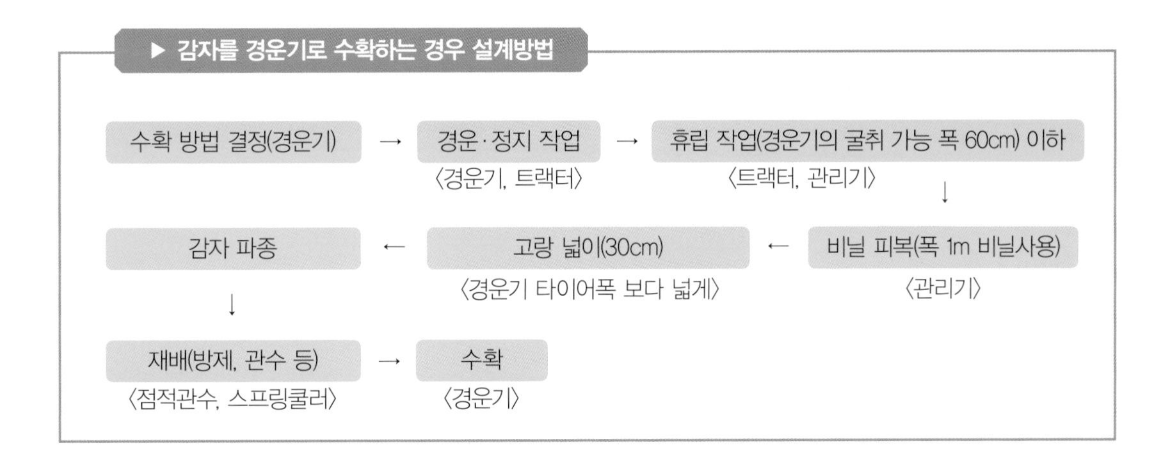

경운기로 감자를 한줄씩 수확하기에는 10마력 정도가 소요된다. 감자를 경운기로 수확할 것을 결정했다면 경운·정지 작업을 진행한다. 경운된 토양을 휴립기 또는 배토기로 이랑(두둑 형성)을 만들되 폭은 경운기용 땅속 작물 수확기에 적합한 크기로 만들어야 한다.

무엇보다 중요한 것은 경운기의 차륜 폭을 알아야 한다. 경운기 차륜 폭을 조절할 수 있지만 일반적으로 65~70cm 정도이다. 경운기용 땅속 작물 수확기는 65cm이며, 감자 이랑 폭은 50~60cm미만으로 하는 것이 적합하다. 이랑 폭을 60cm로 한다면 비닐은 90~100cm 비닐을 사용하여 피복을 실시한다. 고랑 폭은 되도록 30~40cm로 하는 것이 좋다. 경운기의 바퀴 폭이 17~20cm이고, 감자를 수확시 까지 관리해야 하는 작업들이 많기 때문이다.

굴취기 작업

동영상을 보시면 더 자세히 알아볼 수 있답니다!

▶ 경운기용 감자 굴취기(진동형)

고랑에 제초 작업, 방제 작업, 넝쿨 파쇄 작업 등을 실시해야 하기 때문이다. 제초 작업을 배부식 예취기를 사용하는 것도 좋지만 토양의 침식 등을 고려하여 비닐 위에 흙을 조금 뿌려주는 것이 비닐 피복을 유지할 수도 있다. 최근 친환경 감자를 요구하는 소비자가 늘어나면서 농약보다는 제초 작업을 통해 가격과 판로를 개척하는 농가들이 늘어나고 있다. 제초 작업은 소형 관리기인 구굴기를 사용하여 흙을 최대한 얇게 구굴한다면 잡초의 뿌리를 절단하기 때문에 잡초의 성장을 최대한 억제하고 친환경 재배가 가능해진다. 방제가 필요할 때에도 방제기의 크기에 따라 다르겠지만 고랑과 고랑을 주행할 수 있는 기계를 활용하면 효율적이다.

넝쿨을 파쇄할 때에는 관리기로 이랑을 만들었다면 관리기용 넝쿨 파쇄기를 활용하여 넝쿨을 제거한다. 그리고 진동형, 엘리베이터형 감자 수확기를 활용하여 굴취하면 수확은 손쉽게 바닥에 떨어져 있는 감자를 줍기만 하면되는 것이다. 최근에는 바닥에 있는 수확한 감자를 수집하는 기계도 선을 보이고 있다. 이런 방법이 전과정을 생력화, 기계화라고 할 수 있는 것이다.

(2) 트랙터로의 수확

트랙터로 수확을 한다면 적어도 수확 시 트랙터 바퀴가 수확물을 밟지 않을 정도의 이랑과 바퀴가 주행할 고랑의 폭을 결정해야 할 것이다. 트랙터의 규격과 출력 등을 확인하고 수확할 수 있는 작업기를 선택해야 한다.

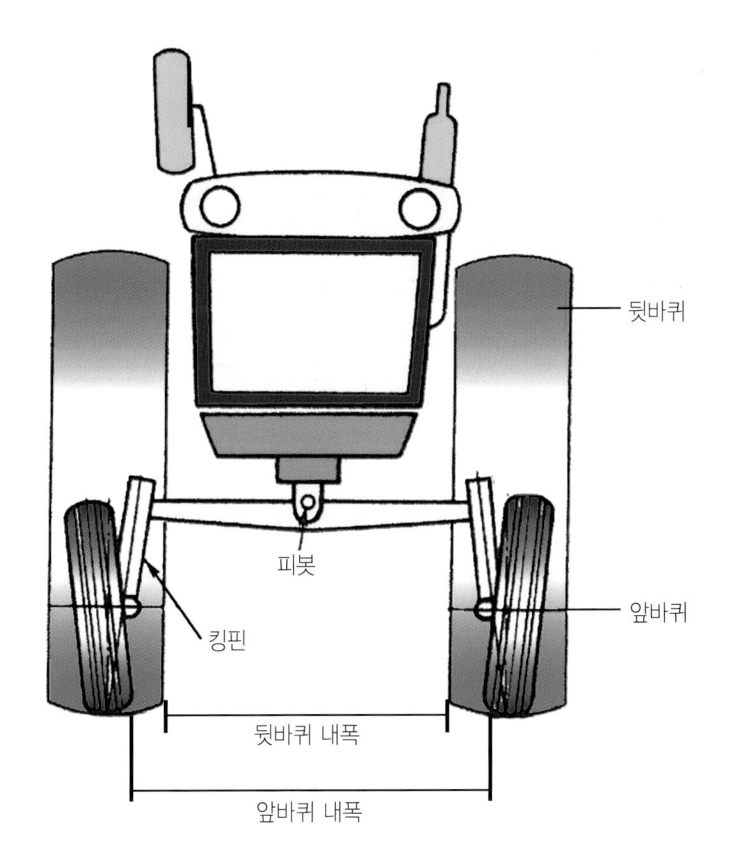

▶ 트랙터의 앞바퀴 내폭과 뒷바퀴 내폭

① 트랙터 차륜 규격

트랙터로 농업 기계화를 위해서는 차륜 폭과 회전반경을 알아야 설계가 가능하다. 국내에서 생산되고 있는 25~130마력까지의 트랙터 차륜 폭(전폭)은 1,250~2,500mm로 넓게 분포되어 있다. 1,250~2,500mm는 타이어의 바깥쪽을 측정한 폭이기 때문에 타이어의 폭은 빼야만 기계 일관화가 가능해질 것이다. 또 차륜의 내폭은 앞바퀴와 뒷바퀴의 차이가 있으므로 꼭 전륜과 후륜의 내폭을 측정하여 기계화 하기를 추천한다.

예를 들어 전폭이 1,875mm인 트랙터가 있다고 하자. 이 트랙터의 전륜 외폭은 1,875mm, 후륜은 1,800mm이며, 내폭은 전륜 1,200mm, 후륜은 1,030mm이다.

트랙터의 제원표를 보면 전폭이 전륜인지 후륜인지 표시가 되어 있지 않으므로 직접 측정해 보아야 한다. 위의 예에서 보면 전폭은 넓은 차폭을 기준으로 표시한 것이다. 전폭은 1,875mm이며, 전륜 타이어 폭은 11.2인치(전륜 바퀴 폭 28.45mm×2개(전륜 바퀴 2개)=569mm)라면 1,875mm에서 전륜 두바퀴의 폭인 569mm를 빼면 내폭은 1,306mm가 된다.

· 전륜 외폭 – 타이어 폭(제원표 참조, inch(25.4mm) ……… (1)

하지만 후륜의 외폭이 1,800mm이며, 후륜 타이어 폭이 15인치(후륜 바퀴 폭 381mm×2개(후륜 바퀴 2개)=762mm), 후륜의 내폭은 1,038mm가 된다.

· 후륜 외폭 – 타이어 폭(제원표 참조, inch(25.4mm) ……… (2)

그러므로 감자를 심기 위한 이랑의 폭은 1,000mm 이내로 하는 것이 좋다.

과거의 관행으로 감자를 재배하는 방식은 경운 작업을 하고 휴립(이랑 만들기) 작업 후 비닐을 피복하여 감자를 파종하였다. 이랑의 크기는 하단이 50~60cm , 둥근 모양으로 동일하였다. 최근에는 1m의 각진 이랑을 형성하여 두 줄을 파종하는 방식으로 변화되고 있다.

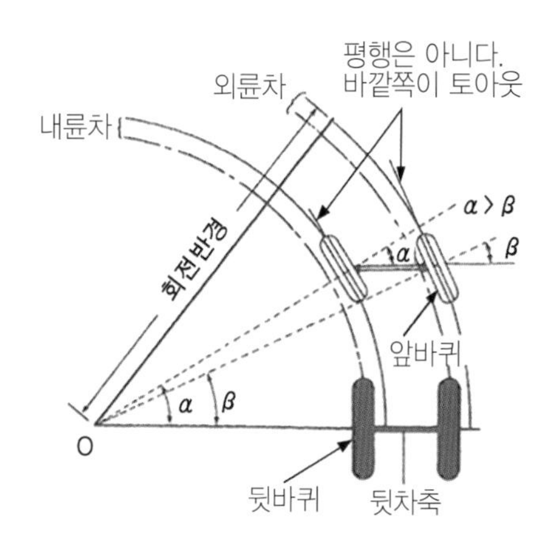

▶ 트랙터 차륜의 회전 반경

② 트랙터 부착형 감자 파종기

감자는 덩이 줄기가 종자이므로 형상이 크고 다양하여 파종기도 독특한 구조를 갖는다. 씨감자는 소독, 절단, 발아되면 파종하기 때문에 씨감자에 손상을 주지 않도록 주의해야 한다.

감자 파종기

동영상을 보시면
더 자세히 알아볼 수
있답니다!

▶ 감자 파종기 외형

– **감자 파종기의 종류** : 감자 파종기의 종류에는 구상식, 집계식, 컨베어식, 휠식 등이 있다. 우리나라는 구상식을 채택하고 있으며, 씨감자를 하나 또는 복수로 담아 올려 떨어뜨리는 구조로 되어 있는 컵 체인형이 가장 많이 활용되고 있다.

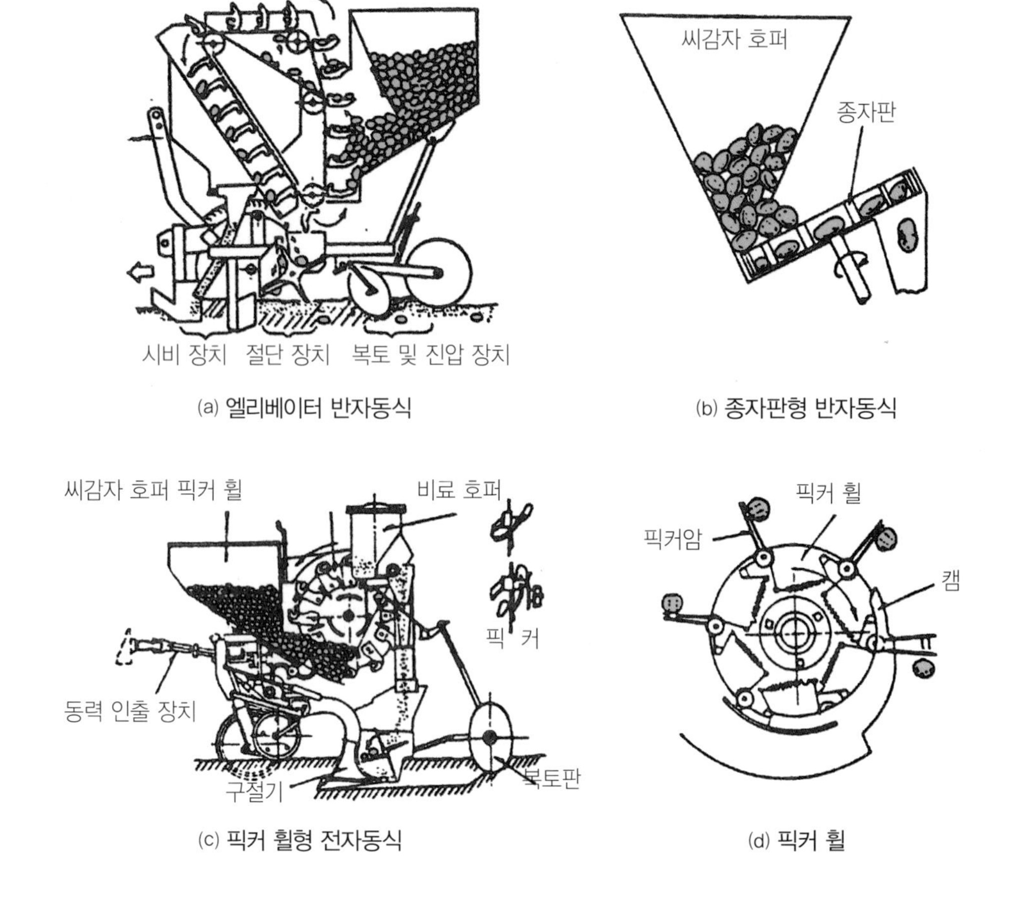

(a) 엘리베이터 반자동식

(b) 종자판형 반자동식

(c) 픽커 휠형 전자동식

(d) 픽커 휠

▶ 구상식 컵 체인형 감자 파종기

감자 파종기는 구상식 컵 체인형으로 하루 작업 면적은 1ha(3,000평) 내외정도 가능하다.

③ 감자 파종 작업 전

감자 파종 전에 해야할 작업들이 많다. 먼저 토양 상태를 확인하고 부족한 양분을 공급한다. 비료, 퇴비 등을 공급하고 쟁기 작업을 통해 깊이 갈이(30cm 정도)를 실시한다. 트랙터에 로터베이터(로터리)를 부착하여 쇄토작업을 실시하고, 굼벵이 등 땅속에서의 해충 피해의 예방을 한다.

기계화 작업의 첫 번째 원칙은 규격화이다. 규격화를 위하여 감자 파종 작업 전 작업 방법과 계획을 수립하고 효율적인 방법으로 라인 작업을 실시한다.

▶ 작업 전 라인 작업 실시

④ 감자 파종기

위에서 설명한 감자 파종기는 쇄토 작업, 휴립 작업, 파종, 비닐 피복을 동시에 하는 작업기이다. 쇄토가 되어 있는 토양에 트랙터에 부착한 감자 파종기를 이용하여 작업을 해야한다. 쇄토 작업으로 부드러운 흙을 모아 휴립(이랑) 작업을 한다. 이랑의 형태는 한번에 2줄을 형성하며 이랑 폭이 55~60cm로 만든다. 다른 형태로는 1줄에 90cm~1m짜리(1줄 2조 파종)로 조정이 가능한 형태 2가지가 우리나라에서는 가장 많이 사용한다. 이랑의 높이는 25~30cm범위로 조성된다.

감자 파종의 조간 거리는 2줄 휴립 장치는 80cm 간격으로 1줄 휴립 장치는 30cm 이지만 조정이 가능하다. 주간 거리는 25~35cm 간격으로 체인을 회전시켜주는 스프로킷 기어의 잇수를 변경하여 조정한다.

우리나라 감자 종자는 대부분 감자의 눈을 잘라 심는 형태이기 때문에 크기가 각각 다르고, 형상이 모두 다르다고 볼 수 있다. 그러므로 체인에 부착되어 있는 엘리베이터 공급 컵에 공급되는 종자가 한 개씩 공급될 수 있도록 사람이 조정하거나 진동을 주어 공급을 원활히 해야한다.

비닐 피복 장치는 복토판의 경사각과 비닐의 크기를 알맞게 선택하여 활용해야 한다. 감자의 싹이 나오는 부위를 절취한 전용 비닐이 활용되기도 하지만 농약을 활용하지 않는 친환경 농가에서는 고려해야 할 사항이다.

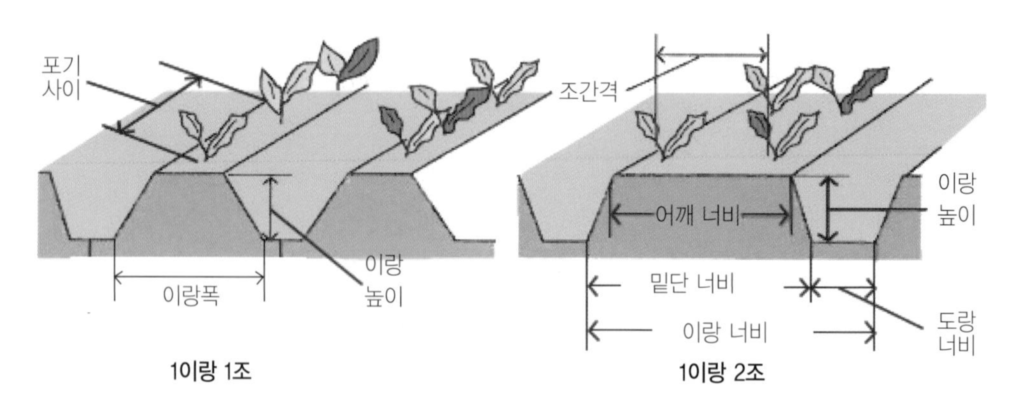

이랑

동영상을 보시면 더 자세히 알아볼 수 있답니다!

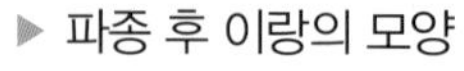
▶ 파종 후 이랑의 모양

⑤ 구굴기를 이용한 제초 작업

감자 파종이 끝나는 시기가 도래하면 날씨가 더워지므로 제초 작업에 대한 사항을 고려해야한다. 감자 재배의 기계화를 위해서는 무엇보다 트랙터 기준에 맞춰 재배해야 한다고 설명 한바 있다.

트랙터의 규격 중 차륜의 내폭을 위에서 설명한 것처럼 1,038mm가 작은 크기지만 뒷바퀴이며 폭은 38cm정도이기 때문에 고랑을 40cm로 일정하게 작업을 해야 기계화가 가능해 진다. 다양한 제초 작업 기계가 있지만 몇가지를 예를 들어보겠다. 첫 번째는 배부식 예취기를 활용하는 방법이며, 어떤 지형에든 적합하고 작업자의 숙련도에 따라 작업의 차이가 있을 수 있다.

두 번째는 구굴기를 활용하는 방법이다. 구굴기의 주작업은 고랑을 파는 작업이지만 깊이 파지 않고 얕게 흙을 자르면 잡초의 뿌리를 일부 잘라내는 효과와 감자의 줄기에 흙을 덮어주는 기능을 할 수 있기 때문에 일석이조의 효과를 올릴 수 있다. 구굴기는 작업 폭이 30cm이므로 고랑에 40cm로 조성했을 때 2회 반복 작업을 하면 한 고랑의 제초 작업을 완료할 수 있다. 단, 비닐 피복부가 닫지 않도록 해야한다.

▶ 구굴기를 활용한 제초작업

⑥ 감자 덩굴 파쇄기

감자를 수확하기 전에 해야할 작업 중 덩굴을 파쇄하고 비닐 피복을 제거 해야한다. 덩굴을 파쇄하는 작업은 두 가지가 있다. 이랑폭을 50~60cm로 재배한 감자 덩굴은 관리기에 부착되어 있는 덩굴 파쇄기를 사용하여 작업을 한다. 빠르게 회전하는 칼날을 이용하여 파쇄를 하며 비닐 피복 부위가 접촉하지 않도록 덩굴 파쇄기 후방에 바퀴의 높이를 조절하여 파쇄한다. 덩굴 파쇄 후 바로 수확을 하면 감자 피복이 손상되는 현상이 많이 나타난다. 넝쿨 파쇄 작업을 추진하고 1~2일 후 수확 작업하는 것이 좋다.

덩굴 파쇄기

동영상을 보시면
더 자세히 알아볼 수
있답니다!

▶ 관리기 부착형 덩굴 파쇄기

트랙터를 이용한 덩굴 파쇄 작업은 이랑의 폭이 90~100cm로 재배한 형태일 때 활용이 가능하다. 트랙터의 바퀴 폭에 맞춰야 하므로 고랑은 40cm이상이어야 하며, 플레일 모워 형태로 되어있다. 트랙터 부착형 덩굴 파쇄기 또한 비닐 피복부가 찢어지지 않도록 작업기 후륜을 조절하여 덩굴을 파쇄한다.

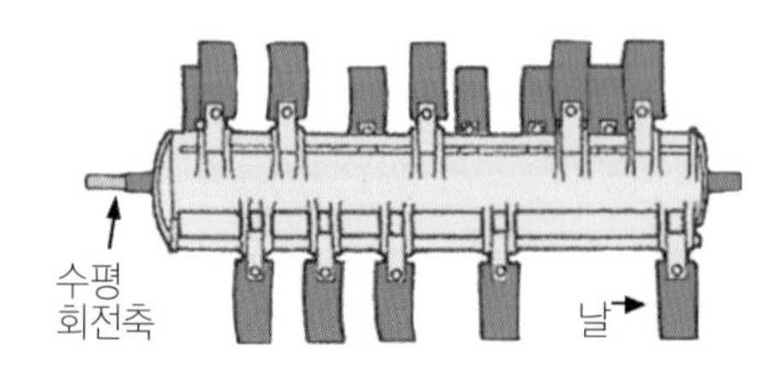

▶ 트랙터 부착형 덩굴파쇄기

⑦ 트랙터용 감자 수확기

경운기 부착형도 마찬가지로 감자를 수확하는 방식은 여러 가지가 있다. 리프터형, 진동형, 엘리베이터형 등이 있다.

- **리프터형** : 굴취 날만 있는 간단한 형태로 흙을 들어 올려 부드럽게 하여 인력으로 수확하기 쉽게 하는 형태이다.
- **진동형** : 굴취 날과 그 후방에 장착한 리프팅 로드가 엔진의 동력으로 동시에 진동하면서 견인되므로 견인 저항이 작고 흙과 수확물을 분리하는 형태이다.

▶ 진동형 땅속 작물 수확기

- **엘리베이터 형** : 굴취 날과 PTO 동력으로 구동되는 엘리베이터로 구성되어 굴취 날로 들어 올려진 흙과 수확물은 엘리베이터로 보내지는 도중에 흙과 수확물을 분리하여 후방의 이랑 위로 수확물을 배출하는 형태이다.

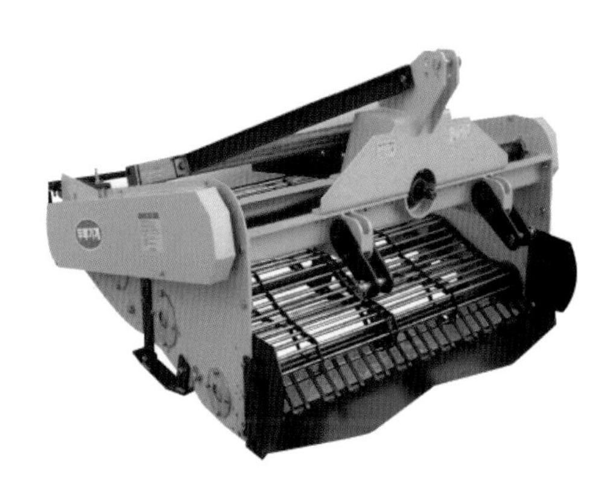

▶ 관리기 부착형 덩굴 파쇄기

- **수집형** : 굴취 날과 PTO 동력으로 구동되는 엘리베이터로 구성되어 굴취 날로 들어 올려진 흙과 수확물은 엘리베이터로 보내지는 도중에 흙과 수확물을 분리한다. 후방으로 배출되는 수확물을 큰자루로 떨어뜨리는 방식으로 수집까지 가능한 형태이다.

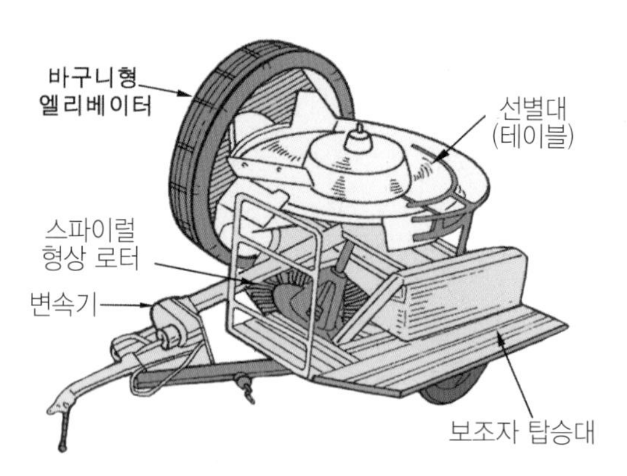

▶ 수집형 땅속 작물 수확기

(3) 굴삭기로의 수확

굴삭기를 활용하는 경우는 드물지만 우엉과 같은 땅속 깊이 뿌리를 내려 작물을 수확하는데 큰 도움을 줄 수 있다. 땅속 깊이 박혀 있는 작물을 수확하기 위해 별도의 어태치먼트(부착 작업기)가 있어야 하므로 별도에 작업기를 구입해야 한다.

▶ 굴삭기를 이용한 수확

(4) 인력으로의 수확

인력을 활용할 때에는 규모화와 생산성 증가, 지속적으로 증가하는 인건비 등을 감당하기 어려울 것이다. 또한 대부분의 작업은 중노동에 해당된다.

(5) 계획의 기준

위의 설명은 모두 감자 등 땅속에 있는 뿌리 작물을 수확하는 형태로 설명을 했지만, 대부분의 작물을 재배할 때에는 파종과 재배에 기준을 맞추고 있을 것이다. 작물을 선택하고 기계화 계획을 수립할 때 수확부터 고려하여 계획을 수립하는 것이 가장 현명한 방법이 될 것이다.

2 생력화

생력화란 **노동력을 줄이는 일**이다. 다양한 농작업 활동의 기계화, 자동화를 통해 전체적인 경영 효율을 높이려는 것을 생력화라 한다.

현재 생력화되어 있는 작물은 수도작 즉, 쌀을 생산하는 것 외에는 없다고 할 수 있다. 문제점은 규모화와 규격화되어 있지 않기 때문이다.

농촌은 고령화, 부녀화되고 있으며, 인력이 지속적으로 감소하고 있는 추세이다. 이를 극복할 수 있는 방안은 생력화, 기계화, 자동화일 것이다.

1. 생력화 1단계는 규모화

생력화를 위한 1단계는 규모화이다. 우리나라의 농업인의 평균 농작물 재배 면적은 1ha(3,000평)미만 이다. 감자 재배를 생력화한다면 경운·정지 작업을 하고 감자 파종과 비닐 피복 등의 작업을 하루에 모두 완료할 수 있다는 것이다.

2. 생력화 2단계는 규격화

밭농업 분야의 기계화는 62%(2019년 기준)수준이지만 수도작(벼농사) 분야의 기계화는 97%에 까지 이른다. 수도작은 퇴비 살포, 비료 살포, 경운·정지 작업, 이앙 작업, 수확 작업에 이르기 까지 모두 기계를 활용하고 있다. 수확 후에도 건조, 정미, 포장까지 모두 기계로 작업이 이루어지고 있기 때문에 100% 기계화가 되었다 해도 과언이 아닐 것이다.

밭농업의 기계화가 저조한 이유는 다양한 작물, 재배, 수확의 형태가 다르기 때문이다. 작물은 다양하지만 작물별 특성에 맞도록 재배 양식을 규격화하여 공통되는 작업들의 기계를 개발하고 활용하는 것이다.

3. 기계화, 자동화

트랙터가 널리 공급되면서 모든 농업분야에 기계화가 촉진이 되었다. 경운·정지 작업이 모두 기계화되었다. 모종을 심는 이식기 등이 최근에 지속적으로 증가하면서 규모화와 규격화가 이루어지고 있는 상태이다. 기계의 형태와 재배 중에 기계의 진출입이 원활한 형태로 농법이 변화되고 이식 뿐만아니라 방제, 수확 등이 기계화되고 자동화되어야 한다. 이것이 노지의 스마트팜인 것이다.

8

스마트 농업과 미래 농업

농업기계 다루는 법

스마트 농업과 미래 농업

스마트 농업과 미래 농업에 대하여 함께 알아보자.

1 스마트 농업

스마트 농업이란 농업과 ICTInformatiom Communications Technology(정보통신기술), BTBiotechnology(생명공학기술), GTGenetic Technology(유전공학 기술), ETEnvirmental Technology(환경공학기술) 등 다양한 첨단기술의 융·복합된 기술들을 **스마트팜**이라고 한다. 하지만, 스마트 농업은 이런 기술들이 진화하면서 밀폐된 공간과 외부 환경에 노출된 농업에도 다양한 기술들을 접목해 생산성을 높이고 우수한 농산물을 생산하는 기술을 스마트 농업이라고 한다.

스마트팜의 경우, 시설 원예, 과수, 축산 등에서 ICT 융복합 기술이 접목된 첨단 농장으로, 스마트 농업은 고도화된 스마트팜을 포함한 농업 활동 전반을 포함하는 것이다.

스마트 농업은 각종 센서를 이용한 기상 정보, 온실 환경 정보, 생체 정보를 수집하고, 작물의 생육 환경을 원격으로 제어한다. 다양한 정보를 통신으로 주고 받고, 기계화된 알고리즘을 통해 최적화된 환경으로 맞춰가며, 정보를 환경에 맞도록 수정하고 보완하여 기계를 학습시키게 된다. Machine Learning(머신 러닝). 이렇게 학습한 제어 기기들은 작물 성장에 최적화하여 안전하고 청결한 먹거리를 생산하게 되는 것이다.

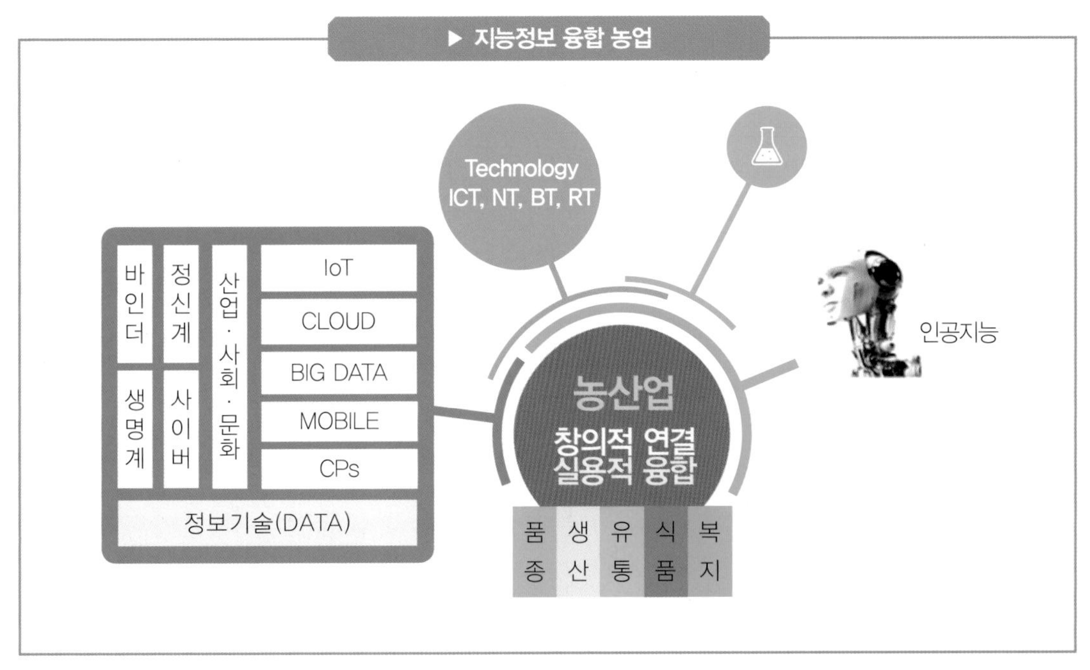

출처:농촌진흥청 4차산업 혁명대응단

1. 스마트 농업

스마트 농업은 스마트팜을 넘어 더욱 넓은 영역에서 적용한다. 스마트팜은 대부분 시설과 자동제어, ICT기술을 이용했다면, 스마트 농업은 시설이 아닌 노지 재배(외부 환경에서의 작물 재배)에도 적용된다. 스마트 농업의 지속적인 발전으로 자동화를 넘어 AI Artificial Inteligence로 진화되고 있다.

(1) 1세대 모델(2016년)

스마트팜 1세대는 원격 감시, 원격제어를 기반으로 인터넷과 네트워크, 각종 센서에서의 유용한 데이터 수집, 제어를 위한 스마트기기, 모니터링을 위한 영상기술들의 집합체였다. 수집된 정보는 온도, 습도, 풍향, 풍속의 기상 정보, 온도, 습도, CO_2 등 온실내부의 환경을 수집한다.

이런 유용한 정보를 통해 환기를 위한 천창, 측창, 보온재, 유동 팬, 환기 팬 등을 제어하며 농업인들에게 영상과 제어 모듈을 모니터링 할 수 있도록 하였다. 이때만 하더라도 자동 제어보다는 농업인의 스마트 기기를 통하여 원격으로 제어를 하는 수준이었다.

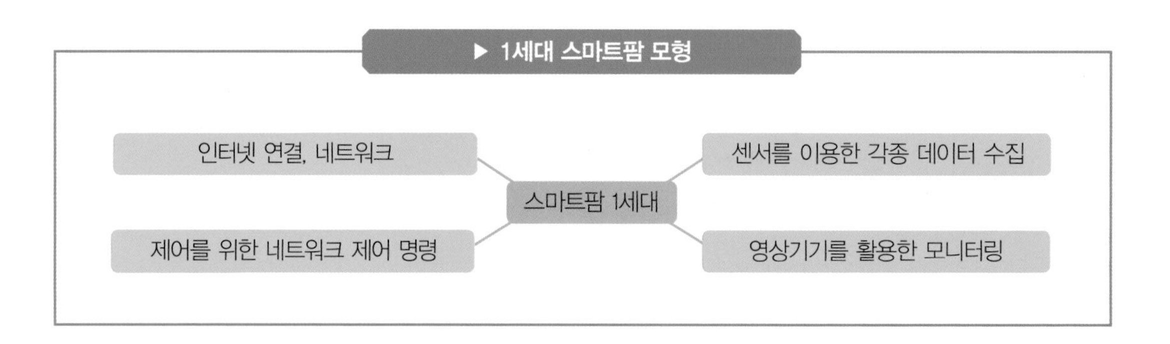

(2) 2세대 모델(2018년)

1세대 기술에서 진보한 기술들이 추가되어 환경 제어를 시작하는 시기이다. 다양한 정보를 클라우드 서비스를 통해 정보를 공유하고 자동 제어를 수행한다. 1세대에서의 기상 정보에 일사량이 추가되고 작물의 온도 스트레스 및 작물 성장에 적합한 관수, 양액 공급, 토양 정보(온도, 습도, EC 등) 등의 기술들이 접목되면서 인간의 판단보다는 다양한 정보들을 활용하여 자동으로 제어하기 시작한다. 작물의 지상부와 지하부의 생육 환경을 제어하기 시작한 시기이다.

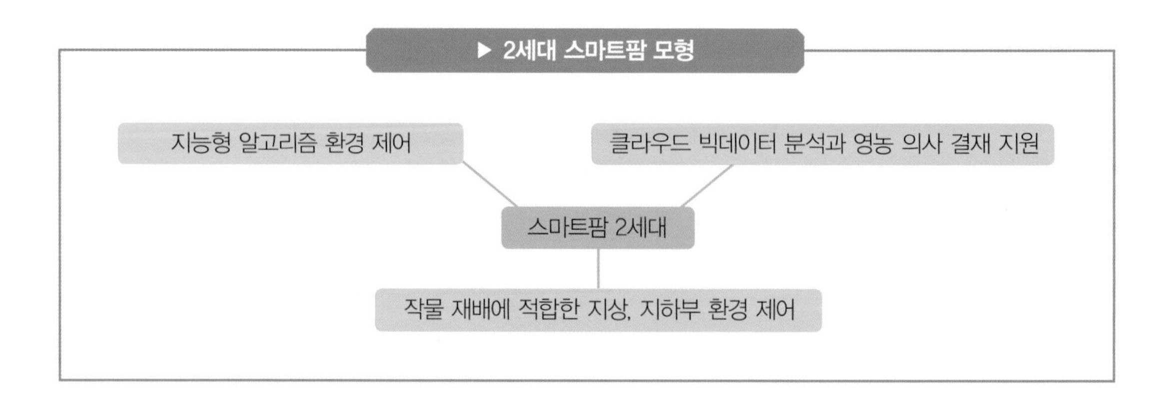

(3) 3세대 스마트팜 모델(2020년)

2세대 스마트팜 모형의 한 단계 더 발전시킨 모델이다. 계절에 따란 냉난방을 통하여 혹서기에는 냉방, 혹한기에는 난방을 자동으로 제어한다. 최적의 에너지관리를 위한 시스템과 작물 진단 센서를 통하여 작물 컨디션을 최상으로 자동 제어 한다.

로봇 및 지능형 농업기계로 농작업을 자동화한다. 농업인은 영농에 필요한 의사를 결정하고, 활용하는 소프트웨어에 정보를 입력하게 된다. 아직은 개발 단계이지만 대부분 Big Data를 통하여 시스템화되어 있는 기기들의 정보를 통해 결정하게 되는 것이다.

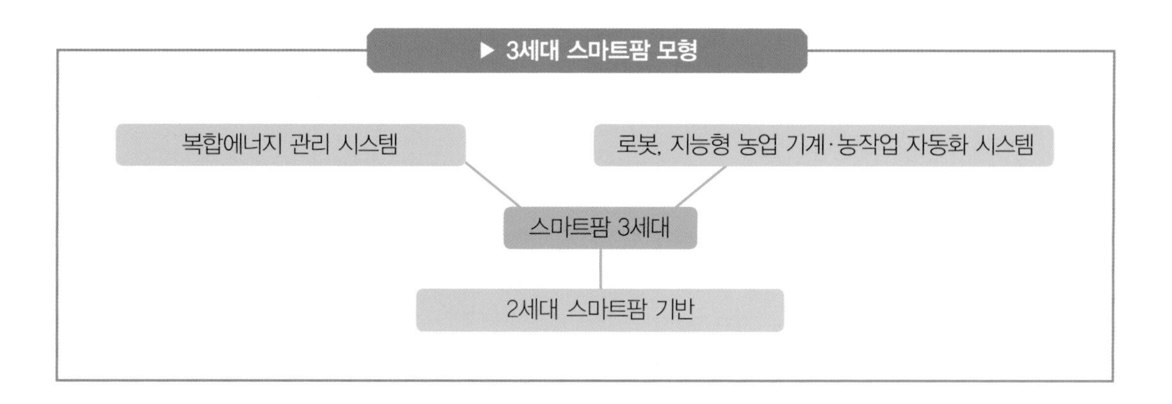

(4) 스마트 농업

1세대부터 3세대까지는 대부분 기술들이 시설을 기반으로 개발되고 사업이 진행되고 있다. 앞으로는 스마트팜을 넘어 농산물의 가격 변화에 맞도록 생산시기를 조절하여 농업인의 소득을 향상시킬 수 있는 방향으로 발전할 것이다. 또한 시설 농업외 노지 스마트팜을 추가한 스마트 농업으로 지속 발전할 것으로 예상 된다. 노지의 토양 특성을 각종 센서에서 정보를 받아들여 **맵핑**Mapping(지도화)하고, 매핑 정보를 다운로드하여 필요한 양분만을 공급하는 기술들이 접목되고 실용화되고 있는 단계이다. 환경오염을 예방하고 작물이 일정하게 성장하여 재배의 규격화, 생산물의 고품질화를 통해 안전한 먹거리를 생산할 수 있도록 발전하고 있다.

2 미래 농업

미래 농업은 빠른 속도로 진화하고 있다. 변화하는 속도에 발 맞춰 가는 것 조차도 어려운 상황이 된 것이다.

스마트 농업은 데이터 예측기반 관리 체계로의 변화를 주도해 나가고 있으며, 지속 가능한 농업의 실현을 이끌 것이다. 4차 산업혁명의 대비한 농작업은 무인화, 지능화로 지속 발전할 것이다.

(1) 미래 스마트 농업으로의 준비

이미 선진국은 농업의 규모화가 진행되었다. 우리는 규모화라는 큰 난관을 극복하고 현실 가능한 규격화를 농업인들이 이해하고 방안을 정책에 반영해야 할 것이다.

① 농업 기계화율

1960년대부터 추진되고 있는 기계화는 대부분 수도작 관련된 기계들이 대부분이었다. 수도작 기계화가 97%이상 이뤄지고 밭농업 기계화는 62%에 미치고 있는 실정이다.

밭농업 기계화를 위한 방안도 어렵게 생각하기 보다 수도작 기계화가 이루어진 것처럼 규격화되어야 할 것이다. 대부분 농업인들은 밭작물 재배방식을 관행대로 작업을 진행하고 인력으로 해결하려고 하는 것이 일반적인 생각이다.

대부분의 작업을 기계화 할 수 있다. 기계화 영농 설계 파트에서 설명을 한 것처럼 수확기를 기준으로 재배하고 규격화를 해야할 것이다.

현재 400종 이상의 농업 기계가 있다고 한다. 어느 누구도 모든 기계를 알 수는 없지만, 조금 응용하고 활용하는 방법을 익힌다면 현재 밭농업 기계화율 62%를 75%이상 향상시킬 수 있을 것이다.

② 농업 기계의 변화

– 정확성, 정밀화 이후에는 속도(스피드)

현재까지 개발된 농업 기계들의 성능은 날이 갈수록 좋아지고 있다. 보다 정밀하고 정확한 농작업을 하는 것이 현재에는 해결해야 할 문제이고, 이런 문제들이 해결된 후에는 스피드(속도)를 높이는 방향으로 기계가 개발될 것이다. 그 이유는 날이 갈수록 감소하고 있는 농업 인구가 이를 대변해 줄 것이다. 우리나라는 4계절이 있는 나라이다. 그러므로 "빨리 빨리"가 몸에 베이지 않으면 파종, 재배, 수확 시기를 모두 놓치기 때문이다.

적시, 적재, 적소를 어떻게 맞춰 농작업을 할 수 있을까? 그 답은 기계화 외에는 답이 없을 것이다.

– 환경을 생각한 농업 기계

최근 미세 먼지가 이슈화되고 있다. 각종 엔진에서 뿜어내는 유해가스와 미세먼지로 인하여 환경 규제가 심해지고 있는 상황이다.

대체 방안으로 자동차는 하이브리드를 넘어 전기차 생산을 지속적으로 늘리고 있고 수소 차량까지 생산하고 있는 상황이다.

농업에 활용되고 있는 트랙터도 마찬가지로 전기 트랙터를 활용할 날이 멀지 않은 것 같다. 선진국의 트랙터 생산회사들은 전기 트랙터를 개발하여 판매 단계에 이르고 있다.

– 안전한 농업 기계

우리나라 인구는 5,178만명이고, 농업인은 240만명이라고 한다. 모든 농산물이 국내에서 생산되고 있지는 않다. 영농 규모, 농작물에 따라 다르지만, 1명의 농업인이 21명 이상의 먹거리를 생산하고 있는 것이다. 농업인 1인이 안전 사고나 중상 또는 사망으로 인하여 생산 활동을 하지 못한다면 이 또한 심각한 일이 아닐 수 없다. 농업 기계 개발 시 농업인의 안전 사고 예방, 편의성 제공 등 좀 더 쾌적하고 안전한 농작업을 위한 기술들이 지속적으로 개발되고 있다.

이 뿐만 아니라 농업 기계의 작동 시 소음, 진동을 최소화하고 적정 소음에 적합한 기준들을 마련하고 있다.

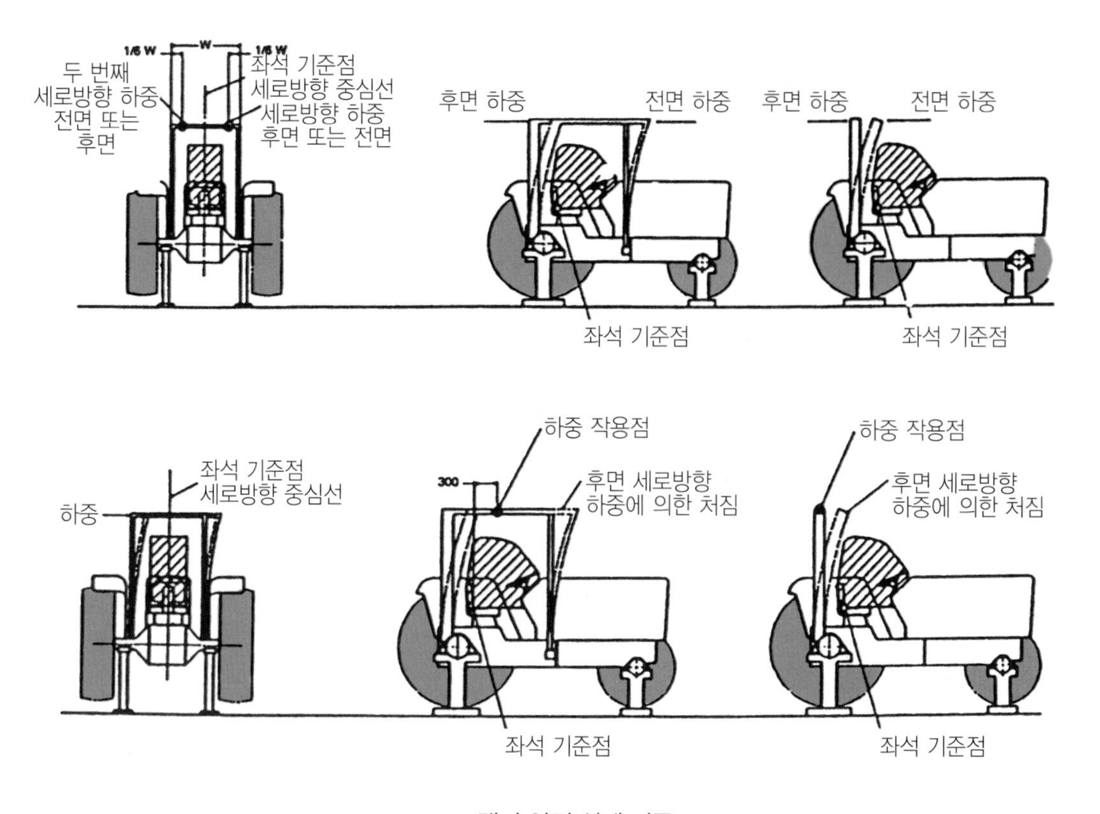

▶ 트랙터 안전 설계 기준

– 앞으로의 농업 기계

4차 산업혁명하면 가장 먼저 떠오르는 것이 자동차의 자율 주행일 것이다. 5G 통신망을 기반으로 빠르게 주행 정보들을 이용하여 판단하고 운전자 대신 자동차를 목적지 까지 데려다 주는 기술인 것이다.

농업 기계의 자율 주행은 자동차 보다 더 정밀한 위치 정보와 기술이 필요하다. 예를 들어 이앙 작업을 한다고 했을 때 조간 거리(줄과 줄사이의 거리)를 30cm로 해야 한다. 하지만 위치 정보의 오차가 15cm로 한다면 모의 중복 이앙이 진행될 수 있기 때문이다.

최근 개발된 이앙기는 오차 범위를 줄이고 직진성을 유지하면서 작업을 한다. 직진하는 동안 작업자는 부족한 모를 공급하여 연속 작업을 할 수 있다. 효율을 높이고 보조 작업자의 인력 감소로 농가 소득의 도움을 줄 수 있다. 앞으로 농업

기계의 자율 주행 기술이 한단계 발전한 것이라 할 수 있다. 또한 자동화, 로봇화, 지능화된 기계들로 발전할 것이다.

▶ 직진 자율 주행 이앙기

– 농업 기계의 중요성

농촌의 인력이 지속적인 감소 추세이다. 1인 경작 면적이 1ha(3,000평)도 되지 않은 규모를 경작하지만, 너무 많은 농업기계를 보유하고, 활용하고 있다. 체계적인 농업 기계 활용이 절실한 상황이다.

귀농인, 귀촌인, 기존에 농업인 모두 농업 기계를 학습하지 않고 대부분 사용한다. 보유하고 있는 농업 기계의 규격, 특성은 알고 사용하는 사람도 드물 정도다. 적어도 기계화를 위한 트랙터의 바퀴 내폭 정도는 알고 있어야 기계화가 가능하다. 이 정도만 알고 있어도 기계화 영농 설계가 가능해 지는 것이다.

현재 농업인 1인이 국민 21명의 먹거리를 생산하지만, 기계의 특성을 알고 기계화 영농 설계를 한다면 국민 21명이 아닌 2~3배 이상의 먹거리를 안정적으로 공급할 수 있는 것이다.

앞으로 농촌의 인력은 더욱 감소할 것으로 예측하고 있다. 국민에게 안전한 먹거리를 안정적으로 생산하여 공급하는 일은 이제 기계화가 답인 이유이다. 돈벌이가 된다면 귀농, 귀촌을 위해 농촌으로 오고자 하는 사람이 증가할 것이다. 그리고 활기가 넘칠 것이다. 앞으로 활기찬 농촌의 기반, 그것은 **농업 기계**가 아닐까 싶다.

"도시는 언제나 농촌에서 힘을 얻고, 영혼을 치유하는 병원, 그것은 농촌이고 자연이다."

기계화 영농 사례

감자 파종기의 활용과 옥수수 파종기 사례에 대하여 함께 알아보자.

1 감자 파종기 활용

4ha(12,000평)의 감자 파종에 투입되는 인건비를 비교해 보자.

관행대로 넓은 면적을 인력으로 감자를 심고자 한다면 아래 표와 같이 인건비가 4,650만원과 작업자의 식사, 간식 등을 공급한다면 그 이상의 경비가 소요된다. 경제적인 손실 뿐만 아니라, 농번기에 인력을 구하기가 더욱 어렵다. 앞으로 인건비는 지속적인 상승세를 유지할 수 밖에 없는 현실이다.

[표] 인력을 이용한 감자 파종 소요 인건비

	1일 인건비	면적/1인(1일)	투입 인력	소요일 수	총인건비
파종 인건비	120,000원	400평	10명	3일	3,600,000
휴립(이랑) 작업	150,000원	3,000평	2명	2일	600,000
비닐 피복 작업	150,000원	4,000평	3명	1일	450,000
총 합계	–	–	–	–	4,650,000

감자 파종기를 활용할 경우에는 인건비가 1,440,000원으로 인력이 투입되었을 때 보다 3,210,000원이 절감된다. 1명의 트랙터 운전자, 2명의 작업자가 하는 일은 감자가 하나씩 투입될 수 있도록 골라내는 작업, 1명은 작업의 시작과 끝부분에 비닐을 잡아주고 비닐을 절단해 주는 작업을 하게 된다. 작업자의 작업 강도는 1/3 이상 감소하게 된다. 1일 하루 작업량은 1ha이상을 작업할 수 있다.

[표] 트랙터 부착형 감자 파종기 활용 인건비

	1일 인건비	면적/1인(1일)	투입 인력	소요일 수	총인건비
파종 인건비	120,000원	4,000평	4명	3일	1,440,000

▶ 기계화 감자 파종 작업

감자 파종 작업

동영상을 보시면 더 자세히 알아볼 수 있답니다!

2 옥수수 파종기 사례

옥수수 파종 시기는 4월 중순부터 시작된다. 옥수수 또한 농번기와 동시에 시작되므로 인력을 구하기 어려운 실정이다.

파종기의 종류에는 인력 파종기와 트랙터에 부착하여 활용하는 형태로 나뉠 수 있다.

인력 파종기를 활용하여 옥수수를 파종할 때에는 1인 작업량이 1ha정도 할 수 있다. 식용 옥수수를 파종하는 농가에서는 인력 파종기를 많이 활용하지만 축산농가의 사료용 옥수수를 재배하는 농업인은 규모가 이보다 크다.

트랙터에 부착하는 진공식 파종기의 하루 작업량은 10ha(30,000평)이상 가능하다.

인력으로 10ha를 파종하기 위해서는 10명이 동시에 투입되어 작업을 해야만 한다. 하지만 아래 그림에서 보는 파종기를 활용할 경우 트랙터 운전자 한사람이 모든 작업을 할 수 있는 것이다. 하루 인건비를 100만원 이상 절약할 수 있는 것이다.

▶ 기계화 옥수수 파종작업

옥수수 파종 작업

동영상을 보시면 더 자세히 알아볼 수 있답니다!

생생한 귀농귀촌 생활의 조건

농업기계 다루는 법

초 판 인 쇄 | 2020년 6월 25일
초 판 발 행 | 2020년 6월 30일

저 자 | 강진석
발 행 인 | 김길현
발 행 처 | (주) 골든벨
등 록 | 제 1987 – 000018호 ⓒ 2020 GoldenBell Corp.
I S B N | 979 – 11 – 5806 – 459 – 4
가 격 | 18,000원

이 책을 만든 사람들

교정 | 이상호 · 오윤경 · 송고은
웹매니지먼트 | 안재명 · 김경희
공급관리 | 오민석 · 정복순 · 김봉식
회계관리 | 이승희 · 김경아
표지 및 편집 디자인 | 김주휘 · 조경미 · 김한일
제작진행 | 최병석
오프 마케팅 | 우병춘 · 강승구 · 이강연

(우)04316 서울특별시 용산구 원효로 245(원효로 1가 53-1) 골든벨 빌딩 5~6F
• TEL : 도서 주문 및 발송 02-713-4135 / 회계 경리 02-713-4137
내용 관련 문의 02-713-7452 / 해외 오퍼 및 광고 02-713-7453
• FAX : 02-718-5510 • http : //www.gbbook.co.kr • E-mail : 7134135@naver.com